Rudolph von Fischer-Benzon

**Altdeutsche Gartenflora**

Untersuchungen über die Nutzpflanzen des deutschen Mittelalters, ihre Wanderung und ihre

Vorgeschichte im klassischen Altertum

Rudolph von Fischer-Benzon

**Altdeutsche Gartenflora**
*Untersuchungen über die Nutzpflanzen des deutschen Mittelalters, ihre Wanderung und ihre Vorgeschichte im klassischen Altertum*

ISBN/EAN: 9783743396395

Hergestellt in Europa, USA, Kanada, Australien, Japan

Cover: Foto ©ninafisch / pixelio.de

Manufactured and distributed by brebook publishing software (www.brebook.com)

Rudolph von  Fischer-Benzon

**Altdeutsche Gartenflora**

# Altdeutsche Gartenflora.

## Untersuchungen

über die

Nutzpflanzen des deutschen Mittelalters, ihre
Wanderung und ihre Vorgeschichte im klassischen
Altertum

von

## Prof. Dr. R. v. Fischer-Benzon

Kiel und Leipzig
Verlag von Lipsius & Tischer.
1894.

# Ernst H. F. Meyer

geb. zu Hannover, den 1. Januar 1791
gest. zu Königsberg i. Pr., den 7. August 1858

und

# Victor Hehn

geb. zu Dorpat, den 8. Oktober 1813
gest. zu Berlin, den 21. März 1890

zum Gedächtnis.

Ein reges Interesse an der gesamten Geschichte der Botanik im Zusammenhange mit der allgemeinen Kulturgeschichte, das war es, wie Ernst Meyer selbst sagt, was die Hauptrichtung seiner wissenschaftlichen Thätigkeit bestimmte. In der That sind seine Arbeiten über Geschichte der Botanik zahlreicher und zugleich bedeutender als seine systematischen. Seine Geschichte der Botanik, an deren Vollendung ihn leider sein früher Tod hinderte, ist ein schönes Denkmal seines Geistes und seiner Gelehrsamkeit. Mit Eifer hat er sich in die Schriften der verschiedenen Autoren vertieft und besondere Sorgfalt hat er darauf verwendet, ihren Lebensgang darzustellen. Dadurch schafft er uns nicht nur ein Bild von den einzelnen Persönlichkeiten, sondern auch von ihrer Zeit. Mit ausgesprochener Vorliebe verweilt er bei den botanischen Schriftstellern des deutschen Mittelalters. Er war es, der zuerst die Bedeutung der heiligen Hildegard und des Albertus Magnus, seines erklärten Lieblings, nicht nur für die Geschichte der Botanik überhaupt, sondern namentlich auch für die Geschichte und Wanderung unserer Nutzpflanzen erkannte. So arbeitete er an demselben Zweige des Wissens wie Victor Hehn, der indes, im Gegensatze zu ihm, nicht von den Botanikern der früheren Jahrhunderte ausging, vielmehr die einzelnen Pflanzen zum Mittelpunkte seiner Darstellung machte und ihre Wanderung an der Hand der Alten verfolgte.

Nicht nur der Dank, den ich selbst den beiden genannten Männern für die aus ihren Werken geschöpfte Anregung und Belehrung schulde, hat mich veranlasst mein Buch ihrem Andenken zu widmen, mich bewog ebensosehr die Verehrung und Hochachtung, die wir alle diesen echt deutschen Forschern schuldig sind.

# Vorwort.

Karl der Grosse erliess im Jahre 812 eine Verordnung über die Verwaltung seiner Besitztümer, das „Capitulare de villis." Das siebzigste und letzte Kapitel dieser Verordnung ist dem Gartenbau gewidmet und zählt die Pflanzen auf, die der Kaiser in seinen Gärten gebaut wissen wollte. Mit Recht hat man diesem Pflanzenverzeichnisse eine grosse Bedeutung für die Geschichte des Gartenbaues beigelegt, denn die darin genannten Gemüse- und Obstarten werden fast alle auch heute noch gebaut. Deshalb sind Historiker, Landwirte und Botaniker bemüht gewesen, die lateinischen Namen dieses Verzeichnisses zu deuten und zu enträtseln. Aber je nach den botanischen Kenntnissen der Deuter und nach den benutzten Hülfsmitteln waren diese Bemühungen von verschiedenem Erfolge, und über den Sinn mancher Namen wurde eine Einigung überhaupt nicht erzielt.

Eine langjährige Beschäftigung mit den Bauerngärten meiner Heimat hat mich dazu geführt, die Pflanzennamen des Capitulare aufs Neue aufmerksam zu prüfen, namentlich dadurch, dass ich die betreffende Pflanze zeitlich möglichst weit rückwärts und vorwärts verfolgte. Was aber anfänglich nur Mittel war, wurde schliesslich Zweck: die Untersuchung wurde auf unsere alten Nutzpflanzen überhaupt ausgedehnt, und ihre Wanderung aus dem Südosten und Süden nach Norden wurde thunlichst bis auf die Gegenwart verfolgt. Auf die Weise ist mein Buch zu dem Titel „Altdeutsche Gartenflora" gekommen.

Auf absolute Vollständigkeit macht die folgende Arbeit keinen Anspruch; doch hoffe ich, dass Pflanzen von einiger Wichtigkeit nicht ausgelassen sein werden. Der Raum, der den einzelnen Pflanzen eingeräumt worden ist, ist sehr verschieden; die Schwierigkeit, welche die Untersuchung darbot, oder das Interesse, das ich selbst an dem behandelten Gegenstande nahm, haben hierbei den Ausschlag gegeben. In manchen Punkten weiche ich von meinen Vorgängern ab; da ich aber auf ihren Schultern stehe, und da ich Hülfsmittel benutzen konnte, die jenen zum Teil nicht bekannt waren, so habe ich es unterlassen, meine abweichende Ansicht jedesmal ausdrücklich hervorzuheben. Wiederholungen haben sich ebensowenig vermeiden lassen wie Verweisungen von einer Stelle auf die andere; hoffentlich empfindet der Leser eine Wiederholung gelegentlich als Bequemlichkeit.

Hülfe und Rat sind mir in reichem Masse zu Teil geworden, in botanischen und pflanzengeographischen Fragen von Dr. med. Ernst H. L. Krause, bei sprachlichen Schwierigkeiten von den Professoren Dr. A. Funck und Dr. P. Cauer, sowie von Oberlehrer Dr. E. Bruhn, meinen früheren Collegen. Eine Reihe wertvoller Angaben über Gemüse und Gemüsebau lieferte mir Herr Handelsgärtner Andr. Böttcher, Inhaber der Firma Joh. Eckardt in Kiel. Ihnen allen sei hiermit herzlicher Dank ausgesprochen!

Aber damit sind noch nicht alle genannt, die zum Gelingen meiner Arbeit beigetragen haben. Meinem Herrn Verleger schulde ich Dank einmal dafür, dass er mir gestattet hat die Ergebnisse fortgesetzter Untersuchung während des Druckes in den Text einzufügen, und zweitens für die hübsche Ausstattung, die er meinem Buche gegeben hat. Bei der peinlichen Arbeit der Korrektur hat mir Dr. A. Funck unermüdlich beigestanden. Endlich ist es mir eine angenehme Pflicht an dieser Stelle auszusprechen, dass die Mühe des Korrigierens durch das ausgezeichnete Setzerpersonal der Hopfer'schen Druckerei in ungewöhnlichem Grade vermindert worden ist.

Kiel, Ostern 1894.

R. v. Fischer-Benzon.

# Inhaltsübersicht.

# Einleitung.

## Allgemeines, Hülfsmittel und Quellen.

Es gab eine Zeit, wo die Mode auf das Aussehen der Gärten nur einen sehr geringen Einfluss hatte, und diese Zeit liegt gar nicht so sehr weit hinter uns, vielleicht 40 oder 50 Jahre.[1]) Damals unterschieden sich die Gärten der Städter im allgemeinen nur wenig von denen der Bauern; der Städter baute vielleicht einige Gemüserassen mehr und hatte in seinem Blumengarten auch wohl einige Zierpflanzen stehen, die man auf dem Lande vergebens suchte. Die Wanderung der Pflanzen ging früher eben nur langsam von statten. Der Verbreitungsmittelpunkt für neue Nutzpflanzen jeder Art war auf dem Lande der Pastorengarten; aber bevor eine neue Pflanze ihren Weg aus der Stadt dorthin nahm, konnte immerhin einige Zeit vergehen, und bevor der Bauer den neuen Gast in seinen eigenen Garten aufnahm, musste er sich auch durch eigene Anschauung von dessen guten Eigenschaften überzeugt haben. Heute, wo es auch Gärtnereien in Dörfern giebt, verbreiten die Gartenpflanzen sich sehr viel rascher, und die grosse Übereinstimmung, die unsere Bauerngärten früher zeigten,[2]) ist jetzt in der Nähe grösserer Städte und wichtigerer Verkehrsstrassen nicht mehr vorhanden. Zierpflanzen mit prunkenden Blüten haben die alten bescheideneren verdrängt; auch glaubt der Bauer nicht mehr an die Kraft der alten Heilpflanzen und

---

[1]) Vollkommen unbeeinflusst durch die Mode waren unsere Gärten in den vorangehenden Jahrhunderten auch nicht: man denke nur an den Tulpenschwindel in der ersten Hälfte des 17. Jahrhunderts. Indessen wurden den Gärten früher in einem Jahrhundert kaum so viele neue Pflanzen zugeführt, wie jetzt in einem Jahrzehnt.

[2]) A. KERNER, Die Flora der Bauerngärten etc.; Verhandl. d. zool.-bot. Vereins in Wien. Bd. 5, 1855, S. 788; GÖPPERT, Über Geschichte der Gärten, insbesondere in Schlesien; 42. Jahresbericht und Abhandlungen der schlesischen Gesellschaft für vaterländische Kultur für das Jahr 1864, Breslau 1865, S. 176—185.

wirft sie über den Zaun. So wirken verschiedene Ursachen, um die Physiognomie des Bauerngartens vollständig umzugestalten.

Da man seit etwa einem Jahrhundert angefangen hat, sich genauer um Heimatland und Verbreitung der einzelnen Pflanzen zu kümmern, so ist es meistens nicht sehr schwierig, diejenigen Pflanzen auszusondern, die während der letzten Jahrhunderte in unsere Gärten eingedrungen sind, und dadurch ein Bild von deren ursprünglichem Aussehen zu gewinnen. Nehmen wir eine solche Aussonderung vor, so ergiebt sich, dass die Gärten in ganz Deutschland, in Deutsch-Österreich, und zwar bis in die entferntesten Gebirgsthäler hinein, in den östlichen und westlichen Grenzländern, in Dänemark, Norwegen und Schweden dieselbe Physiognomie zeigen: sie sind arm an eigentlichen Zierpflanzen, reich an Nutzpflanzen der mannigfaltigsten Art, denn ausser denjenigen Pflanzen, die zur Speise und zur Würze der Speise dienen, begegnen uns auch solche, die als Heilmittel etc. benutzt werden. Betrachten wir die Namen dieser Pflanzen etwas genauer, so erfahren wir, dass sie fast sämtlich entweder direkt, höchstens mit geringfügigen Änderungen, aus dem Lateinischen entnommen sind, oder dass der lateinische Name im Munde des Volkes so lange verändert und umgemodelt worden ist, bis er bequem zu sprechen war. Namen der ersten Art sind Rose aus *rosa*, Lilie aus *lilium*, Raute aus *ruta*, Salbei aus *salvia*, etc.; Namen der zweiten Art: Eberraute aus *abrotanum*, Liebstöckel aus *libisticum*, Rettich aus *radix* etc. Ausnahmen sind Bohne für *faba*, Dill für *anethum* etc.

Unsere Bauerngärten liefern uns ein möglichst getreues Bild von dem Zustande der ersten Gärten, die auf deutschem Boden gegründet wurden; ihre Entstehung reicht bis ins Ende des achten oder bis in den Anfang des neunten Jahrhunderts zurück. Die Übereinstimmung, welche sie in ihren Pflanzen und diese wieder in ihren Namen zeigen, macht es wahrscheinlich, dass unsere Gartenpflanzen von einem und demselben Mittelpunkt ausgegangen sind und ihre Verbreitung einer und derselben treibenden Kraft verdanken. Der Umstand nun, dass die Pflanzen der Bauerngärten sich fast vollständig im 70. Kapitel von Karls des Grossen „Capitulare de villis"[1]) wiederfinden, führte zu der Annahme, dass die Gärten des grossen Kaisers der Verbreitungsmittelpunkt gewesen seien, und dass das hervorragende Ansehen, welches er genoss, die Ausbreitung dieser Pflanzen begünstigt habe. Für Südwestdeutschland oder einen Teil davon mag das richtig sein, aber darüber hinaus wird Karls Einfluss kaum gereicht haben, dazu verfiel das Reich zu früh unter seinen Nachfolgern; auch hat man zu bedenken, dass das „Capitulare de villis" nur zwei Jahre vor seinem Tode erlassen wurde. Wenn man aber, wie

---

[1]) Das „Capitulare de villis" stammt aus dem Jahre 812 und enthält Verordnungen über die Verwaltung der Hofgüter (Capitulare hiess eine in Kapitel geteilte Verordnung); das 70. Kapitel ist nebst Übersetzung abgedruckt in Anhang I, 3.

ganz neuerdings von GAREIS[1]) gezeigt worden ist, wahrscheinlich Nordfrankreich als das Geltungsgebiet des Capitulare zu betrachten hat, so kann diese Kaiserliche Verordnung auf den Inhalt unserer Gärten keinen merkbaren Einfluss geübt haben.

Es kann wohl kaum zweifelhaft sein, dass der Verfasser und Schreiber des Capitulare ein Mönch war, und zwar ein Benedictinermönch. GAREIS macht es sogar wahrscheinlich,[2]) dass der Benedictinermönch Ansegis, der später (823) Abt von St. Wandrille (ehemals Fontenella) wurde und der als besonders geschickt in allem, was zur Landwirtschaft gehört, gerühmt wird, von Karl dem Grossen zu dieser Arbeit herangezogen worden sei. Das mag dahingestellt bleiben, jedenfalls wird Karl der Grosse sich einen fähigen und klugen Mann für die Ausführung seines Willens ausgesucht haben. Man hat sich die Frage vorgelegt, ob der Schreiber des Capitulare eine bestimmte Quelle für das Pflanzenverzeichnis des 70. Kapitels benutzt habe. Die meisten der daselbst angeführten Pflanzen sind nämlich solche, die seit alten Zeiten bei den Römern in Gebrauch waren und sich daher in den Werken von COLUMELLA und PLINIUS verzeichnet finden; das Wort *unio*, das Zwiebel bedeutet, findet sich bei keinem anderen Schriftsteller, als bei COLUMELLA, hat aber Aufnahme in das Capitulare gefunden. Indessen sind die Namen des Capitulare gegenüber denjenigen, die sich bei den römischen Schriftstellern finden, zum Teil stark verändert, z. B. *lacterida* für *lathyris*, *olisatum* für *olusatrum*, *adripia* für *atriplex*; einige altlateinische Namen sind durch neue ersetzt, wie *rubia* durch *warentia*, und verschiedene Pflanzen des Capitulare werden bei den Römern überhaupt nicht erwähnt, jedenfalls nicht deutlich kenntlich gemacht, wie *costus*, *tanazita* etc. Die Quelle für das Pflanzenverzeichnis des Capitulare dürfen wir also nicht bei einem Schriftsteller des Altertums suchen; sein Inhalt weist auf eine spätere Zeit.

Ein Werk, das bestimmt zu sein scheint, unsere Kenntnisse auf sehr vielen Gebieten des Wissens zu erweitern, das „Corpus Glossariorum Latinorum", enthält in seinem 3. Bande[3]) Schriften, die „Hermeneumata Pseudodositheana", die uns sehr wertvolle Beiträge zur Geschichte unserer Nutzpflanzen liefern, und ausserdem am Schlusse alte Pflanzenglossare, die sich als ein unschätzbares Hülfsmittel zur Deutung spätlateinischer Pflanzennamen erweisen. Die „Hermeneumata", von den Lateinern

---

[1]) CARL GAREIS, Bemerkungen zu Kaiser Karls des Grossen Capitulare de villis in „Germanistische Abhandlungen zum LXX. Geburtstage Konrad von Maurers, Göttingen 1893", S. 207—247.

[2]) a. a. O. S. 236—238.

[3]) Corpus Glossariorum Latinorum, Vol. III, Hermeneumata Pseudodositheana, ed. G. GOETZ, Lipsiae 1892, 8 °. Nach einer Anzeige dieses Bandes von K(arl) K(rumbacher) in No. 48 des litterarischen Centralblattes vom 26. Nov. 1892 hat man die Entstehung der Hermeneumata Pseudodositheana in die Zeit vom 3. bis 5. Jahrhundert unserer Zeitrechnung zu verlegen.

1*

*Interpretamenta* genannt, waren praktische Hülfsbücher für Schulen, in denen „die beiden Sprachen", d. h. Lateinisch und Griechisch, gelehrt wurden. Sie enthalten zu dem Ende teils Gespräche, teils systematische Verzeichnisse derjenigen Wörter, die im wissenschaftlichen und praktischen Verkehr notwendig waren. Für unseren Zweck sind von diesen Verzeichnissen namentlich diejenigen von Wichtigkeit, die Blumen und Gemüse enthalten,[1]) ausserdem diejenigen über Bäume, Landwirtschaft und Feldfrüchte *(de leguminibus)*. Da uns diese Hermeneumata durch die Klöster erhalten worden sind, und da in den Klöstern ganz ähnliche Schriften in lateinischer und deutscher Sprache verfasst wurden, die nur den abweichenden Namen *Summarium* oder *Abecedarius*[2]) führten, so dürfen wir annehmen, dass die Hermeneumata als Lehrbücher Eingang in die Klosterschulen fanden, aber wir dürfen auch annehmen, dass die in ihnen aufgeführten Gartenpflanzen im Klostergarten Platz und Pflege fanden: sind es doch dieselben Pflanzen, denen wir bei COLUMELLA und PLINIUS als Bürgern römischer Gärten begegnen, dieselben, die wir noch jetzt in unseren Gärten ziehen. Entstellungen haben die Namen in den Pflanzenverzeichnissen der Hermeneumata auch erfahren, namentlich die griechischen, und diese sind im Laufe der Zeit, wie die alten Pflanzenglossare des Corpus Glossariorum Latinorum beweisen, erheblich grösser geworden, decken sich auch zum Teil mit denen der Namen im Capitulare. Hat also der Mönch, der das Pflanzenverzeichnis des Capitulare zusammenstellte, eine schriftliche Quelle benutzt, so könnte diese eines der Hermeneumata oder auch ein älteres Pflanzenglossar gewesen sein; wahrscheinlicher ist es aber, dass er dasjenige aus dem Gedächtnis niederschrieb, was er in seinem Heimatkloster gelernt und gesehen hatte, vielleicht auch selbst hatte bauen helfen. Wenn wir aber in seinem Verzeichnisse Pflanzen antreffen, die bei den Römern im Altertum nicht vorkommen, so hat das seinen Grund darin, dass die Mönche im Verkehr mit den Nachbarn des Klosters nicht nur Kenntnisse austeilten, sondern auch aufnahmen.

Wir besitzen ein sehr merkwürdiges Dokument aus dem 9. Jahrhundert, einen Bauriss des Klosters St. Gallen,[3]) der von einem Benedictinermönch herrührt; dieser Bauriss ist zwar niemals vollständig zur

---

[1]) Ein Verzeichnis von Blumen, sowie die drei ältesten Verzeichnisse von Gemüsen sind mitgeteilt in Anhang I, 1.

[2]) HOFFMANN VON FALLERSLEBEN hat ein von seinem Verfasser selbst *summarium* genanntes Glossar in seinen Althochdeutschen Glossen, Breslau 1826, 4°, S. 1—19, unter dem Titel „Glosse Trevirenses" herausgegeben, einen *Abecedarius* in seinen „Sumerlaten", Wien 1834, 8°, S. 25—43.

[3]) Bauriss des Klosters St. Gallen aus dem Jahr 820, herausgegeben und erläutert von FERDINAND KELLER. Zürich 1844, 4° (mit 1 lithogr. Tafel). — DIERAUER, Über die Gartenanlagen im St. Gallischen Klosterplan vom Jahre 830 (mit einer Tafel); Bericht über die Thätigkeit der St. Gallischen naturw. Gesellschaft während des Vereinsjahres 1872—73, St. Gallen 1874, S. 434—446.

Ausführung gelangt, er zeigt uns aber, wie die Benedictiner selbst sich ein begütertes Kloster vorstellten. Ausser den zahlreichen Gebäuden für Bewohner und Bedienstete des Klosters ist auch neben der Wohnung der Aerzte ein Gärtchen mit 16 verschiedenen Heilpflanzen, und neben der Wohnung des Gärtners ein Gemüsegarten mit 18 Arten von Gemüsen angegeben, und zwar sind die Namen der betreffenden Pflanzen in die Beete der Gärten hineingeschrieben. Zwischen den Gräbern des Friedhofes befinden sich arabeskenartige Zeichnungen, neben die der Name eines Baumes geschrieben ist; im ganzen werden 15 Obstbäume genannt.[1]) Die Pflanzennamen scheint der Verfertiger des Baurisses aus dem Gedächtnis niedergeschrieben zu haben, denn einmal sind Heil- und Gemüsepflanzen nicht strenge auseinandergehalten, und zweitens fehlen manche sehr viel benutzte Pflanzen, wie Eberraute, Bohnen (faba) und Gurken; das Bohnenkraut kommt als Heil- und als Gemüsepflanze vor, und der Mohn wird unter zwei verschiedenen Namen, also zweimal aufgeführt. Dem Baumeister lag eben daran, den leeren Platz der Beete etwas auszufüllen, da wird er eine sehr sorgfältige systematische Sonderung nicht vorgenommen haben. Den Inhalt eines grösseren Klostergartens dürfen wir uns zweifellos reicher vorstellen, als er auf dem Bauriss angegeben ist; immerhin bestätigt aber dieser Entwurf dasjenige, was wir oben über die Klostergärten gesagt haben.

Wie es in den Gärten Karls des Grossen aussah, wissen wir aus zwei Garteninventaren, die in einem aus dem Jahre 812 stammenden Dokumente, „Beneficiorum fiscorumque regalium describendorum formulae“,[2]) mitgeteilt sind. Danach befanden sich in dem Garten von A s n a p i u m 20 Arten Blumen und Gemüse, sowie 8 Arten von Obstbäumen, in dem von T r e o l a [3]) 27 Blumen- und Gemüse- und 10 Obstarten. Der Vergleich dieser Gärten mit den reichhaltigeren Klostergärten kann Karl den Grossen veranlasst haben, seinem Capitulare de Villis, das zeitlich den „Beneficiorum fiscorumque regalium describendorum formulae“ folgt,[1]) das 70. Kapitel über die Gartenpflanzen, die er gebaut wissen wollte, anzuhängen. In diesem Kapitel, das keineswegs alle in den Klostergärten gebauten Pflanzen enthielt, werden 73 Kräuter und 16 Arten von Bäumen aufgeführt; es fehlen darin aber zwei in den Inventaren genannte Heilpflanzen, nämlich Betonika (vittonica Invent. I, 20, II, 16) und Odermennig (aerimonia Invent. II, 17).

---

[1]) Eine Deutung der Pflanzennamen ist Anhang I, 4 versucht.

[2]) Dies Dokument hiess früher kurz „Breviarium“ und stellt Formulare dar, nach denen die Beamten des Kaisers über die Krongüter zu berichten hatten; abgedruckt ist es bei PERTZ, Monumenta Germaniae etc. Bd. 3, Hannover 1835, S. 175 ff. — Die beiden Garteninventare finden sich in unserem Anhang I, 2.

[3]) Über die Lage von Asnapium und Treola ist nichts bekannt.

[4]) M. GUÉRARD, Explication du Capitulaire de Villis, in Mémoires de l'Institut Impérial de France etc., tome 21, 1, Paris 1857, S. 167.

Nach dem Gesagten haben wir unsere Bauerngärten als mehr oder minder vollständige Wiederholungen oder Nachbildungen der ehemaligen Klostergärten zu betrachten. Die Ausbreitung des Christentums aber hat es bewirkt, dass die Bauerngärten bis nach Nordeuropa hinauf eine so weitgehende Übereinstimmung zeigen. Denn wenn die Mönche auszogen, um ein neues Kloster zu gründen, so nahmen sie in den neuen Klostergarten die Pflanzen des alten mit hinüber und verteilten sie von da aus weiter. Einen direkten Einfluss auf den Inhalt unserer Bauerngärten können wir also Karl dem Grossen nicht zugestehen, wohl aber einen indirekten, insofern er die Ausbreitung des Christentums mit allen ihm zu Gebote stehenden Mitteln förderte.

Ursprünglich wurde die folgende Arbeit unternommen, um womöglich die zweifelhaften Namen des Capitulare sicherer zu deuten. Die in diesem Aktenstück genannten Pflanzen stellen immerhin die Mehrzahl der von uns noch heute gebauten Obst- und Gemüsearten dar. Da es sich indessen sehr bald herausstellte, dass die Deutung der einzelnen Namen um so mehr an Sicherheit gewinnen musste, je mehr Pflanzen berücksichtigt und auf ihre alten Namen hin untersucht wurden, so wurde das Untersuchungsgebiet wesentlich erweitert und auf die Nutzpflanzen der alten Welt, soweit sie für Deutschland in Betracht kommen, ausgedehnt.

Für Untersuchungen der vorliegenden Art giebt es eine grosse Zahl von Hülfsmitteln, und unter diesen finden sich sowohl ganz neu entstandene, als auch alte, offenbar übersehene. Es wird nötig sein, etwas eingehender bei sämtlichen zu verweilen. Wir bringen sie in folgende Abteilungen:

1) Frühere Deutungsversuche.

2) Die botanischen, medicobotanischen und landwirtschaftlichen Schriften des Altertums. Antike Wandgemälde.

3) Die Pflanzenglossare.

4) Botanische Schriften des deutschen Mittelalters.

5) Die Kräuterbücher des 16. Jahrhunderts.

6) Die pflanzlichen Arzneimittelnamen der alten Apotheken und Pharmakopöen.

7) Die volkstümlichen Pflanzennamen im heutigen Griechenland und Italien.

8) Schriften, die sich mit der Geschichte der Nutzpflanzen beschäftigen.

9) Endlich giebt es noch ein Hülfsmittel: eine sorgfältige Untersuchung des Bestandes an Nutz- und Zierpflanzen in alten Gärten und in Beschreibungen früherer Gärten.

## 1. Frühere Deutungsversuche.

Eine vollständige Aufzählung der verschiedenen Abdrücke des Capitulare und der darauf bezüglichen Schriften bis zum Jahre 1855 findet sich bei ERNST MEYER, Geschichte der Botanik, Bd. 3, 1856, S. 398—401. Hier sind nur diejenigen Arbeiten aufgeführt. die im Folgenden wirklich benutzt sind.

P. J. BRUNS, Beyträge zu den deutschen Rechten des Mittelalters etc. Helmstädt 1799, 8°; darin ist S. 1—42 das ganze Capitulare, begleitet von kurzen kritischen Anmerkungen, abgedruckt. Besonders wertvoll sind die von J. FR. A. KINDERLING herrührenden Anmerkungen (S. 359 bis 421), die entschieden zu den gründlichsten und besten Deutungsversuchen gehören.

K. G. ANTON, Geschichte der teutschen Landwirthschaft von den ältesten Zeiten bis zum Ende des 15. Jahrhunderts. Theil 1, Görlitz 1799, 8°; enthält S. 177—243 eine deutsche Übersetzung des Capitulare, die von Erläuterungen begleitet ist; unabhängig von BRUNS und KINDERLING, aber in den Resultaten meistens mit ihnen übereinstimmend.

KURT SPRENGEL. Geschichte der Botanik, Theil 1. Altenburg und Leipzig 1817, 8°; das 70. Kapitel des Capitulare wird in Übersetzung mit kurzen Deutungen unter Anlehnung an BRUNS und ANTON auf S. 196, 197 abgedruckt.

F. A. REUSS, Walafridi Strabi Hortulus. Wirceburgi 1834, 8°. In den „Analecta ad antiquitates florae germanicae". die auf den „Hortulus" folgen, wird S. 69—72 das 70. Kapitel des Capitulare, begleitet von kurzen Deutungen. abgedruckt; enthält manches eigentümliche und von seinen Vorgängern abweichende.

A. KERNER, Die Flora der Bauerngärten in Deutschland. Ein Beitrag zur Geschichte des Gartenbaues. Verhandlungen des zoologisch-botanischen Vereins in Wien. Bd. 5, 1855, S. 787—826; enthält auf S. 789 einen Abdruck von Kapitel 70 des Capitulare, und von S. 791 bis 824 sehr eingehende Deutungen; KERNER geht zurück auf THEOPHRAST, DIOSKORIDES, GALEN, COLUMELLA und PLINIUS, berücksichtigt die lateinisch-deutschen Pflanzenglossare und die Kräuterbücher des 16. Jahrhunderts. Eine sehr wertvolle Arbeit, die sich zugleich durch anregende Darstellung auszeichnet.

ERNST MEYER. Geschichte der Botanik, Bd. 3, Königsberg, 1856, 8°: ein Abdruck von Kapitel 70 des Capitulare (nach PERTZ, Monumenta Germaniae historica etc., Bd. 3, Hannover 1835, fol.. S. 186, 187), findet sich S. 401, 402, darauf bezügliche Deutungen S. 402—409. Einen so kundigen Deuter, wie MEYER einer war, wird man so leicht nicht wiederfinden. Er hatte die botanischen Schriften der Alten sehr gründlich kennen gelernt, ebenso diejenigen der Deutschen aus dem 10.. 12., 13. und 16. Jahrhundert, und hatte selbst ein Pflanzenglossar herausgegeben (siehe weiter unten). Da er auch die erschienenen Schriften über das Capitulare in ungewöhnlichem Umfange kannte, so wird er an Kenntnis der einschlägigen Litteratur von Niemand übertroffen. Es ist ein merkwürdiger Zufall, dass KERNER und MEYER unabhängig von einander fast gleichzeitig an die Deutung der Pflanzennamen des Capitulare gingen; begreiflicherweise stimmen sie in sehr viel Punkten miteinander überein. MEYER hat noch das Verdienst, auf die in den ersten Kapiteln des Capitulare genannten Pflanzen besonders hingewiesen zu haben, ebenso auf die beiden Garteninventare im sogenannten „Breviarium" Karls des Grossen. Diese Inventare sind nebst dem „Breviarium" abgedruckt bei BRUNS S. 55—79 und bei ANTON S. 244—267.

M. GUÉRARD, Explication du Capitulaire *de Villis* (Mémoires de l'Institut Impérial de France, Académie des Inscriptions et Belles-Lettres, Tome 21, 1, Paris 1857, p. 165—309). Diese sehr eingehende und gründliche Abhandlung beschäftigt sich mit dem ganzen Capitulare und berücksichtigt die deutsche Litteratur vollständig bis BRUNS, ANTON und SPRENGEL; die Arbeiten von KERNER und MEYER sind dem Verfasser entgangen. Für die Deutung der Pflanzennamen des 70. Kapitels benutzte der Verfasser ein Manuskript aus dem 9. Jahrhundert, das der Kaiserlichen Bibliothek in Paris angehört; dieses Manuskript enthält ein altes lateinisches und griechisch-lateinisches Pflanzenglossar, das in seinem Inhalt vielfach übereinstimmt mit den älteren Glossaren, die neuerdings im 3. Bande des Corpus Glossariorum Latinorum, Leipzig 1892, von G. GOETZ veröffentlicht sind. Durch dieses Hülfsmittel ist der Verfasser im Deuten der Pflanzennamen des Capitulare häufig glücklicher gewesen als seine Vorgänger. Den Schluss der Arbeit bildet eine französische Übersetzung des ganzen Capitulare.

H. STEINVORTH, Die fränkischen Kaisergärten, die Bauerngärten der Niedersachsen und die Fensterflora derselben. Jahreshefte des naturwissenschaftlichen Vereins für das Fürstentum Lüneburg, XI, 1888, 1889. Lüneburg 1890, S. 33—66. Auf Seite 37 ist Kapitel 70 des Capitulare nach PERTZ abgedruckt; daran schliesst sich eine Übersetzung, der ausführliche Erläuterungen folgen.

### 2. Die botanischen, medicobotanischen und landwirtschaftlichen Schriften des Altertums.

Unter der grossen Zahl von Schriften dieses Gebietes musste eine Auswahl getroffen werden, denn alle zu berücksichtigen ist unmöglich. Ausgeschlossen sind deshalb diejenigen, die nur oder vorwiegend Pflanzennamen geben ohne Beschreibung oder ohne Bemerkungen, aus denen sich auf die Bedeutung der gegebenen Pflanzennamen schliessen liesse, wie die Schriften des THEOKRIT, NIKANDER etc. Benutzt wurden:

THEOPHRASTI ERESII quae supersunt opera etc.; herausgegeben von J. G. SCHNEIDER, Leipzig 1818—1821, 5 Bände 8°. Band 1 enthält den griechischen Text, Band 2 die berichtigte lateinische Übersetzung des THEODOR GAZA, Band 3 den Commentar zur Geschichte der Pflanzen, Band 4 denjenigen zu den Ursachen der Pflanzen, Band 5 Nachträge, Berichtigungen etc. und einen Index. Benutzt ist im wesentlichen nur die Geschichte der Pflanzen. Der reiche Index dieser Ausgabe und die beigegebene gute lateinische Übersetzung erleichtern dem Nichtphilologen die Benutzung ganz ausserordentlich. Mit grosser Vorsicht ist zu benutzen:

K. SPRENGEL, Theophrasts Naturgeschichte der Gewächse. Theil 1 Uebersetzung, Theil 2 Erläuterungen. Altona 1822, 8°. Die Übersetzung ist oft ungenau, stellenweise falsch, also ohne Vergleichung mit dem Original garnicht zu gebrauchen; die Erläuterungen enthalten viel nützliches.

THEOPHRASTS Geschichte der Pflanzen ist ein ausserordentlich merkwürdiges Buch. Neben vielen Überlieferungen, die von THEOPHRAST zum Teil schon bezweifelt werden, enthält es selbständige Beobachtungen. z. B. über das Keimen der Samen (8, 2), über die Befruchtung der Dattelpalme (2, 8) etc. etc. Wenn die Geschlechter auf zwei Individuen verteilt sind, wie bei der Dattelpalme, so spricht er von männlichen und weiblichen Pflanzen im heutigen Sinne; ausserdem unterscheidet er Pflanzen, die sich, wenn auch nur oberflächlich, ähnlich sehen, nach ihrem grösseren oder geringeren Nutzen als männliche und weibliche, wie es bis ins 18. Jahrhundert hinein üblich war. Die Beschreibungen, die er liefert, überraschen uns zuweilen durch die Hervorhebung treffender Züge; will man ihn verstehen, so muss man allerdings unsere heutige Terminologie beiseite lassen und versuchen sich auf seinen Standpunkt, nenne man ihn nun naiv oder kindlich. zu stellen. Das wird uns modernen Menschen freilich sehr schwer, aber bei Kindern, jungen Mädchen und Frauen, die noch nicht durch eine Unmasse auswendig gelernten Wissens ihre Natürlichkeit verloren haben. kann man ähnliche Vergleiche und Beschreibungen hören. wie man sie bei THEOPHRAST findet.

THEOPHRAST lebte vor mehr als 2200 Jahren (v. 371–286 v. Chr.), ein Schüler des ARISTOTELES, dessen Hauptwerk über die Pflanzen uns leider nicht überliefert worden ist, abgesehen von einigen wenigen Bruchstücken. Es ist deshalb um so mehr zu bedauern, dass THEOPHRASTS Werke auch bedeutende Verstümmelungen erlitten haben. Von vielen Schriftstellern ist er als Quelle benutzt worden, aber schon Plinius verstand ihn nicht mehr ganz. So kam es, dass der immerhin weniger bedeutende DIOSKORIDES ihn schliesslich ganz oder fast ganz verdrängte. In neuerer Zeit jedoch scheint man seine Verdienste mehr anerkennen zu wollen.

PEDANII DIOSKORIDIS ANAZARBEI de materia medica libri quinque; rec. CURTIUS SPRENGEL, Lipsiae 1829; (Medicorum Graecorum opera quae exstant, cur. C. G. KÜHN, Vol. 25). Jede Seite trägt unten die lateinische Übersetzung des oben stehenden griechischen Textes. Ein zweiter Band, der dem genannten im Jahre 1830 folgte, enthält von demselben Herausgeber in entsprechender Bearbeitung auf S. 1—338 die übrigen Schriften des DIOSKORIDES, von S. 339–675 einen Commentar zur „Materia medica".

Schon Theophrast hatte bei verschiedenen Pflanzen ihre medicinische Verwendbarkeit angegeben, aber im ganzen doch nur so wenig, dass man seine Geschichte der Pflanzen ein botanisches Werk nennen muss. Bei DIOSKORIDES ist es ganz anders, denn er ist in erster Linie Mediciner, und das muss man festhalten, um ihn richtig beurteilen zu können. Jedes Kapitel beginnt mit dem Namen der darin behandelten Pflanze, darauf folgen meistens Synonymen; ist die angeführte Pflanze bekannt (πόα γνώριμος), so fehlt eine Beschreibung, sonst folgt eine solche. Diese Beschreibungen tragen einen ähnlichen Charakter, wie diejenigen des THEOPHRAST, jedoch sind viele von ihnen nach unseren Begriffen bestimmter gehalten, erstrecken sich auch oft über alle Teile der Pflanze; zuweilen werden ähnliche Pflanzen miteinander verglichen, wie das Labkraut (ἀπαρίνη, 3, 95) und die Färberröte (ἐρυθρόδανον, 3, 150), zuweilen auch ein einzelnes, für die Bestimmung entscheidendes Kennzeichen angeführt, wie die purpurrote Terminaldolde der Mohrrübe, *Daucus Carota* L. (σταφυλῖνος, 3, 52). Auf die Beschreibung folgt dann eine Aufzählung der medicinischen Eigenschaften und eine Anleitung zur Benutzung; bei einzelnen Arzneimitteln, wie beim Opium (4, 65), wird nicht nur angegeben, welche andere Substanzen zu ihrer Verfälschung dienen, sondern auch, wie man die verschiedenen Verfälschungen als solche erkennen kann.

Erstaunlich ist der Einfluss, den DIOSKORIDES durch seine Materia medica während einer Zeit von mehr als anderthalb Jahrtausenden ausgeübt hat. Seine Beschreibungen galten für so mustergültig, dass GALEN etwa 100 Jahre später [1]) in seiner Arzneimittellehre sich ein für allemal auf DIOSKORIDES bezieht und selbst keine Beschreibungen giebt. DIOSKORIDES blieb die Hauptquelle, aus der später die Mönche ihre botanischen Kenntnisse schöpften. Der grosse lateinische Commentar, den MATTIOLI der Materia medica widmete (man vergl. weiter unten bei den Kräuterbüchern), liess den Ruhm des DIOSKORIDES neu erstrahlen, und wenn wir uns die Kräuterbücher von HIERONYMUS BOCK, TABERNAEMONTANUS und anderen ansehen, sind sie nicht deutsche Ausgaben der Materia medica, nur zeitgemäss erweitert und vervollständigt? und lässt sich nicht auch bei LINNÉ der Einfluss des DIOSKORIDES an sehr vielen Stellen nachweisen?

DIOSKORIDES war der bedeutendste Medico-Botaniker des Alter-

---

[1]) DIOSKORIDES aus Anazarba in Kilikien schrieb etwa um das Jahr 70 n. Chr.; GALEN aus Pergamon lebte von 131—200 n. Chr.

tums. Die Verbindung zwischen Medicin und Botanik hat sich von seiner Zeit bis weit in dieses Jahrhundert hinein erhalten, ist aber an den Universitäten nunmehr definitiv aufgegeben. Weil DIOSKORIDES über die einfachen Heilmittel (medicamenta simplicia) schrieb, so kann man von ihm auch sagen, dass er die Reihe derjenigen Mediciner eröffnet, die später die Simplicisten genannt wurden.

THEOPHRAST und DIOSKORIDES haben sicher auch die Schriften von Vorgängern und Zeitgenossen benutzt, aber daneben haben sie sehr viel selbst beobachtet und niedergeschrieben. Wir begegnen jedenfalls in der späteren Zeit keinen botanischen Schriften mehr, die in ähnlicher Weise originell wären wie diejenigen dieser beiden Männer, wohl aber treffen wir Compilationen und Sammelwerke besserer und schlechterer Art. Alle Werke hier aufzuführen, die in der folgenden Untersuchung benutzt sind, würde zu weit führen, zwei Sammelwerke mögen aber noch genannt werden.

ATHENAEI NAUCRATITAE dipnosophistarum libri XV rec. G. KAIBEL. 3 voll. Lipsiae 1887—90, 8°.

Die Abfassung dieses merkwürdigen Werkes, „die schmausenden Gelehrten", fällt in den Anfang des dritten Jahrhunderts unserer Zeitrechnung. Künstler, Dichter und Gelehrte sind bei einem Römer zu Gast geladen und geben, anknüpfend an die dargereichten Speisen, ihre Gelehrsamkeit zum Besten. Dabei werden Stellen aus etwa 800 Schriftstellern, von denen sehr viele verloren gegangen sind, wörtlich recitiert. Manche dieser Citate sind für unseren Zweck sehr wertvoll. — Die oben genannte sehr handliche und mit ausgezeichneten Registern versehene Ausgabe gilt heute als die beste; man muss es aber bedauern, dass dem griechischen Texte nicht eine lateinische Übersetzung hinzugefügt ist, denn es wird nicht lange dauern, bis der Inhalt des griechischen Textes nicht blos den Naturforschern ganz und gar verborgen sein wird. Auf den naturwissenschaftlichen Inhalt hat der Herausgeber keine Rücksicht genommen.

C. PLINI SECUNDI naturalis historiae libri XXXVII; rec. J. SILLIG. Hamburgi et Gothae, 8 voll. 1851—1858, 8°. Für unseren Zweck kommen nur in Betracht Band 2 bis 4, die die botanischen Bücher 12—27 enthalten, und die Registerbände 7 und 8.

Die Silligsche Ausgabe empfiehlt sich zur Benutzung durch ihr ausgezeichnetes Register. — Es ist schwierig, PLINIUS ganz gerecht zu werden, denn seine Naturgeschichte der Pflanzen ist ein vielfach kritiklos zusammengewürfeltes Durcheinander, so dass eine und dieselbe Pflanze oft an zwei verschiedenen Stellen unter zwei verschiedenen Namen vorkommt. Oft ist seine Quelle leicht zu erkennen, oft ist sie überhaupt unbekannt. Manche seiner Darstellungen tragen den Charakter des wirklich Beobachteten: vielleicht sind sie dies in der That, oder sie sind Berichte von Sklaven, die als Gärtner Dienste thaten. Aber mag man

seiner Naturgeschichte der Pflanzen auch noch so viele Mängel nach-
sagen, sie ist ein Buch von ausserordentlichem Einfluss gewesen, ein
Buch, das ebensoviel benutzt wurde wie die Materia medica des DIOSKO-
RIDES. Dafür lassen sich verschiedene Gründe angeben. Einmal war
seine Naturgeschichte der Pflanzen ebenso wie die Materia medica des
DIOSKORIDES eine praktische Botanik, die sich um den Nutzen der
Gewächse, namentlich um den medicinischen, kümmerte; ferner zählte
sie weit mehr Pflanzen auf, als wir bei DIOSKORIDES finden, und
endlich war sie lateinisch geschrieben, war also während des Mittelalters
allen Gebildeten oder Schriftkundigen verständlich. So kommt es, dass
die Pflanzennamen des PLINIUS in die Pflanzenglossare und in den
Gebrauch der Apotheker übergingen; in den Pharmacopöen fand man
sie noch vor wenig Jahrzehnten. Will man also lateinische Pflanzennamen des Mittelalters deuten, so ist es sehr wohl angebracht, bis auf
PLINIUS zurückzugehen.

Von den landwirtschaftlichen Schriftstellern der Römer, CATO,
VARRO, COLUMELLA und PALLADIUS, ist COLUMELLA der weitaus
bedeutendste. Er ist ein sorgfältiger Beobachter und Darsteller; eigentliche Pflanzenbeschreibungen liefert er nicht, aber oft führt er Bemerkungen an, die es möglich machen, die behandelte Pflanze zu bestimmen.
Seine Werke finden sich zusammen mit denen von CATO, VARRO und
PALLADIUS in

Scriptores rei rusticae veteres latini: cur. J. M. GESSNER.
Lipsiae 1735; 2 voll. 4°; eine neue Ausgabe davon besorgte ERNESTI
1773—74.

Unter gleichem Titel hat auch J. G. SCHNEIDER die landwirtschaftlichen Schriften der Römer herausgegeben, Leipzig 1793—96, 8°;
es ist zu bedauern, dass GESSNER und SCHNEIDER in der Kapitel-
Einteilung bei COLUMELLA nicht übereinstimmen.

Hier ist auch der Ort, auf einige Bücher aufmerksam zu machen,
die sich die Aufgabe gestellt haben, auch denjenigen, die nicht selbst
Lateinisch und Griechisch lesen können, die Bekanntschaft mit dem
botanischen Wissen der Alten zu vermitteln; dies sind

J. BILLERBECK, Flora classica. Leipzig 1824, 8°

Der Verfasser stützt sich im wesentlichen auf SIBTHORP, SPRENGEL
und LINK. Manche hier vorgetragenen Ansichten sind veraltet; als
Quellennachweis ist das Buch aber recht gut zu gebrauchen.

H. O. LENZ, Botanik der alten Griechen und Römer, deutsch in
Auszügen aus deren Schriften, nebst Anmerkungen. Gotha 1859, 8°.

LENZ bietet eine sehr vollständige Zusammenstellung der den
Alten bekannten Pflanzen und ihrer ökonomischen Anwendung. Sein
Buch lässt sich deshalb vortrefflich als Quellennachweis benutzen; es
enthebt uns aber keineswegs der Mühe selbst nachzusehen, denn einmal wird man nicht immer so übersetzen, wie LENZ es gethan, und

zweitens fehlen bei LENZ oft Stücke des Textes, die für die Bestimmung einer Pflanze von entscheidender Wichtigkeit sein können. — Ähnlicher Art, wenn auch keineswegs so vollständig, aber dafür reich an eigenen Beobachtungen, ist

C. FRAAS, Synopsis plantarum florae classicae oder: Übersichtliche Darstellung der in den klassischen Schriften der Griechen und Römer vorkommenden Pflanzen, nach autoptischer Untersuchung im Florengebiete entworfen und nach Synonymen geordnet. München 1845, 8". Hierher gehört auch noch

B. LANGKAVEL, Botanik der späteren Griechen vom 3. bis 13. Jahrhundert. Berlin 1866. 8⁰.

Antike Wandgemälde.

Ein vortreffliches Mittel, um die Deutung der bei COLUMELLA, PLINIUS und auch bei DIOSKORIDES vorkommenden Pflanzennamen sicherzustellen, würden die antiken Wandgemälde von Pompeji und Rom sein. Sie sind aber nur wenigen zugänglich und verkleinerte Reproduktionen von ihnen scheinen nicht recht verwendbar zu sein. Die Maler dieser Gemälde haben in einzelnen Teilen, nämlich in Blüten und Früchten, die Natur sehr sorgfältig wiedergegeben, aber bei den grünen Blättern ist das keineswegs immer geschehen, vielmehr begegnen wir hier oft einer gewissen Stilisierung und Schablone. Aber auch davon abgesehen verlieren die Gemälde bei der Verkleinerung und Reproduktion eine Reihe charakteristischer Züge, so dass sich viele Pflanzen nicht mehr mit Sicherheit erkennen lassen. Das gilt namentlich von den vielen verkleinerten Wiedergaben pompejanischer Wandgemälde, deren Massstab ausserordentlich klein ist, weniger aber von den Wandbildern aus der Villa der Livia in Primaporta (Antike Denkmäler, herausgegeben vom Kaiserlich Deutschen Archaeologischen Institut, Bd. 1, Berlin 1891, gr. 4⁰, Taf. 11, 24 und 60). Auf der farbigen Tafel 11 erkennt man leicht Granatapfel, Quitte, Lorbeer, den Mohn und die Goldblume (*Chrysanthemum coronarium* L., gelb und weiss); wenn aber die rote Blume in der Mitte als Rose gedeutet wird (Dr. MÖLLER, Die Botanik in den Fresken der Villa der Livia. Mittheilungen des Kaiserlich Deutschen Archaeologischen Instituts, Römische Abtheilung Bd. 5, Rom 1890, S. 78 ff.), so sträubt sich unser Gefühl dagegen; indessen muss man sich sagen, dass nur jemand, der an Ort und Stelle Studien gemacht hat, über die Richtigkeit einer solchen Bestimmung ein Urteil hat.

Zuverlässige Nachrichten über die Pflanzen der pompejanischen Wandgemälde und über in Pompeji gefundene Pflanzenreste finden sich in J. F. SCHOUW, Die Erde, die Pflanzen und der Mensch etc. Aus dem Dänischen von H. ZEISE, und zwar S. 39—45: Die pompejanischen Pflanzen.

Eine Schrift, die allein der Deutung dieser Pflanzen gewidmet ist, ist die folgende:

O. COMES, Illustrazione delle piante rappresentate nei dipinti pompeiani. Napoli 1879, 4⁰.

Sie enthält eine an sich schätzbare Zusammenstellung; es ist aber sehr fraglich, ob der Verfasser überall Recht hat.

### 3. Die Pflanzenglossare.

Wer sich mit der Deutung älterer Pflanzennamen beschäftigt, der wird seine Zuflucht sicher auch zu den Pflanzenglossaren nehmen, die den Sprachgebrauch eines bestimmten Zeitraumes darstellen. Aber diese Glossare haben meist sehr wechselnde Geschicke erlebt: ursprünglich von einem Kundigen herrührend, sind sie später durch Abschriften vervielfältigt worden, und da kam es denn sehr darauf an, von welcher Art der Abschreiber war. Am besten war immer derjenige, der möglichst sorgfältig nachschrieb ohne sich etwas dabei zu denken; einem solchen Abschreiber kann es allerdings passieren, dass er die Wörter der einen Columne gegen die der anderen um etwas verschiebt; ein derartiger Fehler ist aber in der Regel leicht bemerkt und verbessert, und um ihn entdecken zu können ist es jedenfalls besser, die Glossare bei der Herausgabe nicht alphabetisch strenge zu ordnen. Es hat aber offenbar auch Abschreiber gegeben, die ihre eigene Weisheit in die Abschrift mit hineingebracht haben, und diese auszuscheiden wird nicht immer möglich sein. So kommt es, dass die Glossare neben sehr viel Gutem und Vortrefflichem auch oft sehr viel Sinnloses und Unbrauchbares enthalten: ihre Benutzung hat deshalb mit viel Sorgfalt zu geschehen.

Von den lateinisch-deutschen Pflanzenglossaren sind eine ganze Anzahl benutzt worden, wie man unten unter den gebrauchten Abkürzungen nachsehen wolle. Die Zusammenstellungen von LORENZ DIEFENBACH: Glossarium latino-germanicum mediae et infimae aetatis etc. Frankfurt a. M. 1857, 4⁰. und Novum Glossarium latino-germanicum mediae et infimae aetatis etc., Frankfurt a. M. 1867, 8⁰, sind vorzugsweise zur allgemeinen Orientierung benutzt worden; die grosse Zahl von Pflanzennamen, die hier an einzelnen Stellen zusammengehäuft ist, macht es in der Regel unmöglich, sich für einen bestimmten von ihnen zu entscheiden. Das grosse „Glossarium mediae et infimae latinitatis" etc. von DU CANGE, Paris 1840 ff., 4⁰, enthält nur ganz ausserordentlich wenig Pflanzennamen, so dass man es ohne den geringsten Schaden ganz unberücksichtigt lassen kann. Dagegen ist ein neuerdings erschienenes Werk von ganz hervorragender Wichtigkeit für Untersuchungen über ältere Pflanzennamen, nämlich das oben S. 3 schon genannte

Corpus Glossariorum Latinorum, Band 3, Leipzig 1892.

Dieser dritte Band bringt ausser den bereits oben erwähnten Hermeneumata auf seinen letzten Seiten griechisch-lateinische Glossare, die *Hermeneumata medicobotanica vetustiora*, S. 533—633. Es sind dies mit Ausnahme eines rein medicinischen Glossars, S. 596—607, lauter

Pflanzenglossare (Tiere und Mineralien kommen nur selten vor), und
zwar sind diese ursprünglich griechisch-lateinisch angelegt gewesen; sie
sind jedoch alle mit lateinischen Buchstaben geschrieben und mit der
Zeit haben sich nicht nur unter die griechischen Namen viele lateinische
gemischt, sondern unter die lateinischen auch einige wenige deutsche.[1])
Es dauert eine geraume Zeit, bis man sich in diese Glossare hinein-
gelesen hat. Zuerst steht man ziemlich ratlos davor: die Schreibweise
ist sehr schwankend, die Namen kommen in jedem beliebigen Casus vor,
häufig im Dativ oder Ablativ, werden nach mehr als einer Deklination
abgewandelt und sind sehr oft bis zu einem hohen Grade entstellt,
namentlich die griechischen. Wer vermutet unter „camuri" trotz des
daneben geschriebenen „coliculi" (555, 29; 619, 56) das griechische
κράμβη? Hier ist wie so oft das „u" ein Stellvertreter von „b", wie
„cambri" (537, 13) beweist, und dieses „cambri" ist durch Versetzung
des „r" entstanden aus „crambi", das nichts anderes ist als das mit
lateinischen Buchstaben geschriebene κράμβη (η wurde durch i wiedergegeben). Die Glosse „zion.i.semperuiuum" erscheint wie ein Ausfluss
der frommen Sinnesart des Glossarenschreibers; indessen ist „zion" nur
eine gewaltsame Verkürzung des griechischen ἀείζωον, von dem „sempervivum" die getreue Übersetzung ist, und bezeichnet unseren Hauslauch, Sempervivum tectorum L. Hat man jedoch gelernt sich mit derartigen Schwierigkeiten abzufinden, so erkennt man, welches mächtige Hülfsmittel diese
Glossare bieten. Sie überliefern uns den Sprachgebrauch der Zeit etwa
vom 3. bis zum 9. und 10. Jahrhundert und füllen dadurch eine grosse
Lücke in der botanischen Litteratur aus; Synonyme, die man bis dahin
nur aus den „Libri Dynamidiorum" (vergl. MEYER, Geschichte der
Botanik, Bd. 3, S. 495 ff.) kannte, kommen in diesen Glossaren, ebenso
wie in den eigentlichen Hermeneumata vor.

Im Folgenden sind diese medicobotanischen Glossare als die Pflanzenglossare des „Corpus Glossariorum Latinorum" bezeichnet, während die
eigentlichen Hermeneumata als Hermeneumata aufgeführt werden. Eine
Unterscheidung der einzelnen Glossare ist beim Citieren derselben nicht
vorgenommen, die Citate sind jedoch nach dem Alter geordnet. Aus
dem 9. Jahrhundert stammen die Handschriften der *Glossae Cassinenses*,
S. 535—542 und eines Glossars des Codex Parisinus Lat. 11218, S. 631
bis 633; aus dem 10. bis 11. Jahrhundert diejenige der *Hermeneumata
Senensia*, S. 542—548; aus dem 10. Jahrhundert diejenigen der *Hermeneumata Codicis Vaticani Reginae Christinae* 1260. Von den unter dem
letzten Titel abgedruckten Glossaren ist das erste, S. 549—579, das
reichhaltigste und beginnt folgendermafsen: Incipiunt hermeneumata .
dedecem speciebus medicamentorum . haec sunt deanimalibus terrenis .
et marinis . herbis . uel seminibus . lignis . uel lapidibus . floribus . uel

---

[1]) Hranca vitis alba (591, 31 und sonst); uirgulta.i.uualda (579, 35 und sonst).

lacrimis . sucibus . atque metallis . degraeco inlatinum translatis; das
zweite, S. 579—586, ist weniger reichhaltig; das dritte, S. 586—596,
hat eine sehr auffallende Ähnlichkeit mit den *Hermeneumata Bernensia*
S. 607—616, die aus dem 11. Jahrhundert stammen, und mit einem
Glossar des Codex Vaticanus 4417 aus dem 10. bis 11. Jahrhundert,
S. 616—630; das vierte, S. 596—607 ist rein medicinisch.

Die angeführten Pflanzenglossare zeigen untereinander eine mehr
oder weniger hervortretende Übereinstimmung. Da sie teils griechische,
teils lateinische Pflanzennamen enthalten, so wird man die Quelle für
sie bei verschiedenen Schriftstellern suchen müssen, und man findet sehr
bald, dass ausserordentlich viele Namen mit den bei DIOSKORIDES
und PLINIUS angeführten übereinstimmen. Von den bei DIOSKORIDES
angeführten Synonymen findet man eine ganze Anzahl, ebenso solche
Namen, die nur bei PLINIUS vorkommen, z. B. *pallacana* Plin. 19, 6, 32,
das allerdings entstellt ist, aber eine Zwiebelart bezeichnen soll: pala-
colon . i . scalonia 573, 15. Im Laufe der Zeiten sind dann in diese
Glossare auch Namen eingedrungen, die bei DIOSKORIDES und PLINIUS
nicht vorkommen, z. B. *decretium* oder *decreticum*, das als Synonym von
*conula* auftritt (589, 52; 610. 64 etc.) und auch in dem von KLEEMANN
herausgegebenen Colmarer Glossar (Decrecium Conele 276) vorkommt.

Das eben genannte Colmarer Glossar hängt auch noch aus anderen
Gründen mit den Glossaren des Corpus Glossariorum Latinorum zusammen; wahrscheinlich wird es mit anderen lateinisch-deutschen Glossaren ähnlich sein, aber eine dahingehende Untersuchung kann hier
füglich unterbleiben.

Hier ist vielleicht der Ort, um zwei medicinische oder medicinisch-
botanische Wörterbücher anzuführen, von denen das erste aus dem Ende
des 13. Jahrhunderts stammt, das zweite aus dem Anfang des 14. Die
Zahl der griechischen und arabischen (morgenländischen) Pflanzennamen
war bis ins Ungeheure gewachsen, und viele von ihnen waren durch
Übersetzen und Abschreiben so entstellt, dass eine Wiederherstellung
derselben, damals wenigstens, unmöglich war. Den Versuch aber, den
Sinn dieser Namen zu erraten und aus dem überlieferten Sprachgebrauch
zu erklären, machten die beiden nachbenannten Lexikographen; eine
Deutung durch Zurückgehen auf die Quellen war ihnen durch ihre
mangelhafte Kenntnis der griechischen (nach Meyer IV, 160 auch der
arabischen) Sprache unmöglich gemacht. Die gedruckten Ausgaben
dieser Wörterbücher stammen aus relativ früherer Zeit und sind durch
die grosse Zahl der darin vorkommenden Abkürzungen sehr schwer lesbar.

SIMONIS IANUENSIS opusculum cui nomen clavis sanationis simplicia medicinalia Latina greca et arabica ordine Alphabetico mirifice
elucidans recognitum ac mendis purgatum: et quotationibus Plinii maxime:
ac aliorum in marginibus ornatum: et quam diligentius ac correctius id
fieri potuit Impressum.

Dieser Titel ist in Form eines Dreiecks mit nach unten gewendeter Spitze angeordnet; die Spitze bildet ein Kreuz. Das Buch zählt 65 numerierte Blätter in Folio. Am Schlusse steht:

Finis Simonis Januensis additis auctoritatibus Plinii locis propriis per Georgium de ferrariis de Uarolengo montisferrati . Artium et medicine doctorem.

Impressum Venetiis per Gregorium de Gregoriis Anno Domini Mccccc . xiiii . die . xxii mensis Maii.

Der Titel des zweiten Werkes lautet:

Opus Pandectarum MATTHEI SYLUATICI cum Quotationibus auctoritatum Ply. Gal. et aliorum in locis suis: nec non cum Simone Januense: ac Tabula.

Venetiis per Simonem de Luere. XII. Januarii M. D. XI.

Enthält 198 numerierte Blätter in Folio.

## 4. Botanische Schriften des deutschen Mittelalters.

Wir fassen hier den Begriff „botanisch" etwas weit, denn wir berücksichtigen auch solche Schriften, in denen sich überhaupt Nachrichten über Pflanzen in grösserer Zahl finden.

WALAFRIDI STRABI Hortulus auct. F. A. REUSS, Wirceburgi 1834, 8⁰. Der „Hortulus" ist ein Gedicht von 444 Versen (Hexametern) und 25 Abschnitten, in dem WALAFRIDUS STRABUS, Abt des Klosters Reichenau, die Pflanzen seines Gartens, 23 an der Zahl, besingt; im Text werden noch 4 Pflanzen erwähnt (über die Pflanzen des Hortulus vergl. man Anhang 1, 5). Da WALAFRIDUS STRABUS 849 starb, so darf man annehmen, dass die Pflanzen, die er in seinen Garten setzte, solche waren, die auch in den Gärten Karls des Grossen vorkamen. Nach den Überschriften der einzelnen Abschnitte ist das auch der Fall; obgleich eigentliche Beschreibungen ganz fehlen, so werden gelegentlich doch bei den einzelnen Pflanzen so charakteristische Eigentümlichkeiten hervorgehoben, dass man danach eine sichere Bestimmung vornehmen kann. Die kleine Schrift hat deshalb ein nicht geringes botanisches Interesse.

S. HILDEGARDIS ABBATISSAE Subtilitatum Diversarum Naturarum Creaturarum libri IX. Patrologiae cursus completus, series latina prior, acc. J. P. MIGNE, Tom. 197. Parisiis 1882, coll. 1117—1352.

Die hier genannte Schrift der heiligen HILDEGARD führte in der Strassburger Ausgabe von 1533 den Titel „Physica"; da sie unter diesem Titel bekannter ist, als unter dem neuen, so ist im Folgenden der alte beibehalten worden; von den Büchern dieser Schrift kommen für uns nur das über die Kräuter (Buch 1) und dasjenige über die Bäume (Buch 3) in Betracht.

Die heilige HILDEGARD (geb. 1098, gest. 1179) besass freilich gelehrte Bildung, denn sie schrieb Latein, aber man sieht es diesem Latein an, dass ihr das Deutsche geläufiger war: sehr oft wählt sie ein deutsches Wort, um sich deutlicher auszudrücken. Die „Physica" enthält dadurch ausser deutschen Pflanzennamen auch noch eine grosse Anzahl anderer deutscher Wörter, die wissenschaftlich noch nicht verarbeitet zu sein scheinen. Bemerkenswert ist es, dass wir kein Werk kennen, welches der „Physica" zu Grunde gelegen haben kann, denn die heilige HILDE-GARD teilt zwar die Arzeneimittel, wie es seit GALEN üblich war, in warme und kalte. daneben auch, obwohl seltener, in trockene und feuchte, aber ausserdem erinnert kein Wort und keine Wendung an einen bekannten älteren medicobotanischen Schriftsteller. Sie muss ihre medicinischen und botanischen Kenntnisse durch den Umgang mit Kräutersammlern und ähnlichen Leuten gewonnen haben. so dass sie nur mittelbar unter dem Einflusse des Altertums steht. Obgleich die „Physica" ihrem Sinne nach ein medicinisches Werk ist, das die Naturprodukte nur insofern berücksichtigt, als sie Heilmittel darstellen, und obgleich es an Beschreibungen von Pflanzen etc. ganz fehlt, so stellt sie dennoch, namentlich wegen der vielen darin gebrauchten deutschen Namen, die in der Strassburger Ausgabe von 1533 vielfach durch lateinische ersetzt sind. die erste Naturgeschichte Deutschlands dar. Bei der grossen Wichtigkeit, welche die „Physica" nicht nur für die Geschichte der deutschen Flora, sondern namentlich auch für die Geschichte des Gartenbaues[1]) im 12. Jahrhundert besitzt, schien es geboten, alle in ihr enthaltenen Pflanzennamen einer Deutung zu unterwerfen; das Resultat dieser Untersuchung ist in Anhang II mitgeteilt.

ALBERTI MAGNI ex ordine praedicatorum de Vegetabilibus libri VII. historiae naturalis pars XVIII. Editionem criticam ab ERNESTO MEYERO coeptam absolvit CAROLUS JESSEN. Berolini 1867, 8°.

ALBERTUS MAGNUS (geb. 1193, gest. 1280) ist nach ARISTOTELES und THEOPHRAST der erste bedeutende botanische Schriftsteller, ein Mann von umfassendem Wissen, der sich zwar auf seine Vorgänger stützte, aber das Überlieferte durch eigene Beobachtungen nach vielen Seiten hin ergänzte und vervollständigte. Sein Werk über die Pflanzen zerfällt in sieben Bücher; von diesen behandeln die ersten fünf die allgemeine Botanik, das sechste die specielle und das siebente die ökonomische Botanik. Seine Bemerkungen über Physiologie und Anatomie der Pflanzen setzen uns an mehr als einer Stelle in Erstaunen, ebenso die vielen sorgfältigen Pflanzenbeschreibungen, die wir um so mehr bewundern müssen, als es ihm an einer streng systematischen Terminologie fehlte. Er hat sich wirklich in die Betrachtung der Natur vertieft; dass die Beobachtung der Natur ihm Freude und Genuss ver-

---

[1]) In der zweiten Vision des ersten Buches von „Scivias" (Patrologie, Bd. 197, col. 401, B—D) vergleicht die heilige HILDEGARD den Menschen mit einem Garten; die Beschreibung dieses Gartens ist aber so allgemein gehalten, dass man daraus keine Schlüsse auf den Gartenbau damaliger Zeit ziehen kann.

schaffte, sehen wir auch aus den Bemerkungen, die er gelegentlich den Singvögeln widmet (6, 376 und 467).

Das 6. Buch, De speciebus quarundam plantarum, zerfällt in zwei Traktate. Der erste handelt von den Bäumen (de arboribus), der zweite von den Kräutern (de herbis specialiter secundum ordinem alphabeti); in beiden sind die Pflanzen alphabetisch geordnet. Das 7. Buch, De mutatione plantae ex silvestritate in domesticationem, handelt in einem ersten Traktat (de quatuor, quae faciunt domesticam plantam) über den Einfluss von Boden, Bodenbearbeitung, Pfropfen etc. auf die Nutzpflanzen; im zweiten Traktat (de plantis in speciali, quae usibus hominum domesticantur) wird angegeben, wie Feldfrüchte, Gemüsepflanzen und Obstbäume zu pflanzen und zu behandeln seien; der Kultur des Weinstocks ist das Schlusskapitel gewidmet. In diesem 7. Buch haben wir also eine Darstellung von der Beschaffenheit des Feld- und Gartenbaus im 13. Jahrhundert.

Die von ERNST MEYER begonnene, von C. JESSEN vollendete neue Ausgabe der Schrift de Vegetabilibus des ALBERTUS MAGNUS ist sehr bequem und brauchbar. Den im Texte vorkommenden Pflanzennamen sind Deutungen hinzugefügt; einige von diesen wird man für verfehlt halten dürfen.

KONRAD VON MEGENBERG, Das Buch der Natur, herausgegeben von FRANZ PFEIFFER. Stuttgart, 1861, 8°.

Man kann die „Physica" der heiligen HILDEGARD als die erste Naturgeschichte Deutschlands ansehen; in ihren lateinischen Text ist eine grosse Zahl von deutschen Namen aufgenommen. Die Naturgeschichte des ALBERTUS MAGNUS war ganz und gar lateinisch geschrieben. Die erste deutsche Naturgeschichte in deutscher Sprache ist das oben genannte Buch der Natur von KONRAD VON MEGENBERG (geb. 1309, gest. 1374), aber auch dieses Buch ist nicht rein naturgeschichtlich, sondern es bringt, namentlich bei den Pflanzen, die medicinischen Wirkungen der Naturkörper zur Sprache.

Nach KONRAD VON MEGENBERGS eigenem Geständnis stützt er sich auf eine lateinische Schrift. Diese heisst „Liber de natura rerum" und ist verfasst von THOMAS CANTIMPRATENSIS (so genannt nach der ehemaligen Abtei Cantimpré in der Nähe von Cambrai, Dép. du Nord, früher Hennegau), einem Schüler des ALBERTUS MAGNUS. KONRAD hat seine Vorlage aber sehr frei bearbeitet und mit allerlei Zuthaten versehen; dass er in manchen Stücken mit ALBERTUS MAGNUS übereinstimmt, hat seinen Grund darin, dass THOMAS CANTIMPRATENSIS als Schüler von ALBERTUS MAGNUS viel von diesem entnommen haben mag. (Im übrigen wolle man die eingehende Einleitung von FRANZ PFEIFFER vergleichen.)

Für unseren Zweck kommen nur das 4. und 5. Kapitel vom Buch der Natur in Betracht; das 4. handelt „von den paumen" und zwar „des

2*

êrsten von gemainen paumen, dar nâch von wohlschmeckenden und gar edeln paumen", das 5. „von den kräutern in einer gemain" (im allgemeinen). In beiden Kapiteln ist die Ordnung alphabetisch nach den lateinischen Namen der Gewächse. Diese Zusammenstellung von lateinischen und deutschen Namen ist besonders wertvoll und erleichtert die Deutung in hohem Grade. Manchmal werden auch kurze aber treffende Beschreibungen geliefert.

## 5. Die Kräuterbücher des 16. Jahrhunderts.

Für das 15. Jahrhundert fehlte es an einer besonderen botanischen Schrift, die hätte benutzt werden können; reichlicher dagegen flossen die Quellen für das 16. Jahrhundert.

Zuerst sei der Commentar zum DIOSKORIDES von PETRUS ANDREAS MATTHIOLUS (latinisiert aus Pierandrea Mattioli) erwähnt, der benutzt wurde nach

PETRI ANDREAE MATTHIOLI Medici Caesarei et Ferdinandi Archiducis Austriae, Opera quae extant omnia: Hoc est, Commentarii in VI libros Dioscoridis etc. ed. a CASPARO BAUHINO. Francofurti ex officina Nicolai Bassaei 1598 fol.

Diese schöne Ausgabe ist besonders bequem zu benutzen, weil von C. BAUHIN eine grosse Zahl von Synonymen hinzugefügt ist. Ein Kräuterbuch von MATTIOLI führt den Titel

Kreutterbuch Desz Hochgelehrten vnud weitberühmten Herrn D. PETRI ANDREAE MATTHIOLI, Jetzt wiederumb mit vielen schönen newen Figuren, auch nützlichen Artzeneyen, vnd anderen guten Stücken, zum dritten Mal ausz sonderm Fleisz gemehret, vnnd verfertigt, Durch JOACHIMUM CAMERARIUM, der löblichen Reichsstatt Nürnberg Medicum, Doct. etc. Frankfurt am Mayn 1600. fol. — Nicht die Seiten, sondern die Blätter sind gezählt; jedes Blatt ist durch die Buchstaben A, B, C und D in vier Viertel geteilt.

JOACHIMUS CAMERARIUS, Hortus medicus et philosophicus etc. Frankfurt a. Main 1580, kl. 4°.

Derselbe Band enthält die auf dem Titelblatt auch genannte Sylva Hercynia von JOHANNES THAL, Arzt in Nordhausen, die erste Flora des Harzes. CAMERARIUS geht ziemlich kritisch zu Werke und giebt bei einigen Pflanzen auch die Zeit ihrer Einführung in Deutschland an.

HIERONYMUS BOCK, Kreutterbuch. Das Titelblatt des benutzten Exemplares fehlt. Nach der ersten Vorrede ist die Ausgabe von MELCHIOR SEBIZIUS zu Strassburg 1577 besorgt, und zwar nach dem Tode des Verfassers (Bock starb 1554); die zweite Vorrede ist von BOCK selbst und stammt aus dem Jahre 1551. — Die einzelnen Blätter sind gezählt, aber nicht weiter eingeteilt.

SEBIZIUS hat den Text von BOCK ganz unverändert gelassen und seine Zusätze durch Einschliessen zwischen Stern und Kreuz kenntlich gemacht. BOCK wurde von seinen lateinisch schreibenden Zeitgenossen TRAGUS genannt und nannte sich selbst so, wenn er lateinisch schrieb. Sein Kräuterbuch ist reich an eigenen Beobachtungen und liest sich angenehm, denn es finden sich nicht wenige witzige und humoristische Bemerkungen eingestreut.

JACOBUS THEODORUS TABERNAEMONTANUS, Neuw vollkomment-lich Kreuterbuch etc.; vermehrte Ausgabe von C. BAUHIN, Frankfurt a. Main 1613, fol. — Enthält 3 Teile; der erste ist für sich paginiert; der zweite und dritte bilden ein Ganzes, das für sich und fortlaufend paginiert ist.

## 6. Die pflanzlichen Arzneimittelnamen der alten Apotheken und Pharmakopöen.

Wenn wir von denjenigen Droguen absehen, die seit dem 16. Jahr-hundert in Europa eingeführt sind, so lassen sich die Namen der weitaus meisten Arzneimittel bis zu PLINIUS und DIOSKORIDES zurückverfolgen. Mit bewunderungswürdiger Zähigkeit haben nicht nur Apotheker und Ärzte, sondern auch das grosse Laienpublikum an diesen Namen fest-gehalten; durch die Kräuterbücher wurden deutsche Namen eingeführt. und wie sehr diese nebst vielen anderen, aus dem Lateinischen entstellten, ins Publikum gedrungen sind, sieht man aus der folgenden Schrift:

J. HOLFERT, Volksthümliche Arzneimittelnamen. Eine Sammlung der im Volksmunde gebräuchlichen Benennungen der Apothekerwaaren. Unter Berücksichtigung sämtlicher Sprachgebiete Deutschlands zu-sammengestellt. Berlin 1892, 8°.

Diese Sammlung von Arzneimittelnamen ist hervorgegangen aus der Vergleichung und Verarbeitung von Verzeichnissen, die der Ver-fasser seit 1886 aufgestellt und im Verein mit zahlreichen Berufsgenossen vermehrt und ergänzt hat. Jetzt, wo in der deutschen Pharmakopöe die alten Namen durch die modernen botanischen ersetzt werden, war eine Arbeit wie die genannte nötig, um den Verkehr mit dem grossen Publikum aufrecht zu erhalten. Die Sammlung ist offenbar sehr sorg-fältig angelegt und lässt sich, wie an vielen Beispielen erprobt wurde, benutzen, um eine ganze Anzahl von alten Pflanzennamen zu deuten. Als ganz besonders nützlich für solche Deutungen hat sich erwiesen

W. L. PETERMANN. Das Pflanzenreich in vollständigen Beschrei-bungen aller wichtigen Gewächse dargestellt etc. und durch naturgetreue Abbildungen erläutert. Zweite Ausgabe, Leipzig 1847. 2 Bände, gross 8". einer mit Text, der zweite mit 282 Tafeln.

Dieses Buch ist namentlich für den Unterricht von Pharmaceuten geschrieben. Es liefert recht gute Beschreibungen und Abbildungen und führt bei jeder Pflanze die in den Apotheken gebräuchlichen lateinischen Namen an. Da es ein sehr gutes Register besitzt, das auf alle diese Namen auch Rücksicht nimmt, so ist es für jeden, der nicht speciell pharmakologische Kenntnisse besitzt, ein sehr schätzenswerter und zugleich zuverlässiger Ratgeber. Brauchbar ist ferner

T. W. C. MARTIUS, Grundriss der Pharmakognosie des Pflanzenreichs etc. Erlangen 1832.

Die Arzneimittel sind alphabetisch nach ihrem Hauptnamen geordnet innerhalb der Gruppen Radix, Cortex, Folia, Herba, Flores etc. Auf die Hauptnamen folgen Synonyme in verschiedenen Sprachen, namentlich lateinische und deutsche. Leider hat das Buch kein Register. man muss also, wenn man es benutzen will, schon ungefähr wissen, was man sucht; zur Controle bereits ermittelter Namen eignet es sich deshalb am besten.

### 7. Die volkstümlichen Pflanzennamen im heutigen Griechenland und Italien.

Von den alten griechischen und lateinischen Pflanzennamen sind nicht ganz wenige ins Neugriechische und Italienische übergegangen; sie haben dabei gewisse Änderungen erfahren, aber diese sind durchweg nicht so bedeutend, dass man den ursprünglichen Namen nicht in ihnen erkennen könnte.

SIBTHORP hatte auf seinen Reisen in Griechenland (1785 und 1793—95) eine grosse Zahl griechischer Vulgärnamen gesammelt, an denen FRAAS in seiner Synopsis plantarum florae classicae Kritik übt, wobei er manche zurückweist oder durch neuere ersetzt. Eine grosse Anzahl neugriechischer Pflanzennamen findet sich in

TH. V. HELDREICH, Die Nutzpflanzen Griechenlands. Mit besonderer Berücksichtigung der neugriechischen und pelasgischen Vulgärnamen. Athen 1862, 8°.

Über die Wichtigkeit der neugriechischen Vulgärnamen für die Deutung der altgriechischen Pflanzennamen äussert sich V. HELDREICH in der Einleitung S. 5, 6. Er selbst hat solche Namen mit grosser Sorgfalt gesammelt und sie mit Erfolg für die Deutung der Namen bei THEOPHRAST verwertet. Wo in der später folgenden Darstellung neugriechische Pflanzennamen ohne Zusatz angeführt sind, da stammen sie aus dem genannten Buche V. HELDREICHS.

Italienische Pflanzennamen sind im Folgenden aus verschiedenen Quellen entnommen, teils aus MATTIOLIS Commentar zum DIOSKORIDES, teils aus BERTOLONI, Flora italica, Bononiae 1833 bis 1854, teils aus O. COMES, Illustrazione delle piante rappresentate nei dipinti pompeiani. Napoli 1879; zur Controle wurde überdies ein italienisches Lexikon benutzt.

Der Vollständigkeit wegen sind auch französische Pflanzennamen hinzugefügt; diese sind vorzugsweise aus ALPH. DE CANDOLLE, Der Ursprung der Culturpflanzen, Leipzig 1884, entlehnt.

## 8. Schriften, die sich mit der Geschichte der Nutzpflanzen beschäftigen.

Hier ist an erster Stelle zu nennen

VICTOR HEHN, Kulturpflanzen und Hausthiere in ihrem Übergang aus Asien nach Griechenland und Italien sowie in das übrige Europa. Historisch-linguistische Skizzen. 5. Aufl. Berlin 1887.

Die Urteile über HEHNS „Kulturpflanzen und Hausthiere" lauten sehr verschieden. Einige sagen, dass dieses Buch für die Naturgeschichte nichts geleistet habe; wer aber so spricht, der hat entweder das Buch nicht gelesen, oder er hat es, trotzdem er es gelesen hat, nicht verstanden. HEHN war kein Naturforscher von Beruf, auch scheint ihm von Naturforschern kein eingehender Rat erteilt worden zu sein. Es haften deshalb an seinem Buche gewisse Mängel, und zwar, soweit es den botanischen Teil angeht, etwa folgende. HEHN hat es ausser Acht gelassen, dass die Kulturrasse einer Pflanze in ein Gebiet eingeführt werden konnte, wo die wilde Form ihr natürliches Wohngebiet hatte, z. B. beim Feigenbaum, Lorbeer, Buchsbaum etc.; aber auf diese Verhältnisse ist man wohl erst neuerdings aufmerksam geworden. An einzelnen Stellen macht es sich deutlich und zum Nachteil des Ergebnisses fühlbar, dass HEHN keine genaue Kenntnis der Arten besass, in die die eine oder andere der von ihm behandelten Gattungen zerfällt. So ist ihm Kürbis ein Begriff, der nicht nur den gewöhnlichen, sondern auch den Flaschenkürbis umfasst, während diese beiden nach heutiger Auffassung verschiedenen Gattungen angehören. Da HEHN Italien aus eigener Anschauung kannte, so musste er auch den Flaschenkürbis kennen; hätte er gewusst, dass dieser vom gemeinen Kürbis verschieden war, so hätten seine Untersuchungen mit dem Ergebnis abschliessen müssen, dass den Griechen und Römern nur der Flaschenkürbis bekannt gewesen sein konnte. Endlich scheint bei ihm die Freude am Etymologisieren gelegentlich etwas weit zu gehen.

Dem sei aber wie ihm wolle; wenn ein Buch von dem Umfange wie HEHNS „Kulturpflanzen und Hausthiere" die 5. Auflage [1]) erlebt, so muss doch etwas darin stecken, und in der That finden wir es bei vielen Gebildeten, nicht blos bei Philologen von Beruf, und können von diesen hören, wie oft es ihnen Anregung und Genuss verschafft hat. Die naturwissenschaftliche Bedeutung des Buches liegt wesentlich darin, dass HEHN die Naturforscher auf die geschichtliche Seite ihrer Wissenschaft hingewiesen hat, dass er gezeigt hat, wie das Studium der älteren Litteratur die direkte Naturbeobachtung zu ergänzen imstande ist. Wenn wir gerecht gegen HEHN sein wollen, so müssen wir zugeben, dass sein Buch der Pflanzengeographie der Mittelmeerländer wesentliche Dienste geleistet hat, und

---

[1]) Die 6. Auflage, besorgt von SCHRADER und ENGLER, ist im Erscheinen begriffen.

ebenso müssen wir ihm dankbar sein für die immense Anzahl sorgfältiger Quellennachweise. Wir sind heute so in Spezialuntersuchungen vertieft, dass uns der Überblick über grössere Gebiete leicht abhanden kommt. Bei der sorgfältigen Bemühung, Arten, Formen, Varietäten etc. zu unterscheiden und aufzuzählen, haben wir die Geschichte der deutschen Flora so ziemlich aus den Augen verloren, und mancher will es nicht einmal glauben, dass die Schriftsteller des Mittelalters oder die Kräuterbücher des 16. Jahrhunderts viel enthalten, was sich für die Pflanzengeographie Deutschlands verwerten lässt. Wie notwendig es ist, ältere Schriften sowie den Inhalt der Archive zu berücksichtigen, wenn es sich um die Verbreitung der deutschen Waldbäume und der sie begleitenden Pflanzen handelt, hat E. H. L. KRAUSE zu wiederholten Malen gezeigt:[1]) seine Forschungsmethode ist aber mit derjenigen HEHNS identisch.

ALPHONSE DE CANDOLLE, Der Ursprung der Kulturpflanzen. Übersetzt von E. GOEZE. Leipzig 1884.

Ein berühmtes. wie es scheint viel gelesenes, gelegentlich als klassisch bezeichnetes Buch. In der That wird es kaum jemand geben, der das Buch aus der Hand legen könnte ohne Belehrung und Anregung daraus empfangen zu haben. Trotzdem wird man nicht alle Aussprüche und Ansichten des Verfassers für richtig zu halten brauchen. Das hat seinen Grund einmal darin, dass der Verfasser den sprachlichen Forschungsergebnissen von ADOLPHE PICTET (Les origines des peuples indo-européens, Paris 1878) ein viel zu grosses Gewicht beigelegt hat. Wie viel oder wie wenig durch blosse Vergleichung von Namen herauskommt, hat kürzlich E. H. L. KRAUSE an dem Beispiel der Birke und Buche gezeigt (Die indogermanischen Namen der Birke und Buche in ihrer Beziehung zur Urgeschichte. Globus, Bd. 62, 1892. No. 10 und 11). Ferner hat ALPH. DE CANDOLLE auf die botanischen Schriften der Alten nicht selten zu wenig Rücksicht genommen, wie sich aus der folgenden Darstellung ergeben wird; im übrigen verfügt er aber über eine sehr ausgebreitete Litteratur- und Pflanzenkenntnis, so dass man in sehr vielen Fällen seinem Urteile wird beipflichten müssen.

### 9. Untersuchung des Bestandes an Nutz- und Zierpflanzen in alten Gärten.

Eine Deutung alter Pflanzennamen, oder aber die Bekräftigung einer Deutung, lässt sich auch dadurch erreichen, dass man die Pflanzen

[1]) Beitrag zur Kenntniss der Verbreitung der Kiefer in Norddeutschland (Englers Bot. Jahrbücher, Bd. 11, Heft 2, 1889, S. 123—133). Die Heide. Beitrag zur Geschichte des Pflanzenwuchses in Nordwesteuropa (Englers Bot. Jahrb., Bd. 14, Heft 5, 1892, S. 517—539). Die natürliche Pflanzendecke Norddeutschlands (Globus, Bd. 61, 1892, No. 6 und 7). Florenkarte von Norddeutschland für das 12. bis 15. Jahrhundert (Petermanns Mitteilungen, 1892, Heft 10, S. 231—235; mit Karte, Taf. 18) und vieles andere.

alter, durch die moderne Kultur wenig beeinflusster Gärten zusammen-
stellt. Auf diesem Gebiete ist noch wenig geschehen, und doch nähert
sich schon die Zeit, wo solche Untersuchungen nicht mehr möglich sein
werden, denn der Schwarm neueindringender Pflanzen verdrängt mehr
und mehr die alten. Eine Übersicht über diejenigen Pflanzen, die in
Mecklenburg bis in das 3. Decennium dieses Jahrhunderts gebaut wurden,
lieferte ERNST BOLL in seiner Geschichte Mecklenburgs etc., Bd. 2,
Neubrandenburg 1856, S. 629, 630. Für die Provinz Schleswig-Holstein
veröffentlichte der Verfasser ähnliche Zusammenstellungen, sowie zwei
ältere Garteninventare.[1])

Ein Verzeichnis derjenigen Pflanzen, die in den Gärten der Niedersachsen bis zum Jahre 1830 etwa gebaut wurden, findet sich bei
STEINVORTH (vergl. oben S. 8) auf S. 51—53.

Für die Pflanzen der salzburgischen Gärten vergleiche man

L. GLAAB, Über Pflanzen der salzburgischen Bauerngärten und
Bauerngärten im allgemeinen. Deutsche botanische Monatsschrift, Jahrg. 10,
1892, S. 155—158, Jahrg. 11, 1893, S. 38—41.

Eine Trennung zwischen alten und neueingeführten Gartenpflanzen
ist in diesem Verzeichnisse nicht gemacht.

Über die Gartenpflanzen, welche in der ersten Hälfte des 18. Jahrhunderts in Mitteldeutschland (Umgebung von Regensburg) gebaut wurden,
liefert genaue Auskunft

J. W. WEINMANN, Phytanthozaiconographia, oder eigentliche Vorstellung etlicher Tausend, sowohl einheimischer als ausländischer, aus
allen vier Weltteilen etc. gesammelter Pflanzen, Bäume etc., in Kupfer
gestochen von B. Seuter, J. E. Ridinger und J. J. Haid etc. etc. Vier
Bände Fol. Regensburg 1737—45.

Dies grossartig angelegte Werk enthält 1025 kolorierte Kupfer-
tafeln, allerdings von verschiedenem Werte, denn die drei Kupferstecher
waren in ihren Leistungen sehr ungleich. Neben vielen Apothekerpflanzen
und exotischen Gewächsen finden sich auch unsere gewöhnlichen Gartenpflanzen. Will man untersuchen, welche Fortschritte (oder Rückschritte)
in den letzten 150 Jahren in der Zucht von Nelken, Tulpen, Canna etc. etc.
gemacht worden sind, so findet man in WEINMANNS Phytanthozaiconographia ein vorzügliches Vergleichsmaterial.

Für die Bestimmung der Rassen von Gemüsen und Obstbäumen
wurde benutzt

---

[1]) Unsere Bauerngärten, Schleswig-Holsteinische Zeitschrift für Obst- und Garten-
bau, 1891, No. 1, S. 4—7; Nachtrag dazu in No. 3, S. 19; abgedruckt in Heimat,
Bd. 1, Kiel 1891, S. 166—178; Die Gärten der Insel Röm, Schl.-Holst. Zeitschrift f.
Obst- u. Gartenbau, 1893, No. 1, S. 1—3; Unsere Bauerngärten, II (in Verbindung
mit H. Eschenburg), Heimat, Bd. 3, Kiel 1893, Heft 2, S. 36—45. — Zwei ältere
Dokumente zur Geschichte des Gartenbaus in Schleswig-Holstein, Schriften des naturw.
Ver. f. Schl.-Holst., Bd. 10, Kiel 1893, S. 1—20.

TH. RÜMPLER, Illustrierte Gemüse- und Obstgärtnerei, Berlin 1879, 8°.

In allen Dingen, die sich auf praktischen Obst- und Gemüsebau beziehen, ist RÜMPLERS Buch ein vortrefflicher Ratgeber; die bei den einzelnen Pflanzen angefügten historischen Bemerkungen sind aber sehr oft ganz falsch.

———

Damit könnten wir die Liste der vorzugsweise benutzten Bücher schliessen. Aber ein Buch, das in keiner der genannten Rubriken sich zwanglos unterbringen liess, muss noch erwähnt werden, nämlich

ERNST H. F. MEYER, Geschichte der Botanik. Studien. 4 Bände, Königsberg 1854—57.

Leider ist MEYERS Geschichte der Botanik unvollendet geblieben, denn ein fünfter und sechster Band, die die Geschichte der neueren Zeit enthalten sollten, sind nicht erschienen. Trotzdem haben wir alle Ursache, dem Verfasser dankbar zu sein: jedem, der sich mit älteren botanischen Schriftstellern und deren Werken beschäftigen will, ist sein Buch ein zuverlässiger Ratgeber und Führer, den man um so mehr schätzen lernt, je mehr man mit ihm umgeht.

# Verzeichnis der gebrauchten Abkürzungen.

Da die folgende Abhandlung ein öfteres Citieren der angeführten Bücher sowie einer Reihe anderer notwendig macht, so erscheint es zweckmässig, wenn nicht notwendig, sich einiger Abkürzungen zu bedienen. Es ist der Versuch gemacht, diese Abkürzungen möglichst so einzurichten, dass der Titel des betreffenden Buches sich leicht daraus erkennen lässt. In solchen Fällen, wo nur ein Werk eines Verfassers existierte oder benutzt wurde, ist allein der Name des Verfassers, ganz oder abgekürzt, zur Verwendung gelangt; hier wird eine besondere Aufzählung wohl nicht nötig sein; einige Beispiele mögen aber angeführt werden.

Athen. = Athenaei Naucratitae dipnosophistae.

Diosk. = Dioskoridis materia medica.

Lenz = H. O. Lenz, Botanik der alten Griechen und Römer.

Matt. comm. = P. A. Matthioli opera omnia: hoc est, commentarii in VI libros Dioskoridis etc.

Matt. Kräutb. = P. A. Matthioli Kreutterbuch durch J. Camerarium.

Meyer I, II, III, IV = Ernst H. F. Meyer, Geschichte der Botanik, Bd. 1, 2, 3, 4.

Plin. = C. Plini Secundi naturalis historia, etc.

Für die häufiger benutzten Glossare sind folgende Abkürzungen benutzt:

ahd. Gl. = A. H. Hoffmann (v. Fallersleben), Althochdeutsche Glossen, Breslau 1826, 4 °.

CGL III = Corpus Glossariorum Latinorum, Vol. III, ed. Georgius Goetz, Lipsiae 1892.

Colm. Gloss. = M. Kleemann, Ein mitteldeutsches Pflanzenglossar, aus dem 14. Jahrh., in Zeitschrift für deutsche Philologie, Bd. 9, 1878, S. 197—209.

Königsb. Gloss. = Ernst Meyer, vergleichende Erklärung eines bisher noch ungedruckten Pflanzenglossars. Zweiter Bericht über das naturw. Seminar bei der Universität zu Königsberg. Königsberg 1837, 4 °.

Mone = Botanisches Glossar aus dem Ende des 13. oder Anfang des
14. Jahrh.; Mone, Anzeiger für die Kunde der teutschen
Vorzeit. 4. Jahrg.. Karlsruhe 1835, S. 239—250.

Sum. = Hoffmann von Fallersleben, Sumerlaten. Mittelhochdeutsche
Glossen etc. Wien 1834, 8⁰.

Aus der Zeitschrift für deutsches Altertum (Zfd A):

Prag. Gl. = Prager Glossen, 11. Jahrh., redigiert von Hoffmann von
Fallersleben. Zfd A 3, Leipzig 1843, S. 468—477.

Schl. Gl. = Schlettstädter Glossen, 12. Jahrh., redigiert von Wilh.
Wackernagel. Zfd A 5, 1845, S. 318—368.

Vlt. = Vocabularius latino-teutonicus, 11. Jahrh., redigiert von Hoffmann von Fallersleben. Zfd A 3. S. 368—381.

Die älteren Schriften sind nach Buch, Kapitel etc. citiert, nur
ATHENAEUS nach Buch und Seite, das letztere nach der Zählung von
CASAUBONUS. — Wenn ausser der Seite auch noch eine Zeile citiert
werden musste, so wurde das Zeichen für Seite (S.) fortgelassen.

—•—◇◦○◦•—

# Unsere Nutzpflanzen.

τὰ νῦν ἥμερα δένδρα καὶ φυτὰ καὶ
σπέρματα παιδευθέντα ὑπὸ γεωργίας τι-
θασῶς πρὸς ἡμᾶς ἔσχε· πρὶν δὲ ἦν μόνα
τὰ τῶν ἀγρίων γένη, πρεσβύτερα τῶν
ἡμέρων ὄντα.

Plat. Tim. p. 77a.

$V$ergleichen wir die Abbildungen in den Kräuterbüchern des 16. Jahrhunderts und in WEINMANNS Phytanthozaiconographia mit den Pflanzen, die gegenwärtig in unseren Gärten gezogen werden, so sehen wir deutlich, dass der Gartenbau in Deutschland während der letzten 300 Jahre bedeutende Fortschritte gemacht hat. Mit gleicher Geschwindigkeit wird sich aber der Fortschritt auf diesem Gebiete nicht immer bewegt haben.

Über die ersten Anfänge des Gartenbaues in Deutschland wissen wir nur sehr wenig; vor dem 5. Jahrhundert kann davon wohl überhaupt nicht die Rede sein. Die Gärten der Merowingerzeit bestanden aber wahrscheinlich nur aus einem eingehegten Rasenplatz mit einigen Obstbäumen und Bienenstöcken (K. TH. VON INAMA-STERNEGG, Deutsche Wirthschaftsgeschichte bis zum Schluss der Karolingerperiode, Leipzig 1879, S. 172). Erst vom 8. und 9. Jahrhundert an datiert ein regelrechter Gartenbau in Deutschland, hervorgerufen und beeinflusst durch die Benediktinermönche, die eine grosse Anzahl römischer Kulturpflanzen über die Alpen brachten.

Im ersten Jahrhundert unserer Zeitrechnung hatte der Gartenbau in Italien auf grosser Höhe gestanden, war aber in der Folgezeit von dieser Höhe allmählich mehr und mehr herabgeglitten. Legen wir uns die Frage vor, ob wir heutigen Tages im Gartenbau ebensoviel oder mehr leisten als die Römer vor 2000 Jahren, so dürfen wir uns sagen, dass wir bei vielen Arten eine bedeutend grössere Anzahl von Kulturrassen gezüchtet haben als die Römer kannten, während andere Pflanzen heute wie zur Zeit des PLINIUS nur in einer einzigen Form auftreten. Dabei dürfen wir nicht vergessen, dass manche in Deutschland gezüchtete Kulturrassen das wärmere italienische Klima nicht vertragen können, während wir durch Treibhäuser und Mistbeete imstande sind, im Süden gezogene Rassen weiter zu ziehen.

Wenn wir uns nun im Folgenden mit der Verbreitung der Nutzpflanzen von Griechenland und Italien nach Deutschland beschäftigen wollen, so werden wir uns wohl gelegentlich die Frage stellen dürfen, ob eine bestimmte Pflanze schon den Alten bekannt gewesen ist. Wir werden uns aber sorgfältig davor hüten müssen, alles, was wir an besonderen und eigentümlichen Rassen von Nutzpflanzen besitzen, bei den Alten wiederfinden zu wollen; gerade ein solches Bestreben ist die Ursache für so manchen Irrtum gewesen.

Da unsere Untersuchung sich auf mehr als 200 Arten erstreckt, so kommt es darauf an, die Aufzählung dieser möglichst übersichtlich zu gestalten. Aber welchen Weg man hierzu auch einschlagen mag, stets zeigt sich die Unmöglichkeit, das Zusammengehörige auch wirklich nebeneinander zu stellen, mag man nun systematisch oder alphabetisch oder sonstwie verfahren. Da aber doch eine Entscheidung getroffen werden musste, so sind Gruppen gebildet, in die sich eine ganze Zahl von Pflanzen leidlich natürlich einreihen lässt. Führte die Untersuchung aber nebenher auf Pflanzen, die dieser Gruppe nicht eigentlich angehören, so sind sie dennoch hier stehen geblieben, um die Darstellung nicht gewaltsam zu zerreissen; das Aufsuchen einer bestimmten Pflanze muss doch jedesmal oder meistens durch das Register erfolgen. Die gewählten Gruppen sind folgende:

1. Zierpflanzen.
2. Heilpflanzen.
3. Technisch verwertbare Pflanzen.
4. Pflanzen des Küchengartens.
5. Obstbäume.
6. Bemerkungen über die Getreidearten.

Am zahlreichsten sind die Pflanzen des Küchengartens vertreten; deshalb sind unter diesen wieder mehrere Unterabteilungen gebildet, zum Teil nach der systematischen Stellung der eingereihten Pflanzen, aber auch in den übrigen Abteilungen sind zuweilen mehrere Pflanzen zu einer kleinen Gruppe vereinigt.

Im Folgenden sind die Namen aus dem Capitulare und dem Breviarium vorangestellt und fett gedruckt; da sich bei diesen nicht immer entscheiden lässt, wie ihr Nominativ ausgesehen haben mag, so sind sie nach KERNERS Vorgange in der Form aufgenommen, in der sie im Capitulare stehen; dann folgt der botanische Name, der in den Fällen, wo Namen aus dem Capitulare etc. fehlen, voransteht. Hieran reihen sich die griechischen Namen bei THEOPHRAST, DIOSKORIDES etc. und die neugriechischen; daran die lateinischen bei COLUMELLA, PLINIUS etc., sowie die italienischen und französischen. Man gewinnt dadurch meistens eine bequeme Übersicht. Die deutschen Namen sind in den Text aufgenommen.

Was die botanischen Namen betrifft, so ist vielfach auf die älteren von LINNÉ herrührenden zurückgegangen. Einmal werden diese allen denen, die nicht Botaniker von Beruf oder Neigung sind, bequemer sein als diejenigen, die in den letzten Decennien so viele Linnéische Namen verdrängt haben; zweitens aber sind die Namen LINNÉS vielfach Sammelnamen, die mehrere heute abgegrenzte Arten umfassen und deshalb oft den etwas unbestimmten Sinn alter Pflanzennamen besser wiedergeben.

# 1. Zierpflanzen.

Unter den Gewächsen, welche die Alten in ihren Gärten zogen, hat es wohl kaum ein einziges gegeben, dem sie nicht besondere Heilkräfte oder sonst irgend einen praktischen Nutzen zugeschrieben hätten. Zierpflanzen in unserem Sinne waren ihnen im Ganzen fremd. Wie sehr sie es jedoch verstanden, Bäume, Sträucher und blühende Pflanzen jeder Art zum Schmuck des Gartens und des Hauses zu verwenden, das wissen wir aus ihren Schriftstellern und aus antiken Wandgemälden Roms und Pompejis. Die Zahl der in dieser Weise benutzten Pflanzen ist aber immerhin eine verhältnismässig kleine.

## Die Lilie.

**Lilium** Capitulare 70, 1; Invent. I, 1; II, 6; *Lilium candidum* L., Lilie, weisse Lilie.

Λείριον Theophr. 6, 8, 1; κρίνον βασιλικόν Diosk. 3, 106; neugr. κρίνος, wie alle lilienartigen Gewächse (Fraas).

*Candidum lilium* Vergil Aen. 6, 709, Colum. 9, 4, 4; *album lilium* Plin. 21, 5, 11; it. *giglio;* fr. *lis.*

Bei den Schriftstellern des Altertums finden wir mehrere Lilien erwähnt. Eine heisst κρίνον (krinon); diese hat nach THEOPHRAST thränenartige Tropfen (δάκρυον, 2, 2, 1) und Ausflüsse (δακρυώδης συῤῥοή, 6, 6, 8), die erhärten und zur Fortpflanzung dienen. Gemeint sind hier offenbar Brutzwiebelchen, die in den Blattachseln vorkommen, und zwar bei der Feuerlilie, *Lilium bulbiferum* L.; diese selben Brutzwiebelchen machen es möglich, die Feuerlilie dadurch zu vermehren, dass man Stücke des Stengels oder den ganzen Stengel in die Erde legt, wie THEOPHRAST (2, 2, 1) scheinbar nicht ohne Verwunderung und mit dem Bemerken erzählt, dass die Rose sich ebenso vermehren lasse. Eine andere Lilie wird von den Griechen λείριον (leirion) genannt; aus dem Gebrauch der Adjectiva, die mit *leirion* zusammengesetzt sind, geht hervor, dass hiermit die weisse Lilie, *Lilium candidum* L., gemeint ist. Diese scheint hauptsächlich kultiviert worden zu sein, wenigstens bei den Römern, die sie *lilium album* oder *candidum*, die weisse Lilie, nennen. PLINIUS schildert den Eindruck, den die weisse Lilie zwischen blühenden Rosen hervorbringt (21, 5, 11); DIOSKORIDES nennt sie die königliche Lilie.

Die genannten Lilienarten kommen beide in unseren Bauerngärten vor; aber sie sind nicht zur selben Zeit hineingelangt. Denn im Mittelalter ist immer nur von einer einzigen Lilie die Rede, die stets *lilium* genannt wird, und in der Symbolik der christlichen Kirche als Sinnbild der jungfräulichen Reinheit und der Unschuld eine grosse Bedeutung hat;

diese kann nach dem, was uns überliefert ist, nur die weisse Lilie sein. WALAFRIDUS STRABUS rühmt in seinem „Hortulus" die blendende Weisse und den Wohlgeruch der Lilie. Auch ALBERTUS MAGNUS (6, 370 u. 371) beschreibt unter dem Namen *lilium* die weisse Lilie sehr genau. Wir werden also annehmen dürfen, dass das *lilium* im Capitulare eben diese Lilie bedeutet.

Bei KONRAD VON MEGENBERG (5, 47) wird die weisse Lilie *lilig* genannt, im 16. Jahrhundert heisst sie Gilgen, weiss Gilgen. Sie ist eine der häufigsten Blumen unserer Bauerngärten und noch heute dienen ihre mit Öl übergossenen Blumenblätter als Mittel gegen Brandwunden.

Die Feuerlilie wird im 16. Jahrhundert unter dem Namen Gold- lilie vielfach genannt. Sie muss um diese Zeit oder etwas früher in unsere Gärten gelangt sein. Unter den „Lilien auf dem Felde" (Matth. 6, 28: τὰ κρίνα τοῦ ἀγροῦ) sind Feuerlilien zu verstehen; ULFILAS über- setzt κρίνα durch *blômans* (nach GRIMMS Wörterbuch unter „Heide"), scheint also überhaupt keine Lilie gekannt zu haben.

## Rosen.

**Rosas** Capitulare 70, 2; *Rosa gallica* L., Zuckerrose, Essigrose; *Rosa centifolia* L., Centifolie.

Ῥόδον Homer, Anakreon, Herodot; Theophr. 6, 6, 4 — 6; 6, 8, 5; Diosk. 1, 130; neugr. τὰ τριαντάφυλλα τοῦ γλυκοῦ (Blumen der Zucker- rose); τὰ τριαντάφυλλα (Blumen der Centifolie).

*Rosa* Varro, Vergil; Colum. 9, 4, 4; 10, 282; de arboribus 30; Plin. 21, 4, 10; 21, 18, 73; it. *rosa comune, rosa d'orto; rosa di cento foglie, rosa a bottoni;* fr. *rose.*

Die ersten gefüllten Rosen [1]) scheinen bei HERODOT (8, 138) erwähnt zu werden. Er erzählt, dass in den Gärten des Midas in Macedonien von selbst Rosen wuchsen, die jede sechzig Blätter hatten und an Wohl- geruch die übrigen übertrafen.

THEOPHRAST unterscheidet fünfblättrige Rosen, zwölf- und zwanzig- blättrige, ja sogar hundertblättrige, die Hekatontaphyllen (ἑκατοντάφυλλα); die letzteren wuchsen um Philippi, wohin man sie vom Pangäusgebirge verpflanzt hatte. Die fünfblättrigen Rosen dürfen wir wohl der Haupt- sache nach als wilde Rosen oder Heckenrosen deuten, von denen *Rosa sempervirens* L. im heutigen Griechenland und im Orient die häufigste ist. Die Rosen mit mehr als fünf Blättern, nach unserem Ausdruck gefüllte Rosen, werden wir aber vornehmlich in den Gärten zu suchen haben.

---

[1]) Den alten Egyptern war die Rose nicht bekannt, auch nicht den alten He- bräern; wo in den älteren Teilen des alten Testaments (Prophet Hosea, im Hohen Liede) in Luthers Übersetzung das Wort „Rose" vorkommt, da ist es durch Feuer- lilie zu ersetzen (HEHN, S. 202).

DIOSKORIDES berichtet über die Rosen sehr wenig; bei COLUMELLA finden wir jedoch rote und gelbliche Rosen erwähnt (9, 4, 4 puniceae rosae luteolaeque; 10, 287 rosa Sarrano clarior ostro, schimmernder als Sarranischer Purpur). PLINIUS folgt (21, 4, 10) der Hauptsache nach dem THEOPHRAST; die Rose, die auf dem Pangäusgebirge wächst, hat zahlreiche und kleine Blätter, wird aber dadurch veredelt, dass die Anwohner sie in die Gärten pflanzen, zeichnet sich indessen nicht durch besonderen Geruch aus. Diese Rose wird nach ihm *centifolia* genannt und findet sich auch in Campanien.

In den Hermeneumata des CGL III kommt das Wort *centifolium* zweimal vor, einmal in den Monacensia unter den Blumen, und zweitens in den Einsidlensia unter den Gemüsen;[1] ob wir es hier in beiden Fällen mit der Rose zu thun haben, ist doch wohl zweifelhaft, es müsste denn schon im zweiten Falle an eine Benutzung der Rose zu Konfekt, Glyko (γλυκό), gedacht werden, wie es im heutigen Griechenland der Fall ist. Später ändert nämlich *centifolium* seine Bedeutung. In den Pflanzenglossaren des CGL III bedeuten *centifolium* und *millefolium* die, offenbar gefüllte, Blüte des Granatapfels, ebenso wie *myriophyllum* in den „Libri Dynamidiorum".[2] Dieser eigentümliche Sprachgebrauch ist über das 11. Jahrhundert, wie es scheint, nicht hinausgegangen und vollständig in Vergessenheit geraten. Gefüllte Granatblüten erwähnt übrigens schon THEOPHRAST 1, 13, 5.

In der Zeit nach Karl dem Grossen sind die Angaben über Rosen zunächst sparsam, werden aber allmählich häufiger. WALAFRIDUS STRABUS besingt die Gartenrose im allgemeinen. Die heilige HILDEGARD führt die Rose *(rosa)* unter den Kräutern auf (1, 22) und rühmt sie als Heilmittel; unter den Bäumen nennt sie die Heckenrose, *hyffa* (3, 52), mit lateinischem Namen *tribulus* (3, 63), die in den lateinisch-deutschen Glossaren *hiefeltra, hieffaldra* heisst. Sehr viel eingehendere Berücksichtigung findet die Rose bei ALBERTUS MAGNUS. Unter dem Namen *bedegar*[3] beschreibt er (6, 42) die Wein- oder Apfelrose *(Rosa rubiginosa* L.), die zu dem Geschlecht *(genus)* der Dornsträucher *(spinae)* gehört; in ihren Blättern, die namentlich im Frühjahr einen Weingeruch ausströmen, gleicht sie der Gartenrose *(rosarius)*, ebenso in den Blumen, nur sind diese kleiner. Ferner erwähnt er (6, 43) die Heckenrose *(Rosa canina* L.), die auch zu den *spinae* gehört und *tribulus* genannt wird; ihre Blume ist grösser als die der Weinrose und wird wilde Rose *(rosa silvestris)* genannt, obgleich sie in Wahrheit nicht von der Natur der

---

[1] Centifolium centifolium 192, 26; ἑκατόνφυλλον centifolium 265, 58.

[2] Balaostium . idest flores granate 536, 45; balaostium idest centufolia 536, 53; balistion idest milfolius 587, 61; 608, 48; die Blume des wilden Granatapfels hiess βαλαύστιον, Diosk. 1, 154, balaustium bei PLINIUS. — Myriophyllum, quod et balasticon seu centifolium (Dynamidiorum libri duo, cur. A. Maï, S. 443; nach Meyer III, S. 498).

[3] Das Wort *bedegar* stammt wahrscheinlich aus dem Arabischen.

Rose ist (sed non est vere de natura rosae). Die eigentliche Rose *(rosa)* hat sehr viele Blumenblätter, oft mehr als 50 oder 60 (6, 212 u. 213); besonders gross wird der Stamm der weissen Rose *(Rosa alba* L.), der armdick werden kann (6, 212). Rote Gartenrosen werden 6, 213 erwähnt, daneben eine wilde Rose, die nach der gegebenen Beschreibung *Rosa arvensis* Hudson ist. Mit ganz besonderer Sorgfalt beschreibt ALBĒRTUS MAGNUS die Kelchblätter der Rose (6, 214). Bei KONRAD VON MEGENBERG finden wir *bedegar* wieder (4 A, 8), der auf deutsch *hagdorn* oder *weithagen* genannt wird und dessen Blätter und Früchte kleiner sind als diejenigen des *rösendorns* oder *veltdorns (Rosa canina* L.). Die Gartenrose wird *rosarius* und *rösenpaum* genannt (4 A, 44), ihre Blumen *rosa* und *rôs*, und von diesen sind die frisch aufgeblühten starkroten *(zemâl rôten)* besser als die bleichen; aus Rosenblättern wird gemacht: *rôsenhonig* (mel rosaceum), *zukkerrôsât, rôsensyrop, rôsenöl, rôsenwazzer.*

Im Vorhergehenden haben wir für eine Anzahl wildwachsender Rosen die botanischen Namen angeführt, von den Gartenrosen ist aber nur eine einzige mit Namen belegt worden, nämlich die weisse Rose *(Rosa alba* L.). Zu welcher Art oder zu welchen Arten mögen die übrigen gehören? Die Beantwortung wird dadurch erschwert, dass die in Betracht kommenden Rosenarten nicht nur stark variieren, sondern auch zu Bastardbildungen sehr geneigt sind, und ferner dadurch, dass gewisse Rosennamen, wie Centifolie, von verschiedenen Schriftstellern offenbar in sehr verschiedenem Sinne gebraucht werden. Nach W. O. FOCKE,[1] dem wir uns in allen wesentlichen Punkten anschliessen, ist die Zucker oder Essigrose, *Rosa gallica* L., die wichtigste Stammart unserer vorzüglichsten Garten- oder Edelrosen. In der That bietet sie eine grosse Anzahl von Formen dar, ist teils niedrig, teils stark strauchig und hoch, hat mehr oder weniger gefüllte, dunkelrote, hellrote, gescheckte oder fast weissliche Blumen; ausserdem variieren die Blumenblätter auch noch in der Grösse. Die Zuckerrose wächst wild in Südeuropa und Kleinasien; im heutigen Griechenland wird sie häufig kultiviert und aus ihren Blumenblättern wird ein sehr beliebtes Konfekt oder Glyko (γλυκό) bereitet. Die Centifolie ist vielleicht eine Varietät der Zuckerrose, mit grösserer Wahrscheinlichkeit aber ein Bastard derselben, da sie in Tracht, in Bau und Farbe der Blume recht erheblich von der Zuckerrose abweicht. In den Kräuterbüchern des 16. Jahrhunderts und selbst in WEINMANNS Phytanthozaiconographie ist keine Rose abgebildet, die auch nur entfernt derjenigen Centifolie gliche, die früher in unseren Bauerngärten gebaut wurde. Diese Centifolie, mit ihren nickenden, zart rosenfarbenen Blumen, die sich eigentlich niemals vollständig öffneten, scheint ein ziemlich spätes Produkt der Rosenzucht zu sein. Die weisse Rose

---

[1] W. O. FOCKE, Rosaceae, in A. Engler und K. Prantl, Die natürlichen Pflanzenfamilien, Teil 3, Abteilung 3, Leipzig 1888. — Über die Edelrosen vergl. man S. 47 ff.

hält man für einen Bastard zwischen der Zuckerrose und der Heckenrose, *Rosa canina* L.; sie ist noch niemals wildwachsend gefunden.

Wenn wir uns nun die Frage vorlegen, welche Rose bei den Schriftstellern des Altertums gemeint sein kann, so werden wir wohl an die Zuckerrose (*Rosa gallica* L.) mit ihren Varietäten denken müssen. Die sechzigblättrige Rose HERODOTS braucht nichts anderes zu sein, denn die gefüllten Rassen der Zuckerrose duften zum Teil stark, jedenfalls stärker als die wilden Rosen. Auch die roten Rosen COLUMELLAS werden kaum etwas anderes sein; wenn er ausserdem eine gelbliche *(luteola)* Rose anführt, so deutet das vielleicht darauf, dass die Römer schon die in Kleinasien bis Afghanistan vorkommende gelbe Rose, *Rosa lutea* Miller, kultiviert haben. Die im Capitulare genannte Rose werden wir aber auch wohl als die Zuckerrose deuten müssen, die durch die folgenden Jahrhunderte bis in die Gegenwart hinein eine häufig kultivierte Gartenpflanze war und jetzt ebenso wie die Centifolie den Remontanten oder Hybridrosen weichen muss.

Im 16. Jahrhundert werden schon eine grosse Zahl von Rosen kultiviert. So finden wir bei TABERNAEMONTANUS (2, S. 808 ff.) die weisse Rose, die Zuckerrose, Provinzrosen, die der Zuckerrose nahe stehen, Muskatrosen (*Rosa moschata* Miller), die Pimpernellrose oder Dünenrose (*Rosa pimpinellijolia* L.), gelbe Rosen und eine unbewehrte, die vielleicht die Zimmtrose (*Rosa cinnamomea* L.) ist, oder aber eine Monatsrose.

## Narcissen.

Die Blume νάρκισσος (narkissos), die von THEOPHRSAT 6, 6, 9 erwähnt wird, muss wegen ihrer späten Blütezeit *Narcissus serotinus* L, die späte Narcisse, sein. Da sie bei uns nicht gebaut wird, so kommt sie für uns nicht in Betracht, ebensowenig wie die Tazette, *Narcissus Tazetta* L., die wohl in Töpfen, aber sehr selten im freien Lande gezogen wird. Die Alten verstanden unter dem Namen Narcissus ebenso wie wir mehrere Arten, von denen für uns namentlich die beiden folgenden in Betracht kommen.

*Narcissus poeticus* L., weisse Narcisse, Pfingstlilie. Diese meint DIOSKORIDES 4, 158, wenn er vom νάρκισσος sagt, dass seine Blume weiss sei und in der Mitte eine safrangelbe, bei einigen auch purpurfarbige Höhlung (κοῖλον) habe. Auch gehört hierher die zweite Art des *narcissus* bei PLINIUS (21, 5, 12) mit weisser Blume und purpurnem Kelch.

*Narcissus Pseudonarcissus* L., gelbe Narcisse, Osterlilie, wird bei den Alten nicht deutlich erwähnt, fehlt in Griechenland ganz, kommt in Italien stellenweise häufig vor, und findet sich wie die vorhergehende auf pompejanischen Wandgemälden (COMES, S. 42 und 43). Beide heissen bei den Italienern *giracapo* und *narcisso*.

In den Pflanzenglossaren kommt das Wort *narcissus* selten vor; es wird durch Zwiebel (bulbus), Waldlilie, wilde Zwiebel etc.[1]) erklärt, so dass man zweifelhaft werden kann, ob von Narcissen die Rede ist. ALBERTUS MAGNUS spricht (6, 394) von *narcissus* als einem Kraut, das in Blättern dem Porree ein wenig ähnlich sei; er könnte also sehr wohl eine echte Narcisse meinen. Bei den übrigen Schriftstellern des deutschen Mittelalters wird die Narcisse nicht erwähnt, im 16. Jahrhundert finden wir aber in den Kräuterbüchern eine grosse Zahl von Narcissen unter dem Namen Narcissenröslein, Zeitlosen, Hornungsblumen etc. Es ist möglich, dass diese plötzliche Fülle durch die Blumenliebhaberei der Türken beeinflusst ist, wenigstens nennt CAMERARIUS (Hortus Medicus S. 104, 105) zwei Narcissenarten konstantinopolitanisch, und sagt, dass eine von diesen ihm aus Konstantinopel von einem Freunde geschickt worden sei. Narcissen sind bis auf die Gegenwart beliebte Gartenpflanzen gewesen, fangen nun aber an unmodern zu werden.

## Die Hyacinthe.

Der Hyakinthos (ὑάκινθος) der griechischen Dichter ist unser *Gladiolus communis* L (vergl. unten S. 46); es wird aber bei THEOPHRAST und DIOSKORIDES und auch bei COLUMELLA eine ebenso genannte Pflanze erwähnt, die nach den Beschreibungen und sonstigen Umständen (sie wird bei THEOPHRAST neben ξιφίον, unserem Gladiolus, erwähnt 6, 8, 1) etwas anderes sein muss. Aus dem, was THEOPHRAST sagt, lässt sich nicht viel entnehmen. DIOSKORIDES giebt 4, 63 eine ziemlich eingehende Beschreibung seines *Hyakinthos:* er hat Blätter, die denen des Bolbos gleichen, einen Stengel von der Länge einer Spanne, glatt, dünner als ein kleiner Finger, grün; dessen Blüten tragendes Ende ist gebogen (κόμην ἐπικειμένην κυρτήν scil. ἔχει) und voll von rötlichen (oder bläulichen πορφυροειδής) Blumen. Der Bolbos (βολβός ἐδώδιμος Diosk. 2, 200) ist eine Traubenhyacinthe, *Muscari comosum* Miller, deren Zwiebeln, heute noch βολβοί genannt, gekocht oder in Essig gelegt von den griechischen Landleuten gegessen werden.[2]) An diese Traubenhyacinthe dürfen wir also nicht denken. Schwierigkeiten macht der unbestimmte oder unsichere Begriff πορφυρ οῦς oder *purpureus,* und die Abschwächung zu πορφυροειδής oder *purpurascens,* denn sie drücken eine Mischfarbe zwischen rot und blau aus, die bald mehr nach der Seite des Roten, bald mehr nach derjenigen des Blauen gehen kann. Aber gerade deswegen könnte die Hyacinthe des DIOSKORIDES unsere Hyacinthe, *Hyacinthus orientalis*

---

[1]) CGL III: narcissus . i . uuluus (statt bulbus) 570, 4; narcissus lilius silvaticus 570, 19; narcissus bulbus agrestis 593, 11; — narcisso holtlilie (Königsb. Gloss.).

[2]) In den Hermeneumata des CGL III werden βολβοί oder *bulbi* unter den Speisen (de escis) aufgeführt: βοαλβοι bolbi 14, 59; bolboae bulbi 87, 48; bolbi bului 184, 7; βολβου uulbi 314, 55; da die Zwiebeln der Küche ihre besonderen Namen haben und unter den Gemüsen aufgeführt sind, so werden hier wohl die Zwiebeln von *Muscari comosum* gemeint sein, die heute noch in Italien gegessen werden.

L., sein, deren Heimat man heute sogar in Südeuropa sucht. Das einzige, was man dagegen einwenden könnte, ist der Umstand, dass die Hyacinthe in allen Pflanzenglossaren und bei den botanischen Schriftstellern des deutschen Mittelalters fehlt, und erst bei den Schriftstellern des 16. Jahrhunderts wieder erscheint. Aber warum soll es der Hyacinthe nicht haben gehen können, wie es beispielsweise der Narcisse ergangen ist? Die etwas zärtliche Hyacinthe war zunächst kein Gewächs für deutschen Boden, und wo es sich vor allem darum handelte, nutzbringende Pflanzen in fremdes Erdreich zu verpflanzen, da musste die nur durch Farbe und Geruch erfreuende Hyacinthe vorläufig zurückbleiben.

Bei COLUMELLA ist auch an mehreren Stellen von einer Hyacinthe die Rede. Wo im 9. Buche die Pflanzen aufgezählt werden (9, 4, 4), die den Bienen Honig darbieten, wird auch „caelestis numinis hyacinthus" genannt, etwa eine Hyacinthe von blauer Farbe, wenn man „luminis" statt des unverständlichen „numinis" lesen darf? Im zehnten Buche (v. 100) wird verlangt, dass schneeweisse und blaue Hyacinthen gepflanzt werden („nec non vel niveos, vel caeruleos hyacinthos," sc. pangite); die rostroten Hyacinthen (ferruginei hyacinthi), die v. 305 erwähnt werden, entsprechen wahrscheinlich unserem Gladiolus (vergl. unten S. 46).

Haben wir nun den Hyakinthos des DIOSKORIDES als unsere wohlriechende Hyacinthe gedeutet, so liegt eigentlich kein Grund vor, den Hyacinthus des COLUMELLA als etwas anderes zu nehmen.

Die Hyacinthe heisst im heutigen Italien *diacinto, giacinto, iacinto;* denselben Namen führen aber auch noch andere Pflanzen, wie *Scilla bifolia* L, die sowohl blau wie weiss vorkommen und in Gärten gezogen werden. Ob COLUMELLA statt unserer Hyacinthe etwa *Scilla bifolia* gemeint hat, lässt sich nicht bestimmt verneinen, aber ebensowenig bestimmt bejahen.

Die Einführung der Hyacinthe nach Deutschland erfolgte von Konstantinopel aus, wohin sie von den blumenliebenden Türken gebracht worden war. Zunächst verbreitete sie sich langsam. HIERONYMUS BOCK kennt sie überhaupt noch nicht. In MATTIOLIS Kräuterbuch ist *Muscari comosum* Miller unter dem Namen *Hyacinthus* abgebildet; der Herausgeber CAMERARIUS hat aber Abbildungen von *Hyacinthus orientalis* L. hinzugefügt, und zwar nach Exemplaren, die er dem Reisenden Rauwolf verdankte. Im 17. Jahrhundert gab es schon sehr viele Spielarten, so dass PAUL HERRMANN in seinem Katalog des Leydener Gartens, 1687, mehr als zwei Seiten gebrauchte, um die von ihm gebauten aufzuzählen.

## Veilchen, Levkoje, Goldlack und Viole.

Eine Anzahl Pflanzen mit angenehm duftenden Blumen wurde von den Griechen ϊον (ion), von den Römern *viola* genannt; die besonderen Arten wurden dann durch hinzugefügte Adjektive kenntlich gemacht, ein Verfahren, das sich bis ins 16. Jahrhundert und später erhalten hat.

Diese Pflanzen gehören nach unseren Begriffen nicht nur verschiedenen Gattungen, sondern sogar verschiedenen Familien an.

### Das Veilchen, Märzveilchen, *Viola odorata* L.

Μέλαν ἴον Theophr. 6, 6, 7; 6, 8, 2; ἴον πορφυροῦν Diosk. 4, 120; wird in Griechenland viel in Gärten kultiviert, namentlich mit gefüllten Blumen, und daselbst mit dem türkischen Namen μενεξές genannt; wild wächst in Griechenland eine der *Viola odorata* L. verwandte, aber weniger stark duftende Art, die *Viola Thessala* Boiss. et Sprun. (v. Heldreich).

*Nigra viola* Verg. Ecl. 10, 39; *riola purpurea* Plin. 21, 6, 14; 21, 19, 76; *viola quae ion appellatur et purpurea* Plin. 21, 11, 38; it. *viola mammola, viola maura, violetta,* auch bloss *mammola, mammoletta;* fr. *violette.*

Bei HOMER (Od. 5, 72) wird schon ein ἴον erwähnt, das unser Veilchen oder eine nahe verwandte Art sein kann. Die Römer nannten das Veilchen, wenn sie es genau bezeichnen wollten, *viola purpurea,* was unserem „blauen Veilchen" entspricht, ebenso wie das ἴον πορφυροῦν (ion porphyrūn) des DIOSKORIDES; THEOPHRAST nennt es dunkles Veilchen, und ähnlich spricht WALAFRIDUS STRABUS (v. 220) von einer *viola nigella.* Bei der heiligen Hildegard ist 1, 103 von einer *viola* die Rede, ebenso bei KONRAD VON MEGENBERG (5, 85), wo als deutscher Name *viol* angegeben wird. Obgleich an beiden Stellen keine Beschreibung und kein charakteristisches Beiwort gegeben wird, so deutet dennoch an der ersten die frühe Blütezeit, an der zweiten die Anwendung (Veilchensirup) auf das Veilchen; freilich wurde auch vom Goldlack Veilchensirup gemacht. ALBERTUS MAGNUS beschreibt das Veilchen 6, 464; an einer andern Stelle (5, 117) nennt er es echtes oder wahres Veilchen *(viola vera)* im Gegensatz zum Goldlack *(viola crocea).*

Das Veilchen heisst im 16. Jahrhundert Viol, Veiel, Mertzenveiel. Es ist bis auf die Gegenwart eine beliebte Zierpflanze geblieben und findet sich in Norddeutschland vielfach als Folge der Kultur verwildert.

### Levkoje, *Matthiola incana* R. Br.

Λευκὸν ἴον Theophr. 6, 6, 7; λευκόϊον Theophr. 6, 8, 1, Diosk. 3, 128; neugr. βιολέττα, ebenso wie die Folgende.

*Pallens viola* Verg. Ecl. 2, 47; *leucoium* Colum. 9, 4, 4; *candidum leucoium* Colum. 10, 97; *viola alba* Plin. 21, 6, 14; it. *fior bono, fior bianco, leucoio bianco* und *purpureo, viola bianca, violaciocca bianca, pallida* und *rossa;* fr. *violier, girofle.*

Nach DIOSKORIDES ist das Leukoïon (wörtlich „helles Veilchen") seinen Blumen nach verschieden und entweder weiss, oder gelb (μήλινον, quittenfarbig), oder blau (κυανοῦν), oder purpurn (πορφυροῦν); PLINIUS unterscheidet purpurne, gelbe und weisse Veilchen, und in einem Glossar des CGL III werden weisse, rote und blaue Veilchen genannt.[1] Als

---

[1] Violarum genera sunt tria . i . alba rosea et celina (579, 13).

Levkojen im heutigen Sinne dürfen wir die weissen Veilchen und das weisse Leukoïon nehmen; das purpurne und das blaue Veilchen ist unser Veilchen, das gelbe, sowie das gelbe Leukoïon unser Goldlack. Zweifelhaft bleiben das blaue und purpurne Leukoïon bei DIOSKORIDES, während das rote Veilchen des Glossars wohl den Levkojen zuzuzählen ist.

Bei den botanischen Schriftstellern des deutschen Mittelalters begegnen wir der Levkoje nicht, wohl aber bei denen des 16. Jahrhunderts, von denen sie *Leucoium*[1]) und „Welsch Veiel" genannt wird; TABERNAE-MONTANUS bemerkt, sie sei kürzlich aus Welschland gekommen. Die Levkoje wird heute in vielen Varietäten und Spielarten gebaut; sehr schöne gefüllte weisse Levkojen kommen schon im März aus Norditalien und Südfrankreich.

Goldlack, Cheiranthus Cheiri L.

Λευκόϊον μήλινον Diosk. 3, 128; neugr. βιολέττα (v. Heldreich), τὰ κίτρινα (Fraas).

*Viola lutea* Plin. 21, 6, 14; it. *leucodio, leucoio, leucoio giallo, cheiri, viola, violaciocca*; fr. *violier*.

Ausser den schon angeführten Stellen, an denen der Goldlack bei den Schriftstellern des Altertums erwähnt wird, giebt es noch eine, wo vom Goldlack die Rede zu sein scheint, nämlich bei COLUMELLA 10,101: „viola, quae frondens purpurat auro", das Veilchen, welches sich belaubend von Gold glänzt, oder wie wir sagen würden, das Veilchen, dessen Blüten zwischen dem Laube goldig schimmern.

ALBERTUS MAGNUS spricht von einem safrangelben Veilchen (*viola crocea* 5, 117), das das wahre Veilchen im Geruch nachahmt; hier kann also nur an den Goldlack gedacht werden, der bei der heiligen, Hildegard und bei KONRAD VON MEGENBERG nicht erwähnt zu werden scheint.

Im 16. Jahrhundert heisst der Goldlack *viola lutea, leucoium luteum* und *aureum*, auf Deutsch geel Veiel, gelb Veiel, gelb Nägelveiel etc. Er wurde mit einfachen und gefüllten Blumen kultiviert und zeigte viele Varietäten in Farbe und Grösse der Blumen. Noch jetzt ist er beliebt, namentlich als Topfpflanze. Auf der Insel Helgoland ist er zusammen mit dem Kohl am felsigen Abhange unter dem Garten des Gouverneurs verwildert.

Nachtviole, Hesperis matronalis L.

Die Nachtviole ist in Norddeutschland eine sehr beliebte Zierpflanze und wird in zwei verschiedenen Formen kultiviert: einmal mit

---

[1]) Neben Levkoje und Goldlack wurden im 16. Jahrhundert auch noch mehr Pflanzen *Leucoium* genannt, nämlich ausser unserem Schneeglöckchen, *Galanthus nivalis* L., auch noch solche, die der heutigen Gattung *Leucoium* angehören. TABER-NAEMONTANUS (2, S. 328) nennt *Leucoium vernum* L. und das Schneeglöckchen beide *Leucoium bulbosum*, auf deutsch weiss Hornungsblume, Sommerthürlein und Schneetropfen.

einfachen lilafarbigen Blumen, und zweitens mit gefüllten weissen, zuweilen helllila angelaufenen Blumen. Während sie im ersten Falle bis meterhoch wird und ihre Blumen in einer ausgesperrten Rispe trägt, bleibt sie im zweiten Fall niedrig und ihre Blumen sind meist in eine einfache Traube zusammengedrängt. Gewöhnlich wird sie Viole oder Nachtviole genannt, man hört auf dem Lande aber auch den Namen „Viöl matternäl". Die kresseartig schmeckenden grünen Blätter und die Samen dieser Pflanze wurden früher in den Apotheken als *Herba et Semen Hesperidis s. Violae matronalis s. damascenae* geführt. Im 16. Jahrhundert heisst die Nachtviole *Viola matronalis* und auf Deutsch Winterveiel, Winterviole (TAB.). Der Name *viola matronalis* findet sich schon bei DIOSKORIDES (3, 128) als Synonym von *leucoium*, wird allerdings von Manchen für einen Zusatz von späterer Hand gehalten. PLINIUS erwähnt 21, 7, 18 eine Pflanze *hesperis*, die bei Nacht stärker riecht (hesperis noctu magis olet). Da unsere Nachtviole diese Eigenschaft in sehr hohem Grade zeigt, da sie in Italien wild wächst und dort heute *esperide* und *viola matronale* genannt wird, so kann es nicht zweifelhaft sein, dass die Römer auch diese Zierpflanze gekannt haben; eine strenge Trennung von der Levkoje werden sie aber kaum vorgenommen haben.

## Goldblume und Vexiernelke.

Die bisher genannten Zierpflanzen zeichneten sich durch ihren Duft aus; wir haben jetzt zwei anzuführen, die nur ihrer Farbe wegen Eingang in die Gärten gefunden haben.

*Chrysanthemum coronarium* L., Goldblume.

Βούφθαλμον Diosk. 3, 146; χρυσάνθεμον Diosk. 4, 58; neugr. τζιζιμβόλα (Fraas), auf Kreta μαντηλίδα (v. Heldreich).

*Buphthalmus* Plin. 25, 8, 42; it. *fior d'oro, lambegelle.*

Die Nachrichten über die Goldblume fliessen nur spärlich; dass sie aber, wenigstens von den Römern, gebaut worden ist, geht aus der schönen Abbildung auf dem Wandgemälde in der Villa der Livia in Primaporta mit Sicherheit hervor, und zwar werden hier zwei Rassen dargestellt, eine mit gelben und eine mit weisslichen Blüten (Antike Denkmäler, herausgegeben vom Kaiserlich Deutschen Archäol. Institut. Bd. 1, Berlin 1891, Taf. 11). DIOSKORIDES und PLINIUS erzählen, dass ihre jungen Triebe gegessen würden; das geschieht in Griechenland und Italien noch heute. Es ist uns nicht ganz verständlich, wie die Alten die Goldblume haben Ochsenauge (bouphthalmon) nennen können; die Italiener bezeichnen aber heute noch die grosse Wucherblume (*Chrysanthemum Leucanthemum* L.) mit demselben Namen (*ochio di bove*).

Sehr viele Jahrhunderte ist von der Goldblume nicht die Rede, erst im 16. Jahrhundert begegnen wir ihr in den Kräuterbüchern und zwar unter diesem Namen. Aber im Bestreben, das *Chrysanthemum* des DIOSKORIDES zu deuten, wurde bald die Saatwucherblume (*Chrysanthemum segetum* L.), bald die echte Goldblume *(Chr. coronarium* L.), herangezogen. In Norddeutschland ist die Goldblume eine ziemlich alte Kulturpflanze, aber da ihre Samen jedes Frühjahr neu gesät werden müssen, so sieht man sie auf dem Lande nur in solchen Gärten, die sich einer besonders sorgfältigen Pflege erfreuen.

Coronaria *tomentosa* R. Br. *(Agrostemma coronaria* L.), Vexiernelke. Stechnelke.

Λυχνίς Theophr. 6, 8, 3; λυχνίς στεφανωματική Diosk. 3, 104. *Lychnis* Plin. 21, 4, 10; 21, 11, 39; *rosa graeca* Plin. 21, 4, 10; it. *coronaria, erba coronaria, lichnide.*

Die Vexiernelke erscheint ebenso wie die Goldblume nach langem Vergessensein wieder im 16. Jahrhundert. Sie heisst *Lychnis coronaria* bei MATTIOLI und TABERNAEMONTANUS, *rosa Mariana* und *flos Jovis* bei BOCK und wird auf deutsch Margenröslein oder Märgenröslein genannt; heute wird sie in weissen und roten Farben gezogen und ist immer noch eine leidlich beliebte Zierpflanze.

## Schwertlilie und Gladiolus.

**Gladiolum** Capitulare 70, 17; *Iris germanica* L. und *I. florentina* L. Iris, Schwertlilie, Schwertel.

Ἴρις Theophr. 4, 5, 2; Diosk. 1, 1; neugr. κρίνος.

*Iris* Colum. 12, 27; 12, 28, 1; *iris Illyrica* Colum. 12, 20, 5; *iris Graeca* Colum. 12, 51, 2; *iris* Plin. 21, 6, 19; 21, 20, 83; *chiaggiolo, giglio azzurro, ireos, iride; Iris florentina* heisst *giglio bianco*; fr. *glaieul.*

Nach DIOSKORIDES wurde die von ihm als Iris bezeichnete Pflanze von den Römern auch *gladiolus* genannt, ebenso wie die von ihm Xiphium (ξιφίον, 4, 20) und Xyris (ξυρίς, 4, 22) benannten nebenher *gladiolus* hiessen; von den beiden letzten ist Xiphium unser Siegwurz oder Gladiolus *(Gladiolus communis* L.) und Xyris eine nicht ganz sicher bestimmte, aber in Italien wildwachsende Irisart. Die Verwirrung wird durch die allen angeführten Pflanzen gemeinsamen schwertförmigen Blätter herbeigeführt, die die Ursache für die Namen *Gladiolus* (kleines Schwert) und Schwertel sind.

Der Name Iris ist bei den angeführten Schriftstellern vieldeutig, denn er umfasst alle ihnen bekannten Arten, von den wilden bis zu den in Gärten angepflanzten; von diesen ist *iris illyrica* wahrscheinlich unsere *Iris germanica* L., vielleicht auch *Iris florentina* L., deren nach Veilchen duftende Wurzel nach PLINIUS (21, 20, 83) damals den zahnenden Kindern ebenso um den Hals gehängt wurde, wie es noch heute geschieht. Aus den Glossaren des CGL III geht nun hervor, dass in späterer Zeit *iris* durch *gladiolus* und *gladiola* verdrängt wurde, denn es wird *iris* (und seine Formen) [1] fast jedesmal durch eines von diesen Worten übersetzt.

---

[1] Hyrius . gladiolo 546, 65; hyrius . i . gladiolus 583, 32; gladiolus irius 591, 25; 612, 41; ireus gladiolo 632, 23; xiris . i . gladiolus 579, 44. — ius . illirica . idest

*Iris illyrica* heisst einmal *lilium celinum*, einmal *lilium purpureum*, also blaue Lilie, unsere *Iris germanica* L., im übrigen, wie auch das einfache *iris*, *gladiolus hortensis*; wegen ihrer Heilkräfte werden die Irisarten auch *solidago* und *solidago minor* genannt.[1])

WALAFRIDUS STRABUS hat eines der Gedichte in seinem Hortulus *Gladiola* überschrieben, und REUSS hat diese *Gladiola* als *Gladiolus communis* L. gedeutet, aber mit Unrecht.

Zunächst nennt WALAFRIDUS die Farbe der Blume blau oder dunkelblau und spricht dann allerdings vom Hyacinthus und von dem auf seinen Blumenblättern aufgezeichneten Namen oder Buchstaben.[2]) Der letztere Umstand hat wahrscheinlich REUSS zu seiner Deutung veranlasst, denn der Hyacinthus (ὑάκινθος) der griechischen Dichter ist unser gewöhnlicher Gladiolus *(Gladiolus communis* L.), der auf den drei unteren Perigonzipfeln je einen gelblich weissen Streifen trägt. Diese drei Streifen wurden von den Alten als A I gelesen und sollten den griechischen Klageruf darstellen: der Jüngling Hyacinthus war von Apollo beim Discuswerfen erschlagen worden, und aus seinem Blute sprosste die nach ihm benannte Blume hervor. Dieser Hyacinthus ist aber nicht dunkelblau wie das Veilchen, sondern rot. Wir stehen hier also vor einem Widerspruche. Sehen wir uns zunächst den Schluss des Gedichtes an, so erfahren wir, dass die Wurzel der *gladiola* als Mittel gegen Blasenleiden benutzt wird und dass sie den Tuchwalkern dient, um Leinenzeug zu stärken und mit Wohlgeruch zu versehen. Nun müsste *gladiola* nach damaligem Sprachgebrauch *Iris germanica* L. sein; dazu würde die blaue Farbe stimmen, ebenso die Anwendung in der Medizin und Technik (über die letztere wolle man unten unter Flachs vergleichen), aber dagegen scheinbar die Buchstaben auf den Blumenblättern. Indessen trägt *Iris germanica* auf den äusseren Perigonzipfeln je einen von fädlichen Hervorragungen gebildeten gelben Streifen, Bart genannt, und einem dichterisch angelegten Gemüt kann es nicht schwer fallen, diese drei Streifen als A I zu lesen. So wird es auch WALAFRIDUS STRABUS gemacht haben, denn unseren Gladiolus hat er wahrscheinlich nie zu Gesicht bekommen.

Bei der heiligen HILDEGARD steht in der Strassburger Ausgabe *gladiola*, in der neusten Ausgabe (1, 118) *swertula;* auch hier geht aus

---

lilium . celinum 539, 52; iris illirica . idest lilium purpureum 539, 66; irisillirica gladiolus hortensis 591, 36; 612, 63; gladiolus ortensis . i . yrius 564, 68; eine iris alricae wird auch als gladiolus bezeichnet 562, 29; 565 68.

[1]) Iris illirica idest soldagine 540, 5; 547, 9; solagominor irius 595, 30; gladiolo radix idest solago minor 612, 19.

[2]) „Tu mihi purpurei progignis floris honorem,
Prima aestate gerens violae jucunda nigellae
Munera, vel qualis mensa sub Apollinis alta
Investis pueri pro morte recens Hyacinthus
Exiit et regis signavit vertice nomen."

der Anwendung als Heilmittel hervor, dass eine Iris gemeint ist. AL-
BERTUS MAGNUS (6, 355) unterscheidet zwei Arten *gladiolus*; die eine
Art wächst an trockenen Orten und hat eine blaue Blume (florem iacinc-
tinum), ist also *Iris germanica* L., die andere wächst im Wasser und
hat eine ähnliche Blume wie die vorhergehende, aber gelb (croceus),
wird von ALBERTUS auch *gladiolus aquosus* genannt und ist daher *Iris
Pseudacorus* L. Die Pflanze, welche ALBEBTUS MAGNUS (6, 473—475)
unter dem Namen *yreos* beschreibt, scheint *Iris florentina* L. zu sein;
was er über die Blume sagt (compositus est ex albo et citrino et coelesti
et purpureo, et propter hanc varietatem vocatur yreos), stimmt zwar
nicht, wohl aber das über die Wurzel angeführte, und vielleicht hat er
nur diese aus eigener Anschauung gekannt. Zu damaliger Zeit wurde
übrigens *Iris florentina* mit *yreos* bezeichnet, denn MATTHAEUS SYLUATICUS
sagt, dass *yreos* eine weisse Blume habe.

Der KONRAD VON MEGENBERG nennt *gladiolus* auf deutsch *slaten-
kraut*, nach der Gestalt der Blätter auch *swertlinch* oder *swertelkraut*
und unterscheidet wie ALBERTUS MAGNUS zwei Arten. Die eine
wächst an trocknen Orten und hat blaue Blumen (pluomen in ains
jâchandes varb), die andere hat gelbe Blumen und wächst an nassen
Stellen; das Kraut der letzteren heisst auch *carectum*. Andere Irisarten
kennt er nicht.

Im 16. Jahrhundert ist die Zahl der kultivierten Irisarten sehr
gestiegen. Sie führen jetzt den lateinischen Namen *Iris*, dem nach Farbe,
Vaterland etc. noch ein oder mehrere Adjektive hinzugefügt werden; der
deutsche Name ist Veyelwurtz, Himmelschwertel, Schwertel, auch Gilgen
und Lilgen. *Iris germanica* L. wird „blaw Schwertel" oder „blaw Gilgen"
genannt.

Nach dem Gesagten werden wir mit KERNER annehmen müssen,
das der Gladiolus des Capitulare eine Irisart gewesen ist; welche es
war, bleibt zweifelhaft, doch wird man in erster Linie an *Iris germanica* L.
denken dürfen, die noch heute mit ihren schönen blauen Blumen den
Schmuck so vieler Gärten ausmacht. *Iris florentina* L., die ebenso wie
*Iris sambucina* L. nach Süden zu in den Gärten häufiger wird, wurde
wohl nicht immer genau von *Iris germanica* geschieden; sie könnte also
auch mit gemeint gewesen sein.

Der Vollständigkeit wegen möge hier unsere gemeine Iris oder
Wasser-Schwertlilie, *Iris Pseudacorus* L., erwähnt werden, obgleich sie
keine eigentliche Zierpflanze, sondern eine Arzneipflanze ist oder war;
ihre Wurzel wurde in den Apotheken als *Radix Pseudacori s. Acori palustris s. adulterini* geführt. Sie wächst ebenso wie in Deutschland auch
in Italien wild und ist lange Zeit, bis ins 16. Jahrhundert hinein, statt
des echten Kalmus benutzt worden, wie von HIERONYMUS BOCK,
C. BAUHIN und anderen ausdrücklich bezeugt wird. Dadurch ist eine
Verwirrung unter den Namen entstanden, durch die wir selbst heute

noch nur mühsam durchfinden. Wahrscheinlich ist *Iris Pseudacorus* L. unter dem *acoron* (ἄκορον) des DIOSKORIDES (1, 2) zu verstehen, vielleicht auch unter dem *acoron* des PLINIUS (15, 13, 100); heute heisst sie in Italien *iride gialla*, *acoro falso*, *acoro adulterino*. In den Glossaren des CGL III wird *acorus* einmal übersetzt durch die von DIOSKORIDES angegebenen Synonyme: *aphrodisia, venerea, piper apium,* Namen, die sich zum Teil auch in den lateinisch-deutschen Glossaren finden; zweitens durch *gladiolus paludensis,* Sumpfschwertel, und dem entsprechend übertragen die lateinisch-deutschen Glossare *acorus* durch Schwertel und gelbe Schwertel.[1]) Wenn man die Glossare allein zu Rate zieht, so kann man eigentlich nicht zweifelhaft sein, dass *acorus* nur die Wasser-Schwertlilie bedeutet. Im 16. Jahrhundert heisst sie gelbe Sumpfiris (Iris paludosa lutea), gelbe wilde Iris (Iris silvestris lutea), *Pseudoiris* und *Pseudoacorum,* daneben Wasserschwertel, Wasserlilie, geel Schwertel etc.

Das Wort *gladiolus,*[2]) das bis ins 14. Jahrhundert und wahrscheinlich darüber hinaus Irisarten bezeichnet hatte, wechselt nunmehr seine Bedeutung: die Irisarten werden *Iris* genannt und *Gladiolus* bedeutet fortan

*Gladiolus communis* L., Siegwurz, Gladiolus.

Ξιφίον Theophr. 6, 8, 1; φάσγανον Theophr. 7, 12, 3; 7, 13, 1 u. 4; ξιφίον, φάσγανον Diosk. 4, 20; ὑάκινθος der griechischen Dichter; neugr. σπαθόχορτον.

*Xiphion, phasganion* Plin. 25, 11, 89; *hyacinthus ferrugineus* Colum. 10, 305; *hyacinthus* Plin. 21, 11, 38; 21, 26, 97; it. *gladiolo, gigliarello.*

Es wurde schon oben S. 44 die Sage erwähnt, wonach aus dem Blute des Hyacinthus eine Blume hervorsprosste, die den Namen Hyacinthe erhielt und auf ihren Blättern die Buchstaben A I trug. Diese beiden Buchstaben, die den griechischen Klageruf darstellen, wurden auch als

---

[1]) CGL III: afrodesia acoro 550, 53; 552, 3; beneria . i . acoro 553, 64; piper apiu . agoro 573, 64; agoro gladiolus paludensis 566, III, 21; 616, 21; agoro . id est radicis lisa aqualis 513, 45; kann das unser Wasserliesch sein? Ein mittelniederdeutsches Glossar (Jahrbuch d. Ver. f. niederdeutsche Sprachforschung, XVII, S. 81—84) übersetzt gladiolus durch lisc. — Accorus swertele, affrodissa sverdele (Königsb. Gloss.); acorus suerdule, affrodisia swerdele (Colm. Gloss.); accorus gelswerdele (Mone); acorus geilswertele (Sum. 51, 53).

[2]) Wie vieldeutig das Wort *Gladiolus* war, geht daraus hervor, dass *Gladiolus palustris* ausser für *Iris Pseudacorus* L. auch noch für *Sparganium ramosum* Hudson, den Igelkolben und *Butomus umbellatus* L., Wasserliesch oder Wasserveilchen, gebraucht wurde; bei diesen beiden war die schwertförmige Form der Blätter die Ursache für die Benennung, die allerdings beim Wasserliesch, das bei den alten Botanikern meist *juncus floridus* (Blumenbinse) heisst, nicht mehr sehr zutreffend ist. CAROLUS CLUSIUS bezeichnet in seinen Curae posteriores (Antverpiae 1611 S. 40) *Lobelia Dortmanna* L., eine Pflanze der seichten Süsswasserseen, als *Gladiolus lacustris Dortmanni;* in diesem Falle haben die Blätter nicht mehr den Grund für die Benennung abgegeben, sondern die Blumen, die eine oberflächliche Ähnlichkeit mit denen des Gladiolus oder der Siegwurz haben.

Anfangsbuchstaben von Ajax (griechisch Αἴας) genommen; so spricht
COLUMELLA (10, 174—175) von Blumen, die aus dem Blute des Ajax
hervorspriessen (flores qui sanguine surgunt Aeacii) und meint damit
unseren Gladiolus.

DIOSKORIDES beschreibt den Gladiolus unter dem Namen Xiphion
(ξιφίον) so genau, dass man über die Pflanze, die er meint, nicht im
Zweifel sein kann. Als Standort giebt er Saatfelder an, auf denen er
noch jetzt in Italien häufig gefunden wird; in Griechenland kommt er
nur sehr selten vor. Das Synonym *segetolis*, das DIOSKORIDES für
Xiphion anführt, ist ihm lange Zeit als Name geblieben.[1]) Von den
Alten wurde dem Gladiolus eine ganze Reihe von Heilwirkungen zugeschrieben, aber trotzdem scheint er jahrhundertelang ganz und gar in
Vergessenheit geraten zu sein, denn in den lateinisch-deutschen Pflanzen-
glossaren, bei der heiligen HILDEGARD, bei ALBERTUS MAGNUS und
KONRAD VON MEGENBERG kommt er nicht vor, ja er fehlt sogar bei
HIERONYMUS BOCK. Sonst wird er in den Kräuterbüchern des 16. Jahr-
hunderts erwähnt und auch gerühmt.

Seine Wiederaufnahme unter die Zauber- und Heilmittel verdankt
der Gladiolus im wesentlichen der netzigen Hüllhaut seiner Wurzelknollen.
Beim Allermannsharnisch *(Allium Victorialis* L.), der den Alten nicht
bekannt gewesen zu sein scheint und auch in den Pflanzenglossaren fehlt,
sind die Zwiebeln in mehrere netzförmige Schalen gehüllt; der ganze
Wurzelstock mit Zwiebeln und Häuten stand in dem Rufe, Geister ab-
zuhalten, Zauber zu bannen und denjenigen, der ihn trug, unverwundbar
zu machen, und hiess *Victorialis longa* oder *Victorialis mas*. Die viel
kleinere Wurzel des Gladiolus, die dementsprechend weniger kräftig gewesen sein mag, wurde *Victorialis rotunda* oder *femina* genannt.

An die Heil- und Zauberwirkungen des Gladiolus denkt man heute
nicht mehr, aber man schätzt ihn als Zierpflanze und als solche ist er
bis Norddeutschland und weiter hinauf vorgedrungen. Gegenwärtig findet
man ihn nur noch in Bauerngärten: die Hybriden von *Gladiolus flori-
bundus, psittacinus* etc. haben ihn ganz in den Schatten gestellt.

## Lorbeer, Myrte und Buchsbaum.

**Lauros** Capitulare 70, 85; *Laurus nobilis* L., Lorbeer.

Δάφνη Homer Od. 9, 183; Hesiod Op. et dies. v. 435; Theophr.
4, 5, 3 u. 4; 5, 8, 3; Diosk. 1, 106; neugr. βαΐήά und δάφνη.
*Laurus* der Römer; it. *alloro* und *lauro;* fr. *laurier.*

HEHN (S. 187) vermuthet, dass der Lorbeer aus Asien nach
Europa gekommen sei. Wenn aber, wie er selbst anführt, HESIOD die
Vorschrift giebt, einen Balken am Pfluge aus Lorbeerholz zu machen,

---

[1]) CGL III: gladioloregetali (statt segetali) . i . sifion 564, 28; sigitale . i .
gladiolus 568, 65.

der Lorbeer also im 9. Jahrhundert v. Chr. in Böotien am Helikon „schon nicht ungewöhnlich" gewesen sein muss, so ist eigentlich kein rechter Grund einzusehen, weshalb man dem Lorbeer das Heimatrecht auf der Balkanhalbinsel nicht zusprechen soll. Auch war in der latinischen Ebene der Lorbeer nach THEOPHRAST (5, 8, 3), also mindestens 300 Jahre v. Chr., schon häufig; man wird daher das natürliche Wohngebiet des Lorbeers etwas weiter nach Westen ausdehnen dürfen, als HEHN es gethan hat.

Der Lorbeer hat in Deutschland keinen festen Fuss fassen können: die Winter sind ihm zu kalt, so dass er im Freien kein Gedeihen findet. Von jeher sind seine Blätter und Beeren ein geschätztes Arzneimittel gewesen und auch in der Küche als Würze an mancherlei Speisen benutzt worden. Ausserdem fristet er in Kübeln mit grausam zurechtgestutzter Krone ein kümmerliches Dasein; in dieser unnatürlichen Form schmückt er die Säle bei ernsten und heiteren Festen.

PLINIUS führt (15, 30, 39) einen *tinus* auf, „den einige für wilden Lorbeer, andere für ein eigenes Genus halten"; es ist dies *Viburnum Tinus* L., ein Strauch, der in Italien, Südfrankreich, Spanien und Nordafrika wild wächst und unter dem Namen *Laurustinus* in Deutschland ein beliebtes Topfgewächs ist. Als solches möge hier angeschlossen werden

*Myrtus communis* L., die Myrte.

Μυρσίνη der Griechen; neugr. μυρτηά oder μυρσίνη.

*Myrtus* der Römer, it. *mirto, mortella, mortellina;* fr. *myrte.*

Dieser immergrüne Strauch gehört den Mittelmeerländern an und wurde schon sehr früh, ebenso wie der Lorbeer, bei religiösen Handlungen gebraucht; wie der Lorbeer dem Apollo, so war die Myrte der Aphrodite geweiht. Als Brautkranz wird die Myrte heute noch gebraucht und deswegen namentlich in Töpfen gezogen; man findet sie vor den Fenstern der ärmlichsten Wohnungen. Ausserdem stand sie als Heilmittel in Ansehen.

Bei der heiligen HILDEGARD (3, 42) wird ein *mirtelbaum* genannt; da dieser auch beim Bierbrauen gebraucht wird,[1]) so wird vermutlich dieselbe Pflanze gemeint sein, die ALBERTUS MAGNUS (6, 138) unter dem Namen *mirtus* beschreibt, KONRAD VON MEGENBERG unter den Namen *myrtus* und *mirtelpaum*. Diese kommt nach ALBERTUS am Meeresgestade gegen Dänemark hin (versus Daniam) massenhaft vor, konserviert das, wozu sie gethan wird, wie der Hopfen (conservans ea, quibus commiscetur sicut humulus), und muss nach der Beschreibung der Gagel (*Myrica Gale* L.) sein. HENRIK HARPESTRENG, Dansk Lägebog, Kopenhagen 1826, S. 120, hat auch eine Pflanze *mirtus* und führt als

---

[1]) „Et si quis cerviseam parare voluerit, folia et fructus ipsius arboris cum cervisca coquat, et sana erit, et bibentem non laedit".

deren dänischen Namen *Pors* an; *Pors* ist aber der dänische Trivialname für *Myrica Gale* (*Ledum palustre* L. fehlt in Dänemark) und diese Pflanze wurde früher in Dänemark und in Norddeutschland wie in Norwegen zum Bierbrauen benutzt. Dieser Gebrauch muss also auch bis nach Westdeutschland verbreitet gewesen sein. (Man vergl. Anhang II unter *mirtelbaum.*)

*Buxus sempervirens* L., Buchsbaum.

Πύξος Theophr. 3, 15, 5; neugr. πυξάρι.

*Buxus* Plin. 16, 16, 28; 16, 40, 76 u. sonst vielfach; it. *bosso. busso;*

fr. *buis.*

Der Buchsbaum scheint bei den Alten nicht als Heilpflanze betrachtet worden zu sein, wie es bei uns später geschehen ist; deshalb wird er auch von DIOSKORIDES nicht erwähnt. Bei HOMER (Il. 24, v. 269), bei VERGIL, OVID und COLUMELLA wird das Holz des Buchsbaums als Nutzholz erwähnt, ebenso bei PLINIUS. MARTIAL und auch spätere Schriftsteller sprechen von beschnittenem Buchsbaum (tonsile buxetum etc.). Als Zierstrauch ist er seit alten Zeiten auch bei uns benutzt worden, namentlich als Einfassung von Gartenbeeten. Zu solchen Einfassungen dient die niedrige Varietät (*Buxus suffruticosa* Lam.), die sich übrigens auch gefallen lassen muss, durch Beschneiden in die wunderlichsten Formen gezwungen zu werden; im Hochsommer nimmt sie unter den Strahlen der Mittagssonne einen etwas unangenehmen Geruch an, der sich aber nicht vergleichen lässt mit dem widerlichen Geruch oder Gestank, den die schmalblättrige höhere Varietät (*Buxus arborescens* Lam.) auch in kalter Jahreszeit verbreitet. Von diesem Geruch spricht schon THEOPHRAST (3, 15, 5).

# 2. Heilpflanzen.

### Der Kalmus.

*Acorus Calamus* L., Kalmus, Ackerwurz.

Κάλαμος Theophr. 9, 7, 1; κάλαμος ἀρωματικός Diosk. 1, 17; fehlt in Griechenland.

*Calamus odoratus* Plin. 12, 22, 48; vielleicht auch *acoron* Plin. 25, 13, 100; it. *acoro, acoro vero, calamo aromatico;* fr. *acore.*

Nach THEOPHRAST wächst der Kalmus jenseit des Libanos, nach DIOSKORIDES in Indien; ähnlich äussert sich PLINIUS. Die Alten werden den Kalmus also wesentlich nur als Drogue gekannt haben. Sicher

kannten ihn ALBERTUS MAGNUS (6, 77) und KONRAD VON MEGEN-
BERG (4 B, 11) nur als solche, und beide geben Indien als sein Heimatland an.

Es wurde oben S. 46 schon erwähnt, dass der echte Kalmus in
den Glossaren nicht vorkomme, sondern dass das dort vorkommende
Wort *acorus* als *Iris Pseudacorus* L. gedeutet werden müsse. Wenn wir
nun die Angaben bei den Schriftstellern des 16. Jahrhunderts etwas
genauer ansehen, so finden wir, dass der Kalmus erst nach der Mitte
dieses Jahrhunderts nach Deutschland gekommen sein kann.

MATTIOLI beschreibt in seinem Commentar S. 20 den Kalmus
unter dem Namen *Acorus:* „er hat einen glatten Stengel, aus dem kleine
Zweige hervorkommen, an deren Spitze (wie der Arzt Wilhelm Quakelbeen gesehen zu haben versicherte) zapfenartige Bildungen entstehen,
die ich bis dahin nicht gesehen habe, ähnlich den Kätzchen der Haselnuss oder dem langen Pfeffer".[1]) (Wilhelm Quakelbeen, der Arzt beim
kaiserlichen Gesandten Busbecq in Constantinopel war, hatte den Kalmus
von da an MATTIOLI gesandt; die übersandten Exemplare waren in
Nicomedien gesammelt worden.) Der Kalmus scheint also damals auch
nicht in Italien vorgekommen zu sein, denn sonst müsste MATTIOLI doch
seine Blüte gesehen haben.

HIERONYMUS BOCK sagt in seinem Kräuterbuch fol. 448: „im
Teutschen land hab ich den Calmus nicht mögen grün sehen", und
CAMERARIUS berichtet (Hortus medicus S. 5), dass der „*acorum* Dios-
koridis *sive Calamus aromaticus officinarum*" vor einigen Jahren in unsere
Gärten gebracht worden sei und selbst sehr strenge Kältegrade er-
tragen könne.

Wir besitzen aber noch genauere Angaben über die Zeit, zu der
der Kalmus in Deutschland eingeführt wurde. CAROLUS CLUSIUS bemerkt in seiner „Rariorum Plantarum Historia", Antwerpen 1601, S. 230,
dass er 1574 zum ersten Male die lebende Pflanze des echten Kalmus
gesehen habe; diese sei ihm von Constantinopel aus durch Busbecq und
andere Herren gesandt und dann von ihm in seinem Garten gezogen
worden.[2]) Er berichtet ferner, dass er den echten Kalmus zum ersten
Male im „Appendix ad Hispanicarum Plantarum Observationes" beschrieben und abgebildet habe; die dort hinzugefügte Abbildung sei
aber ohne Blüte (nucamentum) gewesen, denn die Pflanze habe damals,
1576, noch nicht geblüht. Von 1577 an aber blühte sie, und nun setzte
er neben die frühere Abbildung ohne Blüte eine solche mit derselben

---

[1]) „Caule est laevi, e quo ramuli prodeunt, in quorum cacuminibus, (vt Guilel-
mus Quacelbenus se vidisse affirmabat) nucamenta quaedam exoriuntur, mihi hactenus
non visa, nucis Ponticae iulis, aut longo piperi similia."

[2]) „Anno septuagesimo quarto supra millesimum et quingentesimum, mihi primum conspecta est Viennae Austriae legitimi Acori planta virens, quam deinde in
hortulis alui, munere illustrium virorum . . . Busbecq etc."

(S. 231). Endlich erwähnt CLUSIUS auch das Vorkommen des echten Kalmus bei Wilna und östlich davon und fügt hinzu, dass die Pflanze dort von den Einwohnern *Tartarsky* genannt würde, weil die Tartaren ihnen den Gebrauch derselben übermittelt hätten. Durch diese Angabe wird es wahrscheinlich, dass der Kalmus in Südrussland (Krim) im Gebiete des Pontus wild wächst, und das oben angeführte *acoron* des PLINIUS könnte also doch den Kalmus bedeuten.

Der Kalmus hat sich seit dem 16. Jahrhundert über Norddeutschland und darüber hinaus verbreitet und kommt an manchen Orten in solchen Massen in Flussläufen und Sümpfen vor, dass man ihn für eine inländische Pflanze halten könnte. Der Umstand aber, dass er niemals reife Früchte trägt, zeigt deutlich, dass wir seine Heimat in wärmeren und also südlicheren Gegenden zu suchen haben.

### Drachenwurz, Dragon, Schlangenwurz.

**Dragantea** oder **dragontea** Capitulare 70, 18.

Dieser Name hat zwei verschiedene Deutungen erfahren. Einmal soll er *Artemisia Dracunculus* L. bedeuten, nach KINDERLING, SPRENGEL, KERNER, MEYER und LANGKAVEL; zweitens wird er von REUSS als *Arum Dracunculus* L. gedeutet, und dieser Deutung scheint sich ANTON anzuschliessen, wenn er das Wort *dragontea* nach einem alten Glossar mit „Schlangenwurz“ übersetzt. Wir wollen beide Deutungen prüfen.

*Artemisia Dracunculus* L. Dragon, Esdragon.

Tharchûn der Araber (Avicenna, Rhases und noch früher); ταρχόν Simeon Seth (Syntagma de alimentorum facultatibus etc. ed. B. Langkavel, Leipzig 1868, S. 107).

*Hortensis dracunculus, draconcellus* Matt. Comm. S. 446, 447; *draco hortensis* Camerarius (Hortus medicus S. 56); *dragoncello, dragone* der Italiener nach MATTIOLI, *drago* nach BRASAVOLA;[1] *esdragon* der Franzosen.

Vergleicht man die verschiedenen Namen dieser Pflanze mit einander, so sieht man, dass sie sich allesamt auf das Wort Tharchûn zurückführen lassen. Der Orientale Simeon Seth schrieb das arabische Wort mit griechischen Buchstaben ταρχόν (tarchon); es kommt aber auch die Form τραχόν vor, wie LANGKAVEL angiebt. Der erste abendländische Schriftsteller, bei dem das Wort vorkommt, und zwar „tarcon“ geschrieben, ist der Italiener SIMON JANUENSIS oder GENUENSIS, Ende des 13. Jahrhunderts (Clavis sanationis, Venetiis 1514, fol. 60). Da lag denn für den Italiener die Angleichung *drago* oder *dragone* sehr nahe, und dies Wort ist dann mit geringen Veränderungen in die modernen Sprachen übergegangen. Bei MATTIOLI kommt noch kein deutscher

---

[1] ANTON MUSA BRASAVOLA, Examen omnium simpl. medicam. S. 366 (nach DIERBACH, Flora Apiciana, Heidelberg 1831, S. 63).

Name vor; TABERNAEMONTANUS hat als solchen „Drakonkraut", also keinen eigentlich deutschen Namen, wenigstens keinen, den sich der Volksmund zurecht gemacht hätte, wie Liebstöckl aus *libisticum* etc. Vielleicht darf man schon aus diesem Umstand schliessen, dass die Pflanze noch nicht so sehr lange in Deutschland eingeführt war. Für diese Anschauung sprechen aber auch noch andere Gründe. Zunächst kommt in den Glossaren des CGL III kein einziges Wort vor, welches sich auf *tarchon* beziehen liesse, ebensowenig in den lateinisch-deutschen Pflanzenglossaren: denn das Wort *dragant*, das LANGKAVEL hierherziehen möchte, bedeutet Gummi (ALBERTUS MAGNUS, 6, 94). Ferner wird der Dragon in Griechenland nicht gezogen, denn er fehlt bei FRAAS und HELDREICH; er scheint also den Weg von Kleinasien nach Europa gemacht zu haben, ohne Griechenland zu berühren. Sollten nicht die Kreuzfahrer das Kraut aus Kleinasien mitgebracht haben? Soweit bis jetzt bekannt, spricht kein Umstand dagegen. Aus den unklaren Worten bei PLINIUS (24, 16, 93) kann man nichts schliessen; aber es liegt auch kein Grund vor, an eine Identität von *tarchon* und dem πύρεθρον (pyrethron) des DIOSKORIDES (3, 78) zu glauben, wie SIMON JANUENSIS und BRASAVOLA thun: die Beschreibung bei DIOSKORIDES passt in keinem einzigen Stück. Ebensowenig darf man annehmen, dass das *pyrethrum* bei APICIUS (de re coquinaria libri decem; ed. Lister, Amstelodami 1709; 2, 2 und 4, 5) unser Küchenkraut Dragon sei; hier fehlt jede Beschreibung, und wenn DIERBACH (Flora Apiciana, Heidelberg 1831, S. 63) Wert auf den Zusatz *minimum* legt, den das *pyrethrum* an der ersten der angeführten Stellen erhält (er deutet ihn auf die kleinen Blütenköpfe des Dragon), so geht aus dem Zusatz *modicum* an der zweiten Stelle hervor, dass diese Worte die Quantität bezeichnen sollen: sehr wenig (eine Messerspitze) und mässig viel oder etwas. — Der Dragon kann also nicht unter *dragantea* des Capitulare verstanden sein. Wir wenden uns deshalb der zweiten Deutung zu, die wir gleich insofern modificieren, als wir ausser der schon oben genannten auch noch andere Arten der Gattung *Arum* hinzunehmen.

*Arum Dracunculus* L., *A. italicum* L., *A. maculatum* L., Drachenwurz, Schlangenwurz.

Das Wort *dragantea, dragontea, dracontea* etc. wird in den Glossaren des CGL III erklärt durch *colubrina, corcodrillion, herba varia ut serpens* (ein Kraut, bunt wie eine Schlange) und durch eine Fülle anderer Namen, von denen noch einige angeführt werden mögen: *auricula asinina* (Eselsohr), *proserpinale, asclepias, affrissa, dorchadion, pitonion, (pythonion)*[1] etc. Die lateinisch-deutschen Glossare fügen noch den lateinischen Namen *serpentina* hinzu und verzeichnen als deutsche Namen *drakenwort, naderwort,*

---

[1] Asclepias dragontea 550, 57; afrissa dragontea 550, 59; colubrina . i . dracontea 557, 62; corcodrillion dracontea 557, 63; dragontea proserpinale 559, 41; oricula asinina . i . dracontea 570, 48; dragantea erba uariaut serpens 589, 38.

*slangwrz* (Schlangenwurz). Nun wird bei THEOPHRAST (7, 12, 2) eine Arumart wegen ihres bunten Stengels δρακόντιον (drakontion, etwa unserem Drachenwurz entsprechend) genannt, und diese hält man für identisch mit einer der beiden Arten von δρακοντιά bei DIOSKORIDES (2, 193 und 194), von denen jedenfalls eine *Arum Dracunculus* L.[1]) bedeutet. Diese Pflanze heisst noch jetzt in Griechenland δρακοντιά, in Italien *dragontea, dragonzio, serpentaria;* sie war von Alters her ihrer Heil- und Zauberkräfte wegen berühmt, namentlich als Heilmittel bei Schlangenbissen und als Schutzmittel gegen solche und ist lange officiell gewesen *(Radix Dracunculi seu Serpentariae majoris).* Möglicherweise hat der Schreiber des Capitulare an diese Pflanze gedacht, die noch hin und wieder in Gärten gebaut wird, aber wegen ihrer grossen Empfindlichkeit gegen Kälte in Deutschland niemals sehr grosse Verbreitung gefunden hat. Aber ebensowohl ist es möglich, dass man schon zu Karls des Grossen Zeiten mit *Arum Dracunculus* L. schlechte Erfahrungen gemacht hatte, und dass deshalb unter *dragantea* diejenige Pflanze zu verstehen ist, die bei ALBERTUS MAGNUS (6, 290) *basilicus,*[2]) *dracontea* oder *serpentaria* genannt wird und der dieselben Kräfte zugeschrieben werden, wie dem *Arum Dracunculus* L. Da von dieser Pflanze gesagt wird, sie habe eine gelbe Blume (florem autem habet croceum), so muss sie *Arum italicum* L. sein, denn dieses hat einen gelben Blütenkolben. Diese Arumart ist früher in Deutschland verbreitet gewesen. In Rostock steht sie, nach Mitteilung von E. H. L. KRAUSE, am ehemaligen Festungswall in unmittelbarer Nähe des Gartens, der vor Zeiten dem Nonnenkloster zum heiligen Kreuz gehörte, und zwar steht sie hier unter *Arum maculatum* L., wird also wohl mit diesem aus dem Garten hinausgeworfen sein. Der ältere REICHENBACH giebt sie von Beurtheim bei Carlsruhe, und vom Kaiserstuhl im Breisgau an (Mösslers Handbuch der Gewächskunde, 3. Aufl., Altona 1833—34, S. 1748). Wahrscheinlich kommt sie auch anderswo vor und wird, namentlich da sie später blüht als *Arum maculatum* L., wohl übersehen sein; es ist aber auch keineswegs ausgeschlossen, dass da, wo *Arum italicum* fehlte, *Arum maculatum* genommen wurde. — Erwähnt mag noch werden, dass die Knollen der Arumarten im Altertum gegessen wurden und noch jetzt an manchen Orten gegessen werden.

Die im Capitulare *dragantea* genannte Pflanze muss also eine Arumart gewesen sein, aber welche gemeint ist, lässt sich nicht mit absoluter Ge-

---

[1]) Die Pflanze heisst bei PLINIUS (24, 16, 93) *dracunculus.*

[2]) Da mehrere Codices *basiliscus* schreiben, so scheint dieses Wort das richtigere zu sein, es passt zwanglos in die Reihe *dracontea, serpentaria, colubrina* etc. Bei LANGKAVEL (S. 119) finden sich sehr viele Namen, die sich aus den Glossaren des CGL III bedeutend vermehren liessen. Im Colmarer Glossar scheint *aschepa* (74) verschrieben zu sein für *asclepias, columbaria* und *columbina* (241, 242) für *colubrina,* das übrigens im CGL III, 622, 18 auch *columbrina* geschrieben wird.

wissheit ermitteln. In der Provinz Schleswig-Holstein werden Arumarten in Gärten überhaupt nicht mehr gezogen; *Arum maculatum* L. kommt aber an vielen Stellen vor (Schlossgarten von Glücksburg, Schleswig, Gelting, Husum etc.), die auf eine frühere Kultur mit Sicherheit schliessen lassen.

Noch eine Pflanze ist hier anzuführen, die mit den Arumarten in den volkstümlichen Namen übereinstimmt, nämlich

*Polygonum Bistorta* L., eine Knöterichart; sie heisst im mittelalterlichen Latein *Bistorta, Serpentaria, Colubrina*, italienisch *bistorta* und *serpentina*, französisch *bistorte*, und wird bei den Vätern der Pflanzenkunde Natterwurz, Schlangenwurz etc. genannt. Diese harmlose Pflanze verdankt ihren Namen nicht ihrem gefleckten Stengel, wie *Arum Dracunculus* L., sondern ihrer Wurzel (Rhizom), die bis fingerdick wird und sich im Erdboden hin- und herwindet, äusserlich braun und inwendig fleischrot ist. Als adstringierendes Mittel ist sie früher viel in unseren Apotheken gebraucht *(Radix Bistortae s. Colubrinae s. Serpentariae vulgaris rubrae)* und deshalb auch mehrfach angebaut worden und verwildert. Jetzt kommt sie gelegentlich in Gärten als Zierpflanze vor. Übrigens gehört sie der deutschen Flora an und findet sich sowohl auf Bergwiesen als auf moorigen Wiesen und Waldplätzen der Ebene.

## Koloquinte und Zaunrübe.

**Coloquentidas** Capitulare 70, 20. *Citrullus Colocynthis* Schrader, Koloquinte.

Κολοκυνθίς Diosk. 4, 175; neugr. ἡ πικραγγουριά.

*Colocynthis* [1]) Plin. 20, 3, 8; it. *coloquintida*; fr. *coloquinte*.

DIOSKORIDES führt verschiedene Synonymen für κολοκυνθίς (kolokynthis) an: Ziegenkürbis (κολόκυνθα αἰγός), bittre Gurke (σικύα πικρά), alexandrinischer Kürbis (κολόκυνθα ἀλεξανδρίνη); nach ihm nannten die Römer die Koloquinte *cucurbita silvatica*, also „wilder Kürbis".[2]) Von diesen Namen hat sich der zweite, bittre Gurke, im Griechischen erhalten; es ist aber das Wort ἀγγούρια (anguria) an die Stelle von σικύα (sikya) getreten. Die römische Bezeichnung „wilder Kürbis" blieb im Lateinischen erhalten.[3])

---

[1]) Wahrscheinlich ist die Pflanze, die PLINIUS 20, 3, 7 *cucurbita silvestris* nennt, nichts anderes als die Koloquinte, obgleich er beide von einander zu unterscheiden sucht; aber seine Unterscheidung ist gekünstelt: die Koloquinte soll voll von Samen sein, die *cucurbita silvestris*, die er „inanis" nennt, aber nicht; mit „inanis" übersetzt er jedoch das Wort σομφός, das vielmehr „schwammig, locker" bedeutet und vortrefflich auf den Inhalt der Koloquinte passt.

[2]) Wildwachsende Pflanzen werden im Lateinischen durch die Adjektive *silvaticus, silvester, agrestis* und *erraticus* bezeichnet, gebaute oder zahme durch *hortensis, hortulanus* und *domesticus*; im Griechischen wird wild durch ἄγριος, zahm durch ἥμερος und κηπαῖος gegeben.

[3]) In den Glossaren des CGL III finden wir: coloquintida idest cucurbita agrestes 537, 12; coloquintide cocurbita saluatica 631, 57; coloquintida agria . i . cocur-

Dass dem Schreiber des Capitulare die Koloquinte als Drogue bekannt gewesen ist, kann kaum bezweifelt werden; wahrscheinlich hat er den Wunsch gehabt, diese früher viel gebrauchte Arzneipflanze auch in Deutschland zu ziehen; da die in den Handel kommenden Koloquinten reich an Kernen zu sein pflegen, so konnte ein solcher Versuch leicht gemacht werden. Aber es ist unzweifelhaft, dass der Versuch, eine Wüstenpflanze nach Deutschland zu versetzen, mehr oder minder missglücken musste. Merkwürdig ist nur, dass man noch im 16. Jahrhundert die Koloquinte zu bauen versuchte, allerdings mit wenig Erfolg (Camerarius, Hortus medicus, S. 45); noch später hat man dann eine kleine Kürbisart als Koloquinte gebaut (PETERMANN, Das Pflanzenreich, Leipzig 1847, S. 438). Gegenwärtig findet man sie in deutschen Gärten überhaupt nicht mehr.

Der Name „wilder Kürbis" wurde aber noch einer zweiten Pflanze beigelegt, deren Wurzel in ihren Wirkungen der Koloquinte ziemlich gleich kam, nämlich der Zaunrübe mit ihren verschiedenen Arten.[1]) Für uns kommt *Bryonia cretica* L., die bei den Neugriechen nach FRAAS noch heute wilder Kürbis (ἄγρια κολοκυθιά) genannt wird, nicht in Betracht, sondern nur

*Bryonia alba* L. und *B. dioica* Jacquin, Zaunrübe.

Die erste von diesen, die weisse Zaunrübe, trägt schwarze Beeren und wurde deshalb im Altertum schwarze Rebe genannt: ἄμπελος μέλαινα Diosk. 4, 182, *vitis nigra* Plin. 23, 1, 17; die zweite, die rote Beeren hat, hiess im Altertum weisse Rebe: ἄμπελος λευκή Diosk. 4, 181, *vitis alba* Plin. 23, 1, 16; diese Namen sind teilweise stark entstellt in die Glossare des CGL III übergegangen.[2]) In Italien wächst namentlich *Bryonia dioica* und wird dort ausser *brionia* noch *vite bianca*, *vite salvatica* und *zucca salvatica* (wilder Kürbis) genannt.

In den Glossaren des CGL III kommt schon ein althochdeutscher Name vor, nämlich *hranca*,[3]) der sich auch in den von HOFFMANN herausgegebenen althochdeutschen Glossen findet. Andere deutsche Namen aus früherer Zeit sind *helegeberen* (Colm. Gloss. 143) und *hilgebern* (Mone 241, 18).

---

bita siluestris 559, 2; dem entspricht das „wilda churpitza" der altdeutschen Glossare. Auch als Pepo ist die Koloquinte bezeichnet worden: pepon agro (statt πέπων ἄγριος) idest coloquintida CGL III, 542, 7.

[1]) CGL III: brionia . cucurbite agrestis 543, 57; brionia . i . cucurbita siluatica 553, 20; brionia idest cucurbita 617, 36; ferner 608, 34 und 631, 27, wo die brionia beidemale cucurbita agrestis genannt wird.

[2]) Ampelus leo coagrias uites alba agrestes 631, 13; ampelus melina acria ums nigra agrestes 631, 14; ampilos . milane . idest uites nigra 536, 5; ampiololeuce . idest brionia 536, 6; ampelus leuco . uitis alba 542, 18 (unten) etc. etc.

[3]) Hranca uitis alba 591, 31 und 625, 1; uitis alba . i . hranca 596, 29; bancra idest uitis alba 612, 58; — hranca vitisalba ahd. Gl. 22, 19.

Da die Wurzeln der beiden genannten Arten der Zaunrübe gleiche Wirkung haben, so wurden sie früher nicht weiter von einander unterschieden und beide wurden in den Apotheken als *Radix Bryoniae* oder weisse Zaunrübe geführt. Bei älteren Angaben lässt sich also nicht immer feststellen, welche der beiden Arten gemeint ist.

Bei der heiligen HILDEGARD (1, 43) heisst die Zaunrübe *brionia* und *stichwurtz*, bei ALBERTUS MAGNUS (6, 245) *viticella;* da er nur sagt, dass der Weinstock *(vitis)* sich von *viticella* nach Farbe und Grösse der Trauben unterscheide (differt autem a viticella secundum colorem et quantitatem uvarum viticellae), so lässt sich nicht bestimmen, welche Art er meint; seine *vitis alba* ist nach der Beschreibung unser Teufelszwirn, *Clematis vitalba* L. Im 16. Jahrhundert heisst unsere *Bryonia alba* wegen ihrer Beeren *Bryonia nigra* oder *Bryonia baccis nigris*, unsere *Bryonia dioica* aber *Bryonia alba* und *Vitis alba;* an deutschen Namen kommen ausser Zaunrübe noch vor Stickwurz, Schmerwurzel, Hundskürbis etc. etc. Das Vorkommen der Zaunrübe in Norddeutschland ist durchaus an die Nähe von Städten und Gehöften gebunden, so dass man über ihren fremden Ursprung nicht zweifelhaft sein kann.

## Haselwurz und Osterluzei.

**Vulgigina** Capitulare 70, 49; *Asarum europaeum* L., Haselwurz.
Ἄσαρον Diosk. 1, 9, fehlt im heutigen Griechenland.
*Asaron* Plin. 21, 6, 16: it. *asaro, baccara, asara baccara, cariofillata salvatica, nardo salvatico, spigo salvatico;* fr. *asaret, cabaret, nard sauvage.*

Die Beschreibung, welche DIOSKORIDES von seinem *asaron* giebt, lässt unsere Haselwurz mit Sicherheit erkennen; als Synonyme führt er an: νάρδος ἄγρια (wilde Narde), das damit gleichbedeutende *nardus rusticus*, ferner das römische *perpressa* und endlich *bacchar* (βάκχαρ). Bei PLINIUS liegt die Sache nicht so einfach. Er will *baccar* (21, 6, 16), für das er das Synonym *nardus rusticus* anführt, von *asaron* trennen; an einer anderen Stelle (21, 19, 77) identificiert er *baccar* mit *perpressa*. Die Verwirrung scheint herbeigeführt zu sein durch die Pflanze *baccharis* (βάκχαρις), die bei DIOSKORIDES (3, 44) als wohlriechende Kranzpflanze aufgeführt, aber so eigentümlich beschrieben wird, dass man sie bis jetzt nicht hat deuten können.[1]) Trotz dieser Verwirrung kann es nicht zweifelhaft sein, dass die Römer die Haselwurz gekannt haben.

In den Glossaren des CGL III erscheint die Haselwurz unter dem Namen *vulgago*, der dem offenbar verschriebenen *vulgigina* (statt *vulgagina*) des Capitulare zugrunde liegt, und heisst ausserdem *baccara* und *nardus*

---

[1]) BERTOLONI meint, Flora italica, 2, 403, dass die bei Vergil Ecl. 4, 19 und 7, 27 erwähnte Pflanze *baccaris* unser Alpenveilchen, *Cyclamen europaeum* L., sein könne, das in der Gegend von Brescia noch heute *baccara* heisse und zu den beliebtesten Kranzpflanzen gehöre.

*rusticus;* [1]) in den lateinisch-deutschen Glossaren finden sich die Namen *asarum*, *baccara*, *asara baccara*, *gariofilus agrestis* neben verschiedenen Formen von Haselwurz.[2])

Bei der heiligen HILDEGARD finden wir *haselwurtz* (1, 48) und *asarum* (1, 212). ALBERTUS MAGNUS beschreibt die Haselwurz unter dem Namen *ungula caballina* (Pferdehuf) sehr genau und giebt an, dass sie gewöhnlich *herba leporis* (etwa Hasengras) genannt werde; bei KONRAD VON MEGENBERG fehlt sie. Im 16. Jahrhundert heisst sie gewöhnlich *Asarum* und Haselwurz.

Die Haselwurz war vor Einführung der Ipecacuanha das wichtigste Brechmittel und unsere Apotheken haben lange Zeit *Radix Asari s. Nardi rusticani s. Vulgaginis* geführt. In den mitteleuropäischen Gebirgswäldern ist sie zwar heimisch, aber in die Ebenen ist sie künstlich verpflanzt und alle ihre Standorte auf der cimbrischen Halbinsel und den dänischen Inseln sind durch Auswildern aus Gärten entstanden. Gebaut wird sie heute nicht mehr.

*Aristolochia Clematitis* L., Aristolochia, Osterluzei.

'Αριστολοχία Theophr. 9, 13, 3; 9, 14, 1 und sonst; Diosk. 3, 4. *Aristolochia* Plin. 25, 8, 54; it. *aristolochia;* fr. *aristoloche.*

Die Alten unterschieden verschiedene Arten von Aristolochia, eine runde oder weibliche, eine lange oder männliche, und eine dritte, die *clematitis* genannt wurde. Da es in Südeuropa ziemlich viele Arten von Aristolochia giebt, so ist es nicht ganz sicher, welche Art jedesmal gemeint ist; jedenfalls scheint man in Griechenland andere Arten mit diesen Namen gemeint zu haben als in Italien.

Die Aristolochia war ein berühmtes Heilmittel; deshalb begegnen wir ihr auch im Mittelalter wieder. Bei der heiligen HILDEGARD finden wir *aristologia* (1, 126) und *aristologia longa* (1, 111 u. 167) erwähnt; die letztere könnte *Aristolochia longa* L. sein, deren Kultur sich ziemlich lange in Apothekergärten erhalten hat; ausserdem kommt aber auch noch *biwerwurtz* vor (1, 146), das unserer heutigen *Aristolochia Clematitis* L. entspricht. ALBERTUS MAGNUS unterscheidet nach dem Vorgange von DIOSKORIDES drei Arten von *aristologia* (6, 277—278), ebenso KONRAD VON MEGENBERG (5, 4), der als deutschen Namen *holwurz* anführt.

Ausser den schon genannten *biwerwurtz* oder *bywerwurtz*, das im 16. Jahrhundert als Biberwurtz vorkommt, findet sich der mittelhochdeutsche Name *holworz* (Sum. 52, 19 u. 20), der sich gleichfalls erhalten hat, zuweilen aber auch auf den hohlwurzeligen Lerchensporn, *Corydalis cava* L., angewendet worden ist.

---

[1]) Asaro . bulgagine 542, 22; asaro uulgagine 631, 16; nardorustico . i . baccara 570, 20.

[2]) Assarab acaca (statt asara baccara) hasselwort, borlbotz (Königsb. Gloss.); im Colmarer Glossar: asarum haselworth 73; baccara haselworth 104; asara bacra haselworth 78; gariofilus agrestis haselworth 354.

Von den verschiedenen Aristolochiaarten hat sich in Norddeutschland nur *Aristolochia Clematitis* L. gehalten, die an verschiedenen Stellen verwildert ist und sich offenbar ganz acclimatisiert hat.

## Springkraut und Wunderbaum.

**Lacteridas** Capitulare 70, 71; *Euphorbia Lathyris* L., Kreuzblättrige Wolfsmilch, Pillenkraut, Springkraut.

Λαθυρίς Diosk. 4, 164; fehlt in Griechenland.

*Lathyris* Plin. 27, 11, 71; it. *cacapuzza, catapuzia;* fr. *catapuce, épurge.*

Diese Pflanze war früher in den Gärten sehr verbreitet. Jetzt zieht man sie nur noch selten, aber an vielen Orten kommt sie verwildert vor. Die Namen Springwurz, Springkraut etc. verdankt sie dem Umstande, dass die Früchte bei voller Reife aufspringen und die Samen fortschnellen. Eine andere Reihe lateinischer und deutscher Namen erhielt sie wegen ihrer stark abführenden Eigenschaften.[1]) In der alten Medicin hiess sie *Cataputia minor* (von dem griechischen καταπότιον, das etwas, was verschluckt wird, bedeutet, und also Pillen, Pulver und Trank sein kann); ausserdem führt sie in den Glossaren des CGL III noch verschiedene Namen, wie *coctus nidus, septegrania* [2]) etc. Als *Tithymalus* und *Tithymalus major* wird sie später aufgeführt. Frühzeitig erkannte man ihre gefährlichen Eigenschaften; deshalb kam sie mehr und mehr in Vergessenheit und an ihre Stelle trat der weniger gefährliche Wunderbaum, der *Cataputia major* genannt wurde.

*Ricinus communis* L., Wunderbaum, Ricinus.

Κρότων Theophr. 1, 10, 1; κίκι und κρότων Diosk. 4, 161; neugr. κίκι.

*Cici, croton, ricinus* Plin. 15, 7, 7; 16, 23, 35; 23, 4, 41; it. *ricino;* fr. *ricin.*

Der Wunderbaum, aus dem tropischen Afrika oder Asien stammend, ist in Egypten seit uralten Zeiten kultiviert worden, und zwar wegen

---

[1]) In den Glossaren des CGL III heisst sie purgaturia und purgaturia dulcis 568, 20; 573, 35; 592, 2; 613, 32; ferner citochacim 577, 44, citochacun 621, 68, wozu die aus anderen Glossaren bekannten Namen citocatia und citocotia stimmen. — VINCENTIUS BELLOVACENSIS, der allerdings das Unglück hat, dem harmlosen Kohl das unterzuschieben, was für das Springkraut bestimmt war, sagt in seinem Speculum naturale 11, 33: „Brassica est oleris genus que et citocacia vocatur. Dicta est autem citocacia eo quod ventrem depurgat quam vulgus corrupte citocociam vocant."

[2]) Coctus nidus lacteridas 557, 25; 621, 45; laterico septegranica 592, 16; septegrania lacteria 595, 3; lacteria idest septem grana 613, 42; lacteria, lactiria, latiria (λαθυρίς) aber werden mit lacterida identificiert 540, 41; 567, 20 etc. Vielleicht rührt der Name septem grana etc. aus einer lateinischen Übersetzung des Dioskorides her, der angiebt, man solle sieben oder acht Samen ἐν κατατοτίῳ nehmen; der Reichtum der Pflanze an Milchsaft (lac) ist wahrscheinlich die Ursache, dass aus lathyris allmählich lactiris wurde; dass dieses Wort mit seiner Genitivendung, also lactiridos, schliesslich nach der ersten Declination abgewandelt wurde, darf nicht Wunder nehmen, da ähnliche Gewaltthätigkeiten sehr viel vorkommen.

seines Öles, das als Brennöl benutzt wurde. HERODOT (2, 94), nennt ihn σιλλικύπριον und führt als egyptischen Namen κίκι an. Die Bereitung des Öles wird bei DIOSKORIDES (1, 38) sehr genau beschrieben, auch bei PLINIUS (23, 4, 41). Der griechische Name κρότων (kroton) und der lateinische *ricinus*, die beide zugleich die Holzteke oder den Holzbock *(Ixodes Ricinus* L.) bedeuten, sollen der Pflanze deshalb gegeben sein, weil ihre reifen Samen einem solchen voll Blut gesogenen Tier sehr ähnlich sehen.

Nach PLINIUS fehlt es zunächst fast vollständig an Nachrichten über den Wunderbaum, denn auch in den Pflanzenglossaren kommt er wenig oder garnicht vor.[1]) Erst bei ALBERTUS MAGNUS wird er wieder erwähnt (6, 20) und zwar als *arbor mirabilis;* ebenso nennt ihn KONRAD VON MEGENBERG (4 A, 4), der als deutschen Namen *wunderleich paum* hinzufügt, in seiner Beschreibung aber sehr genau mit derjenigen bei ALBERTUS MAGNUS übereinstimmt. Im 16. Jahrhundert heisst er *Ricinus, Cataputia major* und *Palma Christi,* auf deutsch ausser Wunderbaum noch Zeckenkörner, türkischer Hanf etc. Die Apotheken führten seine Samen als *Semen Ricini s. Cataputiae majoris,* das daraus gewonnene Öl als *Oleum Ricini s. Castoris s. Palmae Christi.*

Früher wurde der Wunderbaum seiner Samen wegen auch in Deutschland gezogen; jetzt dient er wohl nur noch als Zierpflanze.

### Klette, Pestwurz und Grindlattich.

**Parduna** Capitulare 70, 28.

Die frühere Lesart war *bardana* und es ist wohl möglich, dass Parduna aus Bardana oder aus dem auch vorkommenden Bardona entstellt ist. In den Glossaren des CGL III kommt Bardana nicht vor, aber an zwei Stellen (594, 5, 10. Jahrh.; 615, 63, 11. Jahrh.) wird das ähnliche *parada* mit lapacium identificirt. Nun bedeutet Bardana unsere Klette, und diese ist von jeher mit Pflanzen verwechselt worden, die sich durch mehr oder weniger ähnliche, namentlich durch grosse Blätter auszeichnen, wie Huflattich- und Ampferarten. Es ist daher nicht möglich mit Bestimmtheit anzugeben, welche Pflanze im Capitulare gemeint ist.

#### Klette, *Arctium Lappa* L.

Ἄρκειον Diosk. 4, 105; neugr. πλατεά, πλατυμαντυλίδα; kommt in Griechenland sehr selten und nur in Hochgebirgsschluchten vor (Fraas).

*Persolata, arcion* Plin. 25, 9, 66; it. *bardana, lappa, lappa maggiore;* fr. *glouteron, bardane.*

Der vorangestellte Linnéische Name bezeichnet nach heutiger Auffassung mehrere Arten von Kletten *(Lappa officinalis* Allioni, *L. tomentosa* Lam. und *L. minor* DC.) und ist gerade deshalb gewählt worden,

---

[1]) CGL III: Crotones . i . cricini 556, 40; ricinus croconia 594, 49; ricinus idest crotonia 628, 36.

denn im täglichen Leben unterscheidet man nicht so strenge. DIOSKO-
RIDES führt verschiedene Synonyme für ἄρκειον (*arcion* Plin.) an:
προσωπίς, προσώπιον (beides Diminutive von πρόσωπον, Maske), ἀπαρίνη,
λάππα [1]) und das römische *personacea*, das etwa maskenartig bedeuten
würde.[2])

In den verschiedenen Glossaren kommt die Klette unter sehr verschiedenen Namen vor. An lateinischen finden sich: *bardana, bardo,
bardona,*[3]) *lappa* (auch bei ALBERTUS MAGNUS 6, 376), *personatia;* an
deutschen: *clette (cletta* bei der heiligen HILDEGARD 1, 98), *chlette, clive,
letteche, grosz leteche, breitleteche.*

Die Klettenarten, die durch den grössten Teil von Europa verbreitet sind, gelten seit uralten Zeiten als Heilmittel; die Wurzeln und
jungen Triebe sollen auch gegessen werden.

### Pestilenzwurz, Pestwurz.

*Petasites officinalis* Mönch. *(Tussilago Petasites* L.)

Πετασίτης Diosk. 4, 106; it. *petasite, tossilagine maggiore;* fr. *petasite.*
Die jugendlichen Blätter der Petasitesarten sind schon frühzeitig mit denen
des Huflattichs, *Tussilago Farfara* L., verwechselt worden. Dieser wird
genannt

Βήχιον Diosk. 3, 116; neugr. χαμολεύκη.

*Chamaeleuce, farfugium* Plin. 24, 15, 85; *bechion, tussilago* Plin. 26, 6, 16
(quidam eandem (sc. tussilaginem) esse arcion putant); it. *farfara, ugna
di cavallo, ugna d'asino;* fr. *tussilage, pas d'âne.*

*Huflatich, roszhuf* und *huf* kommen in den Glossaren auch als Deutung
von *bardana* vor, werden aber mit sehr viel mehr Recht auf die Pestwurz und den Huflattich bezogen, ebenso wie *grosz leteche.* Der Huflattich ist eine gemeine und als Ackerunkraut gefürchtete Pflanze und
wurde deshalb sicher nie gebaut, sondern nur gesammelt. Die Pestwurz
hat aber hier im Norden so eigentümliche Standorte, dass man annehmen
muss, sie sei eingeführt und gebaut worden: sie findet sich in der Nähe

---

[1]) Lappa bedeutet, wie Klette bei uns, nicht nur die ganze Pflanze, sondern
auch den einzelnen Blütenkopf, der sich mittels seiner Haken an Kleider, Haare etc.
anhängt. Er ist dann auf solche Pflanzen übertragen, die mit Haken versehene
Früchte oder Blüten tragen. Das Lab- oder Klebkraut *(Galium aparine* L.), ἀπαρίνη
DIOSKORIDES (3, 94), wird Lappa genannt (lappa quae in frumentis est oder crescit
CGL III 535, 37; 549, 45); wegen der Anhänglichkeit seiner Früchte an menschliche
Kleider heisst es auch φιλάνθρωπος (philanthropos).

[2]) Man sieht zuweilen, dass Kinder ein grosses grünes Blatt als Maske vor das
Gesicht halten, nachdem für die Augen, für Nase und Mund Löcher hineingemacht
sind; da derartige Spiele oder Gebräuche sehr alt zu sein pflegen, so könnten die
Namen Prosopis und personata etc. einem solchen Gebrauch ihren Ursprung verdanken.

[3]) Bei DIEFENBACH, Novum Glossarium etc. ist angegeben: bardona cletes vel
burres; im Dänischen heisst die Klette Burre. — In den Glossaren des CGL III werden
lappa und personatia vielfach mit drauoca identificiert z. B. 592, 30; 594, 2; das Wort
drauoca scheint sonst nicht vorzukommen.

ehemaliger Klöster und dazu gehöriger Höfe, von wo aus sie sich dann, wie in den Elbmarschen, weiter verbreitet hat. Ehemals war sie ein sehr hoch geschätztes Arzneimittel. Die heilige HILDEGARD nennt sie *Huflatta major* (1, 210). — Endlich ist noch eine Pflanze namhaft zu machen,[1]) die unter den Synonymen von Bardana etc. mit verstanden sein kann, nämlich Arten von *Rumex*, Ampfer, (λάπαθον Theophr. 7, 2, 7, Diosk. 2, 140; *lapathon* und *rumex* Plin. 20, 21, 85) und zwar grossblättrige Arten, wie *Rumex obtusifolius* L., stumpfblättriger Ampfer. Auf diesen beziehen sich *lapathum*, und namentlich das deutsche Grindlattich. Die Wurzel dieses Ampfers wurde in den Apotheken als Grindwurzel, *Radix Lapathi acuti s. Oxylapathi*, geführt und als Mittel gegen chronische Hautausschläge, Kopfgrind, Schorf etc. gebraucht. Es würde deshalb nicht richtig sein, wenn man *Oxylapathum* immer mit Sauerampfer übersetzen wollte. Die heilige HILDEGARD nennt *Rumex obtusifolius* L. *menua*, (1, 102), ALBERTUS MAGNUS *lappatium* (6, 377); die *grintwurtz* der heiligen HILDEGARD (1, 138) ist aber unser Schöllkraut, da als ihr lateinischer Name *chelidonia* angegeben wird.

## Schöllkraut, Schwalbenwurz.

*Chelidonium majus* L., Schöllkraut.

Χελιδόνιον μέγα Diosk. 2, 211.

*Chelidonia* Plin. 25, 8, 50; 25, 12, 91 , it. *celidonia, chelidonia maggiore;* fr. *chélidoine.*

Die Pflanze trägt nach DIOSKORIDES den Namen *Chelidonium* (von χελιδών, die Schwalbe), weil sie bei Ankunft der Schwalben aus der Erde hervorbreche und bei deren Weggang dahinwelke, oder auch deshalb, weil eine blindgewordene junge Schwalbe von der Schwalbenmutter durch dieses Kraut wieder sehend gemacht werde; PLINIUS erzählt sogar, dass junge Schwalben, denen die Augen ausgestochen sind, durch dieses Kraut ihr Sehvermögen wiedergewinnen. Der Glaube an diese weitgehende Heilkraft hat sich bis ins 16. Jahrhundert und drüber hinaus erhalten und der Pflanze auch im Deutschen den Namen Schwalbenwurz eingetragen; sonst hiess sie gewöhnlich Schellwurz oder Schellkraut, ganz früh und bei der heiligen HILDEGARD (1, 138) auch *grintwurtz;* aber ihr lateinischer Name blieb *Chelidonia major* und *chelidonium magnum.* Nicht nur als Mittel gegen Augenleiden, sondern auch noch gegen eine grosse Zahl von anderen Gebrechen stand das Schöllkraut in Ansehen;

---

[1]) Um die Verwechselung der Namen zur Anschauung zu bringen, seien hier einige derselben angeführt. Sumerlaten: lappa, letteche vel clette 11, 12; lapatium hufleticha 22, 55; lapatium pleteche 40, 60; bardana groz letheche 54, 62; — Colm. Glossar: bardana höflodecke 96; lapacium scorflodecke 412; perysonantia grôtelodeke 558. — Mone: bardana schorfladeke vel uofladeke vel huf; — Diefenbach Glossarium: bardana gryntlattich, huflatich, grote ladiken; personatia grosz kletten, krotenbleter, huflatig vel roszhuf etc. etc.

TABERNAEMONTANUS braucht mehr als vier und eine halbe Folioseite, um alle Heilwirkungen desselben aufzurechnen. Hier im Norden Deutschlands deutet das ausschliessliche Vorkommen der Pflanze an Gartenwällen und Dorfstrassen auf eine frühere Kultur.

DIOSKORIDES unterscheidet noch ein kleines Chelidonium (χελιδόνιον τὸ μικρόν, 2, 212), das bei PLINIUS (25, 8, 50) chelidonia minor genannt wird. Es ist dies unsere Feigwurz (Ranunculus Ficaria L.), auch Scharbockskraut genannt, ehemals ein bekanntes Heilmittel und als solches in den Apotheken Chelidonium minus genannt. Die Blätter sind auch als Salat gegessen worden. — Die in den Blattachseln sich entwickelnden Brutknöllchen, die kleinen Weizenkörnern gleichen, bleiben nach dem Absterben der Stengel und Blätter auf dem Erdboden liegen; bei DIOSKORIDES heisst die Pflanze deshalb auch wilder Weizen (πυρὸς ἄγριος), bei uns ist gelegentlich von „Weizenregen" geredet worden.

## Mutterkraut und Nieswurz.

**Febrefugiam** Capitulare 70, 46; *Chrysanthemum Parthenium* Persoon (*Matricaria Parthenium* L.), Mutterkraut, Mater, Bertram, römische Kamille.

Παρθένιον Diosk. 3, 145; neugr. ἀσπρόκχι (Fraas).

*Parthenium* Plin 21, 30, 104; it. *matricale, matricaria, partenio;* fr. *matricaire.*

Die Deutung des Namens *febrefugiam* ist mit einigen Schwierigkeiten verbunden, denn es giebt viele Pflanzen, die als Fiebermittel gegolten haben. So wird *artemisia* einmal als *febrefugia* gedeutet (CGL III, 543, 44); auch das Tausendgüldenkraut *(Erythraea Centaurium* Persoon), Erdgalle (fel terrae) und Aurine genannt, im späteren Latein auch noch *Centaurium minus* (od. *Centauria minor*) und *Helleborites*, wurde als *febrifugia* bezeichnet und heisst noch heute in Italien *caccia febbre* und *erba da febbre;* es war in der That ein Fiebermittel und ist es stellenweise heute noch, aber es lässt sich nicht nachweisen, dass es jemals gebaut wurde, vielmehr scheint es nur gesammelt worden zu sein.

Weitaus die meisten Glossare deuten *febrefugia* durch matrona, *metere, matre,*[1]) also durch *Chrysanthemum Parthenium* Persoon, das noch heute die Namen Mutterkraut und Mater trägt und schon von der heiligen HILDEGARD (1, 116) *metra* genannt wurde. Das Mutterkraut findet sich in Norddeutschland vielfach in Gartenzäunen verwildert, wird aber auch noch gebaut. Es stammt aus Südeuropa. — In den Apotheken führte es die Namen *Matricaria* oder *Parthenium.*

KERNER (S. 808) hat *febrefugiam* als *Helleborus viridis* L., die grüne Nieswurz, deuten wollen; er hielt nämlich *Parduna* (vergl. S. 59)

---

[1]) CGL III; febrefugia . i . matrona 563, 56; matrona febrefugia 592, 58 und sonst; — Febrifuga Matre Colm. Gloss. 326; febrifuga, metere Sum. 57, 5.

für eine Verdrehung von *Parthenium* und deshalb für gleichbedeutend mit Mutterkraut. Von der Annahme ausgehend, dass zwei Pflanzen wie Mutterkraut und grüne Nieswurz, die in den Bauerngärten so häufig sind, auch im Capitulare genannt sein müssten, hat er dann *febrefugiam* als gleichbedeutend mit *Helleborus viridis* genommen, weil *febrefugia* und *eleborites* gleichbedeutend im Helmstädter Glossar genannt werden.

Nach den älteren Glossaren aber ist eine solche Deutung nicht zulässig, denn es wird *eleborites* (statt helleborites)[1]) allerdings vereinzelt mit *febrefugia*, meist aber mit *centauria minor* identificiert, und dieses wieder mit *fel terrae*, lauter Namen für das Tausendgüldenkraut. Ein eigentliches Fiebermittel scheint die grüne Nieswurz auch nicht gewesen zu sein, wohl aber sonst ein sehr geschätztes Arzneimittel. Sie ist vielfach mit der schwarzen Nieswurz *(Helleborus niger* L.) oder Christrose verwechselt worden, ja sie wurde sogar als „schwarze Gartennieswurz mit grünen Blumen" *(Helleborus niger hortensis flore viridi)* bezeichnet (WEIN-MANN, Phytanthozaiconographia Tab. 569).

## Alant.

*Inula Helenium* L., wahrer oder ächter Alant.
Ἑλένιον Diosk. 1, 27.
*Inula* Colum. 10, 118; 11, 3, 35; 12, 46; Plin. 19, 5, 29; it. *elenio, enula campana;* fr. *aunée.*

Der Alant hat seine eigentliche Heimat in der südlichen Hälfte Europas. In Norddeutschland wurde er früher viel kultiviert und findet sich jetzt in Grasgärten und auf Wiesen verwildert.

Die Römer benutzten den Alant nicht nur als Arzneimittel, sondern auch als Genussmittel: die Wurzel wurde mit verschiedenen Substanzen für die Küche eingemacht. COLUMELLA braucht ein ganzes Kapitel (12, 46), um verschiedene Methoden des Einmachens darzustellen. Ähnliches ist auch in Deutschland geschehen, meistens hat man den Alant aber als Arzneimittel benutzt. In den Apotheken führt er die Namen *Enula, Enula campana* (schon DIOSKORIDES führt als Synonym ἤνουλα καμπάνα auf) und *Helenium.*

## Eibisch.

**Mismalvas** Capitulare 70, 50; Invent. II, 19; *Althaea officinalis* L., Althee, Eibisch.
Ἀλθαία, ἰβίσκος Diosk. 3, 153; (μαλάχης ἐστὶν ἀγρίας εἶδος); neugr. μολόχα (v. Heldreich), νερομολόχα, d. h. Wassermalve, (Fraas).
*Althaea, plistolochia* Plin. 20, 21, 84; *hibiscus, moloche agria,* πλειστο-λοχεία Plin 20, 4, 14; it. *altea, ibisco, bismalva, buonvisco;* fr. *guimauve, althée.*

---

[1]) CGL III: eleborites . centauria minora 546, 11; eleboritis centauria minor 560, 61; felterrae centauria 590, 59. — centauria minor, ertgalle Sum. 56, 47.

Die ganze Pflanze, namentlich aber die schleimige Wurzel, hat seit alten Zeiten als heilkräftig gegolten. Sie kommt in ganz Europa mit Ausnahme des Ostens und Nordens vor und liebt namentlich feuchte, salzige Stellen. Hier in der Provinz findet sie sich mehrfach an Buchten und Seen der Ostseeküste; im Innern des Landes ist sie stellenweise in Folge früherer Kultur verwildert.

Die Beliebtheit der Pflanze findet ihren Ausdruck in der grossen Zahl von Namen, mit denen sie zu verschiedenen Zeiten genannt wurde. In den Glossaren des CGL III heisst sie *altea, euiscus, ibiscus* und *uismalva* (548, 30; 580, 2 etc.), bei ALBERTUS MAGNUS (6, 285) *altea, bismalva* und *malvaviscus,* bei KONRAD VON MEGENBERG (5, 10) *alcea* und *bismalva;* alle diese Namen haben sich erhalten. *Bismalva* ist offenbar aus *uismalva,* dem das französische *guimauve* entspricht, hervorgegangen; es ist deshalb wahrscheinlich, dass das *mismalvas* im Capitulare ein Schreibfehler ist. An deutschen Namen sind anzuführen: *ybischa* (heilige HILDEGARD 1, 141), *weizpapel* (KONRAD VON MEGENBERG 5, 10), *ywesche* (Colm. Gloss. 22, 319, 399), *ibesche* (Sum. 55, 6), *grote pepele* (statt *popele* Königsb. Gloss.), Eibisch und Althee.

## Mohn.

**Papaver** Capitulare 70, 47; *Papaver somniferum* L.

Μήκων Homer. Il. 8, 306; Theophr. 9, 8, 2; μήκων ἥμερος Diosk. 4, 65; neugr. τὸ ἀφιῶνι, παπαροῦνα.

*Papaver* Verg. Georgic. 1, 78 u. 212; 4, 545; Colum. 10, 104 u. 314; 11, 3, 42; Plin. 19, 8, 53; it. *papavero;* fr. *pavot.*

Der Mohn ist eine uralte Kulturpflanze, deren Heimat das südliche Europa ist. Ursprünglich wurde er seines Samens wegen gebaut, nach dessen Farbe man weissen und dunklen Mohn unterschied; bei diesen beiden Rassen sind die Blumenblätter auch entsprechend heller und dunkler gefärbt. Die Alten kannten aber auch schon die schmerzstillenden und sonstigen Wirkungen des Mohnsaftes (ὀπός), und sie verstanden es, ihn rein zu gewinnen und seine Verfälschung mit Gummi (κόμμι), dem Safte von *Glaucium corniculatum* Curtis (γλαύκιον Diosk. 3, 90), und demjenigen vom wilden Salat (*Lactuca Scariola* L., θρίδαξ ἀγρία Diosk. 2, 165) zu erkennen.

Die wilden Mohnarten, Klatschrosen, waren den Alten teilweise bekannt, aber sie wurden ebensowenig strenge geschieden wie es jetzt geschieht. *Papaver Rhoeas* L. ist das μήκων ῥοιάς des DIOSKORIDES (3, 44); *Papaver Argemone* L. ist das ῥοιάς des THEOPHRAST (9, 12, 4) und ἀργεμώνη des DIOSKORIDES (2, 208). PLINIUS spricht von einem wilden Mohn, *papaver erraticum,* den die Griechen *rhoeas* nennen (19, 8, 53; 20, 19, 77). In Griechenland heissen die wilden Mohnarten mit Einschluss von *Papaver dubium* L. jetzt παπαροῦνα, in Italien *papavero salvatico, papavero erratico* und *rosolaccio.*

Der althochdeutsche Name des Mohns ist *mago*[1]) (ahd. Gl. 7, 13) in den Sumerlaten findet sich *man* (58, 32) und *magesamo* (63, 23) als Übersetzung von *papaver*, aber auch *veltmage* (23, 27), so dass man für den zahmen und den wilden Mohn nur eine Bezeichnung gehabt zu haben scheint. Die heilige HILDEGARD kennt nur *papaver* (1, 96); ALBERTUS MAGNUS unterscheidet *papaver hortense et campestre* (6, 419) und nennt den letzteren, den Feldmohn, ein Unkraut des Hafers (zizania avenae); beim Gartenmohn erwähnt er die Varietäten mit weissem und dunklem Samen, ebenso wie KONRAD VON MEGENBERG, der den Mohn *magenkraut* nennt (5, 61). Im 16. Jahrhundert wird der Mohn viel gebaut und unter anderem auch Ölmagen genannt.

In Deutschland findet der Mohn kaum noch seiner medicinischen Eigenschaften wegen Anbau und Pflege, denn das Opium wird aus südlicheren Gegenden importiert. Mohnsamen wird aber in manchen Gegenden in Backwerk und an Speisen genossen, auch wird ein wohlschmeckendes Öl daraus gewonnen. In Mittel- und Süddeutschland sieht man Mohnfelder; in Norddeutschland findet man den Mohn wohl nur in Gärten.

## Laserkraut, Ammi und Liebstöckel.

**Silum** Capitulare 70, 23. Siler *montanum* Crantz (*Laserpitium siler* L.), Laserkraut; it. *seseli*, *sermontano*, *sileos*, *silermontano*; fr. *séséli?*

Das Wort *silum* hat sehr verschiedene Deutungen erfahren und es ist wahrscheinlich, dass unter diesem oder einem ähnlich klingenden Namen mehrere Pflanzen in Gebrauch waren, wie die Seseliarten des DIOSKORIDES (3, 53—55) und das *sil* des PLINIUS (20, 5, 18). In den Glossaren des CGL III wird Silus mehrfach durch Sisileus erklärt, und dieses wieder durch Silus montanus.[2]) Da nun unsere Apotheken unter dem Namen *Semen Sileris montani s. Seseleos* die Samen der in der Überschrift genannten Pflanze führten, so erscheint es jedenfalls nicht unwahrscheinlich, dass unter dem *silum* des Capitulare das Laserkraut gemeint gewesen ist. Das Fehlen der Pflanze in den Gärten kann als Gegenbeweis nicht angesehen werden, denn das Capitulare drückt zunächst nur Wünsche aus, schildert aber nicht vorhandene Zustände. Die Samen des Laserkrauts, das auf den Gebirgen des südlichen Europas wächst, stehen bei den Gebirgsbewohnern als Heilmittel noch in demselben Ansehen, das sie früher allgemein genossen.

---

[1]) In den Glossaren des CGL III findet man folgende Zusammenstellungen: codion (für κώδυον) mahunus 589, 20; michonus (für μήκων) mahunus 592, 68; 625, 45; codion idest ma unus 610, 37; miconus idest manus 614, 41; papaver idest ma hunus 616, 5; das Wort mahunus erfuhr noch weitere Veränderungen, denn machones (Sum. 40, 79), das durch magesame übersetzt wird, darf man wohl als Umformung von mahunus ansehen.

[2]) Silus . i . sisileus 576, 72; siseleos silo 632, 52; sisileos . i . silos montanus 586, 4; ähnlich 595, 7.

ALBERTUS MAGNUS (6, 448) und KONRAD VON MEGENBERG (5, 72) führen beide das Laserkraut unter dem Namen *siler montanum* auf, dem KONRAD VON MEGENBERG den deutschen Namen *gaizvenichel* hinzufügt. Im 16. Jahrhundert hiess es Sesel, Zirmet und Silermontan.

**Ameum** Capitulare 70, 22; *Ptychotis coptica* DC. (*Ammi copticum* L.), koptische Haardolde, Ammi.

Ἄμμι Diosk. 3, 63 (ἔνιοι καὶ τοῦτο αἰθιοπικὸν, οἱ δὲ βασιλικὸν κύμινον καλοῦσιν).

*Ammi* Plin. 20, 15, 58.

DIOSKORIDES sagt, dass das *ammi* ebenso wie *cuminum* äthiopisch genannt worden sei, ja dass einige es direkt βασιλικὸν κύμινον, königliches *cuminum*, ebenso wie das *cuminum* selbst genannt hätten. Dieselbe Sache findet sich bei PLINIUS und ist von ihm oder von DIOSKORIDES aus in die Glossare des CGL III übergegangen.[1]) Es hat also in alten Zeiten eine Verwechselung zwischen Ammi und dem Kreuzkümmel stattgefunden. Die Samen von der, aus den südöstlichen Mittelmeerländern stammenden, koptischen Haardolde wurden früher in den Apotheken als *Semen Ammeos veri s. cretici* geführt. Dass die Pflanze selbst früher in Deutschland gebaut wurde, geht aus dem Kräuterbuch des TABERNAEMONTANUS hervor, der 1, 299 eine Abbildung bringt, unter dem Namen *Ammium Alexandrinum*; er bemerkt, dass dieses *Ammium* alle Jahr erneuert werden müsse aus frischem Samen, „sintemal es ein recht Sommergewächs ist, das gar keinen Frost leiden kann". Die Schwierigkeit des Anbaus wird denn auch die Ursache dafür gewesen sein, dass dies Gewächs allmählich ganz aus den Gärten verschwunden ist. In den Apotheken wurden die Samen des grossen Ammi, *Ammi majus* L., (it. *ammi, comino nostrale*), als gemeine Ammeisamen, *Semen Ammeos vulgaris,* geführt. Da das grosse Ammi schon in Südeuropa vorkommt und härter ist als die Haardolde, so wäre es immerhin möglich, dass mit dem *ameum* des Capitulare *Ammi majus* gemeint sein könnte.

**Leuisticum** Capitulare 70, 33; *libesticum* Invent I, 7; *livesticum* Invent II, 3. *Ligusticum Levisticum* L. (*Levisticum officinale* Koch), Liebstöckel.

Λιγυστικόν Diosk. 3, 81?

---

[1]) Baselice . i . amaeos 554, 45; 618, 75; cuminum aethiopicum . i . ameos 558, 62, ähnlich 622, 49. — Unter den vielen Deutungen, die das CGL III bringt, seien noch die folgenden erwähnt. Ameus wird als semen nuclei gedeutet 535, 16; 544, 25; die nuclei sind aber στροβίλια 15, 44; 88, 7; 185, 11; 256, 14, also Tannenzapfen, und da diese unter den Näschereien des Nachtisches genannt werden, werden wir darunter Pinienzapfen zu verstehen haben, also unter den *amci* Pignolen oder Piuieunüsse. Ferner wird *ameus* als *pes milvinus* gedeutet 549, 46; 535, 38, Fuss des Falken oder der Gabelweihe; dieser Name kommt verschiedenen Pflanzen zu, unter anderen dem *Plantago coronopus* L. Auch findet sich die wenig sagende Bemerkung, dass *ameus* ein Kraut sei, dessen Samen denjenigen des Sellerie glichen (ameus idest erba semen eius similat apii semen 607, 5) etc.

*Ligusticum* Colum, 12, 57, 5; Plin. 19, 8, 50; 20, 15, 60; 20, 17, 73; it. *levistico, ligustico;* fr. *ligusticum.*

Bei COLUMELLA findet sich nur der Name *ligusticum;* etwas mehr finden wir bei PLINIUS, aber das was er sagt, stimmt ziemlich genau überein mit demjenigen was DIOSKORIDES mitteilt, und bei diesem passt die gegebene Beschreibung nicht auf *Ligusticum Levisticum* L. PLINIUS giebt keine Beschreibung; nach ihm wird die Pflanze auch *panax*[1]) genannt, nach DIOSKORIDES πάνακες. Wir sind also jedenfalls im Unklaren darüber, was die Alten unter *ligusticum* verstanden, um so mehr, weil sie diese Pflanze assen, was uns etwas wunderbar vorkommen würde. Indessen kann es nicht zweifelhaft sein, dass mit dem *leuisticum* des Capitulare die Pflanze gemeint ist, die jetzt im Volksmunde Liebstöckel heisst; denn dies Wort ist ebenso wie die älteren Formen *lubesteche, lubistechel, levestock* etc. nichts anderes als eine Angleichung an *levisticum* oder *libesticum,* und Liebstöckel (*Ligusticum Levisticnm* L.) war früher eine sehr geschätzte Heilpflanze.

Schon WALAFRIDUS STRABUS besingt *libysticum* in seinem Hortulus. Die heilige HILDEGARD (1, 139) hat neben dem lateinischen Namen *levisticum* den deutschen *lubestuckel;* ALBERTUS MAGNUS erwähnt *livisticum* gelegentlich bei der Vergleichung von Pflanzen (6, 349 und 414), widmet ihm aber keinen besonderen Abschnitt, ein Verfahren, das er bei sehr bekannten Pflanzen anzuwenden pflegt.

Im Laufe der Zeit hat die Pflanze viel von ihrem Werte verloren und spielt gegenwärtig nur noch eine Rolle in der Volksmedicin. Früher ist sie hier in der Provinz viel kultiviert, jetzt findet sie sich nur noch selten; an einigen Stellen ist sie ausgewildert.

## Diptam und Raute.

**Diptamnum** Capitulare 70, 38.

Zwei Pflanzen haben seit langer Zeit den Namen *Diptamnus* oder richtiger *Dictamnus* geführt: der Diptamdosten, *Origanum Dictamnus* L., und der gemeine Diptam, *Dictamnus albus* L.; nur der erste war den Alten bekannt und seine Eigenschaften scheinen in späterer Zeit vielfach auf den zweiten übertragen worden zu sein.

*Origanum Dictamnus* L., Diptamdosten, kretischer Diptam.

---

[1]) In den meisten Glossaren des CGL III wird die Wurzel von Levisticum panacus regius genannt. Es scheint, dass dieser Name, der sich bei keinem älteren Schriftsteller findet, durch falsches Abschreiben entstanden ist. Das letzte der mitgeteilten Glossare, dessen Handschrift aus dem 9. Jahrhundert stammt, hat panacos rizos libertici radicis 632, 45; daneben finden wir: paucugirius 548, 39, 9. Jahrh., panicus rigius 585, 22, 10. Jahrh., panicus regius 593, 49, 10. Jahrh. und panacus reius 615, 33, 11. Jahrh., und zwar als griechisch dem lateinischen levistici radices gegenübergestellt; schon die erste von den hier mitgeteilten Glossen ist verschrieben und müsste heissen: πάνακος ῥίζας libestici radices.

Δίκταμνον Theophr. 9, 16, 1; δίκταμνος Diosk. 3, 34.
*Dictamnum* Vergil Aen. 1, 412; *dictamnus* Plin. 25, 8, 52; 26, 14, 87; it. *dittamo cretico.*

Der Diptamdosten, dessen Heimat der Orient ist, kommt in Europa nur auf der Insel Kreta wild vor, wo er στοματόχορτον genannt wird. In Italien wird er angebaut und auch in Töpfen gezogen. Nach Meinung der Alten brachten die wilden Ziegen, wenn sie angeschossen waren, den Pfeil dadurch zum Ausfallen aus der Wunde, dass sie Diptamdosten frassen; deshalb wurde dies Kraut zu einem Wundmittel gemacht, und mit Eisen geschlagene Wunden sollten leicht heilen, wenn Diptamsaft hineingeträufelt wurde und wenn der Verwundete diesen Saft trank. Später wurde die Wirkung der Pflanze noch dahin vergrössert, dass sie überhaupt Geschosse (belli tela) aus dem Körper herausschleuderte, und weil sie eine oberflächliche Ähnlichkeit mit Polei besass, so erhielt sie den Namen *poleium Martis* (Vinc. Bellovacensis, Speculum naturale 10, 66).

Es ist nun sehr wohl möglich, dass der Schreiber des Capitulare den Diptamdosten in Italien kennen gelernt hatte; dann musste er auch den Wunsch haben, ein so ausgezeichnetes Wundmittel in Deutschland aus dem Garten holen zu können. Ob der Anbau dieses Gewächses von Erfolg begleitet war, ist mindestens zweifelhaft, denn TABERNAEMONTANUS kennt es garnicht und HIERONYMUS BOCK, der es Dittam nennt, hat es erst kürzlich kennen gelernt, da er (fol. 10, vers.) sagt: „Er ist aber nün mehr als ein frembder gast ausz Creta vnd Venedig zü uns kommen, denselbigen Dictam haben Herr Jörg Ollinger von Nürnberg, vnd D. Conrad Geszner von Zürich, denen ich höchlich danck sage, mir zügeschickt." Der gewöhnliche Name in Deutschland wurde *Dictamnus creticus.* Der *Dictamnus,* welcher in den Glossaren des CGL III erwähnt wird, scheint der Diptamdosten zu sein, wenigstens teilweise, denn als Synonyme werden *poleium Martis* und Hasenohr *(leporis auricula)* angeführt, ausserdem auch das Wort *didimus* (δίδυμος).[1]) Im 9. Jahrhundert wird aber auch schon *Diptamnus* mit *wizwurz* übersetzt (vergl. Glossae Theotiscae im Anhang 1, 6); hierbei wird man wohl an die weisse Wurzel von

*Dictamnus albus* L., Diptam,

denken müssen, die als *Radix Dictamni s. Diptamni s. Fraxinellae* officinell war. Wenn die heilige HILDEGARD 1, 115 von *dictamnus* oder *dictampnus*

---

[1]) Dictamnu leoboris auricula siue benedicta 632, 2; dictamnum leporis auricula 545, 21; didimus auricula leporis 560, 37; leporis auricula idest didimus 613, 53; poliomartis didimus 593, 62; poleium martis idest didamus 615, 58 etc. etc. — Im Colmarer Glossar wird *didymus* durch Hasenohr übersetzt (dydimia hasenôre 263); in Norddeutschland wird *Stachys germanica* L. viel in Gärten gebaut und Hasenohren genannt; da diese Pflanze eine oberflächliche Ähnlichkeit mit dem Diptamdosten hat, so ist es immerhin möglich, dass sie mit ihm verwechselt worden oder überhaupt sein Stellvertreter geworden ist.

spricht, so wird das wohl auch der weisse Diptam sein, der in den Rheingegenden von der südlichen Hälfte der Rheinprovinz an wächst. Bei
ALBERTUS MAGNUS finden wir *diptamnus* angeführt (6, 327), bei
KONRAD VON MEGENBERG *diptamus* mit dem deutschen Namen *pfefferkraut* (5, 34); beide rühmen ihrer Pflanze die Eigenschaften nach, die
sonst dem Diptamdosten zugeschrieben werden, aber da beide sie als sehr
gemein bezeichnen (communis satis ALB. MAGNUS, gar gemain KONR.
V. MEGENBERG), so ist es fraglich, welche Pflanze sie meinen, und ob sie
diejenige, von der sie sprechen, überhaupt gesehen haben.

Im 16. Jahrhundert führt der *Diptam* neben dem von LINNE an-
genommenen Namen *Dictamnus albus* auch noch den Namen *Fraxinella*.

**Rutam** Capitulare 70, 6; Invent I, 5; *Ruta graveolens* L., Raute,
Gartenraute, Weinraute.

Πήγανον Theophr. 7, 6, 1; πήγανον κηπευτόν Diosk. 3, 45; neugr.
πήγανον (selten gebaut).

*Ruta* Colum. 6, 4, 2; 11, 3, 38; 12, 7, 5; Plin. 19, 8, 45 und sonst
viel; it. *ruta*; fr. *rue*.

Die Raute hat allezeit in grossem Ansehen gestanden als Arzneimittel und als Mittel gegen Gift und Schlangen; TABERNAEMONTANUS
braucht acht und eine halbe Folioseite, um alle Heilwirkungen der
Raute zu beschreiben. Während sie im südlichen Deutschland häufig
ist, findet sie sich in norddeutschen Gärten nur vereinzelt. In ihrer
Anwendung als Riechsträusschen wird sie in Norddeutschland durch die
Eberraute *(Artemisia Abrotanum L.)* vertreten.

### Minze, Frauenminze und Rainfarn.

Die Arten der Gattung *Mentha*, Minze, sind ganz ausserordentlich
veränderlich: bald sind sie stark, bald wenig behaart oder ganz kahl; neben
Abänderungen mit breiten Blättern kommen solche mit schmalen vor,
und wenn die gewöhnlicheren Formen schlichte Blätter haben, so giebt
es auch nahezu bei allen solche mit krausen. Dazu kommt, dass Bastard-
bildung bei den Menthaarten etwas sehr gewöhnliches ist, und hierdurch
wird dann der Formenreichtum noch um ein Bedeutendes vermehrt.
Es hat lange gedauert, bis man in dies Formengewirre Einsicht gewonnen hat. Während noch vor etwas über 60 Jahren von Specialisten
weit über 20 Arten unterschieden wurden, ist man jetzt geneigt, nur
noch etwa vier oder fünf anzunehmen: *Mentha rotundifolia* L., die als
westliche Pflanze für uns kaum in Betracht kommt, sich aber in Nord-
und Mittelitalien wildwachsend findet, *M. silvestris* L., wilde Minze, *M.
aquatica* L., Bachminze, *M. arvensis* L., Ackerminze, und *M. pulegium* L.,
Polei oder Poleiminze. Abänderungen von *Mentha silvestris* und *M. aquatica* wurden als *M. crispa* L., Krauseminze, gebaut; schmalblättrige und
besonders gewürzhafte Formen führten den Namen *Mentha piperita* L.,
Pfefferminze.

Die grosse Veränderlichkeit der Menthaarten war schon den
Alten aufgefallen. Wenn THEOPHRAST sagt (2, 4, 1): [1] „das Sisymbrion scheint sich in Mintha zu verwandeln, wenn es nicht durch Pflege
zurückgehalten wird, deshalb pflanzt man es oft um," so kann dieser
Äusserung die Beobachtung zu Grunde liegen, dass die Krauseminze
sich in die gewöhnliche Bachminze verwandelt hat, eine Beobachtung,
die man auch heute noch machen kann. Jedenfalls bedeutet Sisymbrion
an dieser Stelle eine Kulturpflanze, und da die Krauseminze diesen
Namen später führte, so kann sie auch hier gemeint sein. Die Römer
glaubten, dass man wilde Minze in zahme verwandeln könne, wenn man
die wilde mit der Spitze nach unten in die Erde stecke (COLUM. 11, 3, 37;
PLIN. 19, 8, 47).

Wenn wir jetzt noch Mühe haben die verschiedenen Arten der
Minze auseinanderzuhalten, so dürfen wir uns nicht wundern, wenn es
den Alten noch schwieriger wurde. Dazu kam, dass Pflanzen mit
duftenden Blättern, namentlich wenn diese in der Form mit denen von
Mentha Ähnlichkeit hatten, oder wenn sie grau waren, früher als Minze
angesprochen wurden und gegenwärtig noch werden. Solche Pflanzen
sind *Nepeta cataria* L., das Katzenkraut oder die Katzenminze, die mit
der wilden Minze verwechselt wurde, *Tanacetum Balsamita* L., Frauenminze, die nicht einmal zu den Labiaten, sondern zu den Compositen
gehört, aber nichtsdestoweniger in der verschiedensten Weise als Minze,
zuweilen auch als Salbei, bezeichnet wurde und wird, und andere mehr.
Wenn also im Folgenden versucht wird die Namen des Capitulare, die
sich auf *Mentha* und ähnliche Pflanzen beziehen, zu deuten, so mag noch
einmal bemerkt werden, dass die hier versuchten Deutungen auf absolute
Richtigkeit keinen Anspruch erheben wollen.

**Sisimbrium** Capitulare 70, 41; **mentam** Capitulare 70, 42; Invent.
I, 3; Invent II, 2. *Mentha aquatica* L., Bachminze, mit den Rassen Krauseminze und Pfefferminze.

Σισύμβριον und μίνθα Theophr. 2, 4, 1; σισύμβριον Diosk. 2, 154;
ήδύοσμος ήμερος Diosk. 3, 36 oder ήδύοσμος κηπαῖος 2, 154; neugr. ό
ήδύοσμος und δυάσμος.

*Menta* Colum. 11, 3, 37; *sisimbrium* Plin. 19, 10, 57; *menta* Plin.
19, 8, 47 und sonst; it. *menta aquatica, mentastro d'aqua; sisembro domestico, balsamita, menta crespa; menta romana, menta peperina;* fr. *menthe;
menthe frisée, menthe crépue; menthe poivrée.*

Dass Sisymbrion bei THEOPHRAST eine Kulturpflanze bedeutet,
ist schon oben gesagt; dann ist Mintha bei ihm eine wilde Art, etwa
die Bachminze, deren eine Rasse, die Pfefferminze, noch heute viel in
Griechenland kultiviert wird. Die *menta* bei COLUMELLA, die einen

---

[1] Τῶν δὲ ἄλλων (sc. φυτῶν) τό τε σισύμβριον εἰς μίνθαν δοκεῖ μεταβάλλειν, ἐὰν
μὴ κατέχηται τῇ θεραπείᾳ· διὸ καὶ μεταφυτεύουσιν πολλάκις.

sumpfigen Boden verlangt und deshalb an eine Quelle gepflanzt wird, 11, 3, 37 [1]) muss ebenfalls die Bachminze oder eine ihrer Kulturrassen sein. Was DIOSKORIDES unter *sisymbrion* versteht, ist nicht ganz klar; es wächst an unbebauten Orten, gleicht der Gartenminze, ist aber breitblättriger und wohlriechender und wird zu Kränzen benutzt; [2]) als Synonyme führt er an: Kranz der Aphrodite ('Αφροδίτης στέφανος), Pflanze der Venus (ἔρβα βενέρεα), wilden Quendel (ἕρπυλλος ἄγριος) und das unverständliche *usteralis*. Das griechische *herpyllos*, dem das römische *serpyllum* entspricht, kann Thymian bedeuten, aber auch die Poleiminze. Beide Pflanzen sind aber zu klein, um mit der Gartenminze verglichen werden zu können. Möglich wäre es, dass DIOSKORIDES mit Sisymbrion die wilde Minze, *Mentha silvestris* L., meint; aber ebenso wahrscheinlich ist es, dass er die wilde Bachminze gemeint hat, namentlich weil er die Brunnenkresse als zweites Sisymbrion aufführt (2, 155) und weil er nachher bei *mentastrum* (seinem ἡδύοσμον ἄγριον, 3, 36) bemerkt, dass es an den Blättern behaarter und in allen Stücken grösser sei als *sisymbrion*. [3])

Das griechische ἡδύοσμος wird in den Glossaren des CGL III stets mit *menta* oder *menta nigra* übersetzt. *Menta nigra*, soviel wie „dunkle Minze", passt vortrefflich auf die Pfefferminze, die in der That ungewöhnlich dunkel aussieht. In den Hermeneumata des CGL III erscheinen *menta* und *nepeta* unter den Gemüsen. Jedenfalls sind die Menthaarten seit langer Zeit gebaut worden und ihre Anwendung war eine sehr mannichfaltige. WALAFRIDUS STRABUS spricht von den zahlreichen Formen, Farben und Kräften der Minze. Die heilige HILDEGARD unterscheidet *bachmyntza* (1, 75) und ausserdem eine *myntza major* und *minor*, von denen wir die eine wohl als Gartenminze oder Krauseminze, die kleinere als Ackerminze deuten dürfen. ALBERTUS MAGNUS und KONRAD VON MEGENBERG unterscheiden nicht viele besondere Arten, machen aber beide die Bachminze namhaft und rühmen die Heilkräfte der Menthaarten im allgemeinen.

In den lateinisch-deutschen Pflanzenglossaren und in den Kräuterbüchern des 16. Jahrhunders begegnen wir einer grossen Zahl von Mentha-Arten und -Rassen, aber auch einer ziemlich weitgehenden Namenverwirrung. Mit *balsamum* und *balsamita* werden im Garten gezogene Minzen bezeichnet, die auch die Namen Balsam und krauser Balsam führen, also wahrscheinlich unsere Pfefferminze und Krauseminze sind; diese führen in der Medicin den Namen *Mentha piperita* und *M. crispa*. Die Bachminze wurde *Balsamum palustre* und *Mentha aquatica* genannt.

---

[1]) Menta dulcem desiderat uliginem; quam ob causam juxta fontem mense Martio recte ponitur.

[2]) Σισύμβριον ἐν χέρσοις φύεται, ἔοικε δὲ ἡδυόσμῳ κηπαίῳ, πλατυφυλλότερον δὲ καὶ εὐωδέστερον, στεφανωματικόν.

[3]) Τὸ δὲ ἄγριον ἡδύοσμον, ὃ Ῥωμαῖοι μενθάστρουμ καλοῦσιν, γίνεται δασύτερον τοῖς φύλλοις καὶ πάντῃ μεῖζον σισυμβρίου.

**Mentastrum** Capitulare 70, 43; Invent. I, 14; II, 15. *Mentha silvestris* L., Waldminze, wilde Minze.

Ἡδύοσμον ἄγριον Diosk. 3, 36.

*Mentastrum* Plin. 20, 14, 52; [1]) it. *menta salvatica*, *mentastio*, *mentastro*, *mentone*; fr. *menthastre*.

Was in Italien „wilde Minze" genannt werden konnte, braucht es bei uns nicht zu sein. In der That kommt die *Mentha silvestris* mit ihren Formen hier im Norden immer nur in der Nähe menschlicher Wohnungen vor, so dass man sie als Gartenflüchtling bezeichnen muss; in Gärten wird sie nicht mehr gebaut. Früher scheint sie ebenso häufig wie *Mentha aquatica* kultiviert worden zu sein. Da es auch von der Waldminze krausblättrige Formen giebt, und da sie ebenso wie die Bachminze feuchte Standorte liebt, so darf man sich nicht wundern, wenn sie die meisten Namen mit der Bachminze teilt. Nur Balsam oder Balsamita scheint sie nicht genannt worden zu sein, während wilde Minze und Rossminze ihr allein angehören. Bei der heiligen HILDEGARD heisst sie *rossemyntza* und *romische myntza* (1, 78), in der Medicin *Mentha equina* und *Mentha romana*.

**Puledium** Capitulare 70, 29. *Mentha Pulegium* L., Polei, Flöhkraut.

Γλήχων Diosk. 3, 30; neugr. γλυφόνι oder βρομηδυάσμο.

*Puleium*, *pulegium* der Römer; it. *poleggio*, *polezzo*; fr. *chasse-puce*.

Das *puledium* des Capitulare ist verschrieben für *pulegium*. Der Polei stand früher in einem ausserordentlich hohen Ansehen. Von den Römern wurde er gegessen; bei APICIUS CAELIUS wird er vielfach erwähnt und in den Hermeneumata des CGL III kommt er unter den Gemüsen vor. In Deutschland ist er früher ausser als Arzneimittel auch als Mittel gegen die Tiere gebraucht worden, die ihm seinen zweiten deutschen Namen verschafft haben. Früher muss er gebaut worden sein (Augsburger Statuten von 1276, bei K. W. Volz, Beiträge zur Kulturgeschichte, Leipzig 1852, S. 201), aber gegenwärtig findet man ihn nicht mehr in Gärten.

**Neptam** Capitulare 70, 45, Invent. II, 11. *Nepeta Cataria* L. Katzenminze.

Καλαμίνθη Diosk. 3, 37, zweite oder dritte Art.

*Nepeta* Colum. 7, 5, 18, 12, 7, 1; Plin. 19, 7, 37; 19, 8, 47; it. *cataria, gattaria, menta de'gatti,*

---

[1]) Mentastrum bedeutet ebenso wie Mentha silvestris „wilde Minze"; das Suffix „aster" soll ursprünglich eine Entartung ausdrücken, z. B. criticaster, bei Pflanzen hat es aber die Bedeutung „wild", z. B. oleaster, wilder Ölbaum; piraster, wilder Birnbaum; pinaster, die Kiefer, im Gegensatz zu pinus oder pinus hortorum, die Pinie. — COLUMELLA spricht von einem silvestre mentastrum (11, 3, 37), das von den Brachäckern (de novalibus) gesammelt wird; dies kann wohl nur die Ackerminze, *Mentha arvensis* L., sein.

Eine früher viel gebrauchte Arzneipflanze, deren Namen in den Hermeneumata des CGL III auch unter den Gemüsen vorkommt.[1]) Sie teilt einzelne Namen, wie Weissminze, mit den eigentlichen Minzearten. Hier in der Provinz kommt sie in Gärten kaum noch vor, findet sich aber ziemlich häufig in Dörfern und in der Nähe von Gehöften am Wege und in Zäunen, so dass man auf eine bedeutendere Kultur in früheren Zeiten schliessen darf.

**Costum** Capitulare 70, 4; Invent. I, 2, II, 1. *Tanacetum Balsamita* L. Frauenminze.

Neugriechisch: κόστος und κόστας.

Spätlateinisch: *costus hortorum, costus hortensis*; *balsamita*; *mentha graeca sive saracenica, mentha corymbifera, salvia romana*; *herba divae Mariae*.

Italienisch: *erba costa, erba costina, erba amara, erba buona, erba della Madonna, erba santa, erba Santa Maria, Maria santa; menhta greca; salvia romana.*

Französisch: *menthe de Notre-Dame, coq des jardins, herbe au coq, grand coq.*

Schon von KINDERLING wurde *costus* als Frauenminze gedeutet, und die späteren Bearbeiter des Capitulare haben diese Deutung festgehalten; sie wird richtig sein, da die Frauenminze in Griechenland, wo sie Kulturpflanze ist und als Gewürz benutzt wird, noch heute den Namen *costus* führt, der sich auch im Italienischen erhalten hat. Ursprünglich bedeutet der Name ein aus Ostindien stammendes Gewürz (die Wurzel von *Costus speciosus* Smith); auf eine Gartenpflanze scheint er nicht viel vor dem 9. Jahrhundert angewandt worden zu sein.[2]) In den Pflanzenglossaren begegnet man ihm sehr selten,[3]) was in seltsamem Kontrast zu der ehemaligen Beliebtheit der Pflanze steht. Während sie früher in Gärten viel gebaut wurde, fängt sie jetzt allmählich an zu verschwinden; in abgelegenen Gegenden findet man sie etwas häufiger.

Die deutschen Namen sind: unser Frawen Müntz, welsche Minthe; Papenplatte; brēdn Sophie (im Gegensatz zum Salbei: smallu Sophie).[4])

[1]) Μινθε nepete 16, 42; minthen nepita 88, 65; minthi nepeta 186, 15; γαλαμιντα nepeta 317, 34; die Zusammenstellung mit calamintha findet sich auch in den Glossaren des CGL III: calamites . idest nepita 537,10; calamantis . i . nepta 555, 26 etc. — Da nun in den lateinisch-deutschen Glossaren nepeta durch verschiedene Namen gedeutet wird, z. B. durch steinminze Sum. 58, 5, durch minza Sum. 63, 15 etc. etc., so ist es ziemlich sicher, dass früher unter nepeta verschiedene Pflanzen verstanden wurden; hierher gehören wahrscheinlich *Calamintha officinalis* Mönch, die noch jetzt in Gärten gebaut und als Gewürz benutzt wird, und *Calamintha Nepeta* Clairville.

[2]) In dem letzten Glossar des CGL III, dessen Handschrift aus dem 9. Jahrhundert stammt, steht damasoma costo ortenso 631, 59. WALAFRIDUS STRABUS spricht v. 281 im Gedicht über *sclarea* von *hortensis costus.*

[3]) Colm. Gloss.: costi we(l)scheminthe 233; Mone: costus kost 194 (ähnlich in den Sumerlaten); custos ortorum papenplat 211.

[4]) Da die Frauenminze in Italien heimisch ist, so ist es kaum zu verstehen, dass DIOSKORIDES sie nicht erwählt oder nicht deutlich bezeichnet hat. Sie könnte

Tanazitam Capitulare 70, 44, Invent. 1, 13; *tanezatum* Invent. II, 8, *Tanacetum vulgare* L., Rainfarn, Wurmkraut.

Italienisch: *atanasia, tanaceto, daneto;* fr. *tanaisie.*

Der Name Tanacetum stammt aus späterer Zeit und ist vor dem 9. Jahrhundert wohl kaum nachweisbar. In einem Glossar des CGL III, dessen Handschrift aus dem 10. Jahrhundert stammt, findet sich *tanacipan artemisia tugantis* (578, 27). Das erste Wort kann verschrieben sein für *tanacetum.* Aber auch hiervon abgesehen, würde man eine Pflanze von so starkem Geruch, wie der Rainfarn ihn hat, unter den Artemisiaarten der Alten suchen dürfen, wie es beispielsweise von TABERNAEMONTANUS geschehen ist.

In den Glossaren findet man als deutschen Namen *reynevane* oder *reinevane,* so dass der jetzt gebräuchliche Name Rainfarn durch falsche Etymologie gebildet zu sein scheint; jedoch steht im Colmarer Glossar *Reyneuar* (722). Da der Rainfarn in Norditalien und ganz Deutschland wild wächst, so war ein Bedürfnis ihn anzubauen eigentlich nicht vorhanden. Die zum Anbau empfohlene Pflanze wird also wohl die Abart mit krausen Blättern sein, die einen viel stärkeren Duft hat als die wildwachsende und gegenwärtig noch in Bauerngärten ziemlich häufig vorkommt.

Bei dieser Abart sind die Blätter so fein zerteilt, dass sie recht wohl unter dem *millefolium* des Mittelalters mit einbegriffen sein kann; da nun *ambrosia* und *millefolium* als gleichbedeutend einander gegenübergestellt werden (CGL III 536, 13; 550, 8), so ist es möglich, dass die *ambrosia,* welche WALAFRIDUS STRABUS besingt, die krausblätterige Abart des Reinfarns ist.

### Eberraute und Heiligenpflanze (Cypresse).

Abrotanum Capitulare 70, 7, Invent. II, 7. *Artemisia Abrotanum* L. Eberreis, Eberraute, Stabwurz.

Ἀβρότονον Theophr. 6, 1, 1; ἀβρότονον ἄῤῥεν Diosk. 3, 26; neugr. πικρόθανος (Fraas).

*Abrotonum* Colum.; *habrotonum mas* Plin. 21, 21, 92 und mehrfach; [1] it. *abrotano, abrotano maschio, abrotono;* fr. *aurone, abrotone.*

Eine seit alten Zeiten sehr geschätzte Heilpflanze, die sich auch einer grossen Zahl von Namen erfreut. Man unterschied vom Altertum

in seinem σισύμβριον, 2, 154, mit enthalten sein, oder es überhaupt bedeuten, und MATTIOLI hat auch kein Bedenken getragen (Commentar, S. 527) das Sisymbrion doppelt zu deuten, als Bachminze und als Frauenminze. Das von DIOSKORIDES angegebene Synonym ἔρβα βενέρεα könnte, wie so manches andere, aus dem Dienste der Venus in den der Jungfrau Maria übergegangen sein und dabei die Umwandlung in erba Santa Maria erfahren haben.

[1] Das Habrotanum, welches PLINIUS 19, 10, 34 erwähnt, kann, weil es goldgelb blüht, nicht hierher gehören; ob zu tanacetum?

bis ins vorige Jahrhundert zwei Arten, die man männlich und weiblich nannte. Die hier genannte ist die männliche; die weibliche folgt unten. Verwechselungen zwischen beiden und mit anderen Arten von *Artemisia* haben vielfach stattgefunden, so dass es nicht wohl möglich ist, die von DIOSKORIDES angeführten Synonymen auf die männliche oder weibliche Art allein zu beziehen. Der Grad ihrer Beliebtheit wird vielleicht durch *heracleum* ausgedrückt. *Sisymbrium* wird sie auch genannt; ausser als Heilmittel ist sie noch als Ersatz für Weihrauch benutzt worden.[1]) Bei der heiligen HILDEGARD (1, 106) heisst die Eberraute *stagwurts* und *abrotanum*, im 16. Jahrhundert Stabwurz und Gertwurz.

Die deutschen Namen Eberraute und Eberreis sind dadurch entstanden, dass man mittel- und niederdeutsche Angleichungen an Abrotanum (auerute, euerute, euerritte etc.) ins Hochdeutsche übersetzt hat. — Eine häufige Pflanze unserer Bauerngärten.

*Santolina Chamaecyparissus* L., Heiligenpflanze, Cypresse.

'Αβρότονον θῆλυ Diosk. 3, 26.

*Habrotonum femina* Plin. 21, 21, 92; it. *abrotano femmina, canapichia, cupressina, crespolina, santolina, vermicolare*; fr. *santoline, petit cyprès*.

Die spätlateinischen Namen dieser Pflanze sind *Centonia, Centonica* und *Santonica*. Im Königsberger Glossar heisst sie deutsch *vintcrut*, bei Mone *wrincrut*, im Colm. Glossar *Woremworth*. Von diesen Namen hat sich keiner erhalten, vielmehr wird die Pflanze schon im 16. Jahrhundert „Cypresz" genannt. Früher als Heilmittel viel benutzt, findet sie jetzt nur noch Anwendung als Zierpflanze; namentlich dient sie als Gräberschmuck, und zwar bis nach Jütland hinein, wo sie dann allerdings während des Winters ins Zimmer genommen werden muss.

## Wermut und Beifuss.

*Artemisia Absinthium* L., Wermut, Absinth.

'Αψίνθιον Diosk. 3, 23; in Griechenland nicht bekannt, aber vertreten durch *Artemisia arborescens* L.

*Apsinthium* Plin. 27, 6, 28; it. *assenzio, assenzio romano*; fr. *absinthe.*

Unter dem Namen *absinthium* wurden bei den Alten mehrere Arten unserer Gattung *Artemisia* benutzt; bei uns ist der Name an der auch Wermut genannten Pflanze hängen geblieben. Der Wermut war als Heilmittel seit alten Zeiten berühmt; er fehlt zwar im Capitulare, wird aber von WALAFRIDUS STRABUS unter dem Namen *Absinthium* besungen. Bei der heiligen HILDEGARD (1, 109) heisst er *wermuda*, bei KONRAD VON MEGENBERG (5, 1) *wermuot*. Im 16. Jahrhundert führt der Wermut dieselben Namen. Wie hoch man ihn als Heilmittel schätzte, geht unter anderem daraus hervor, dass TABERNAEMONTANUS ihm über 14 Folioseiten widmete.

---

[1]) CGL III: eraclea idest sisimbrius vel abrotanus 611, 41; — dentrolibanus abrotanus 589, 44; ähnlich 545, 27 und 610, 50.

*Artemisia vulgaris* L., Beifuss.

Ἀρτεμισία Diosk. 3, 117.

*Artemisia* Plin. 26, 15, 89; it. *amarella*, *artemisia*, *matricala*; fr. *armoise*.

Der Name *artemisia* ist bei DIOSKORIDES und PLINIUS vieldeutig und umfasst mehrere Pflanzen von ähnlichem Aussehen, denen man eine ganze Reihe von besonderen Kräften zuschrieb. In den Glossaren des CGL III kommt *artemisia* sehr viel vor und zwar mit sehr verschiedenen Deutungen, die zur Genüge beweisen, dass man keine einzelne bestimmte Pflanze vor Augen hatte; ein besonders eigentümlicher Name ist *mater herbarum* (569, 48; 607, 18); da dieser im Colmarer Glossar (500) mit *byfôth* übersetzt wird, so kommt er der von uns jetzt Beifuss genannten Pflanze zu.

PLINIUS berichtet (26, 15, 82), dass ein Wanderer, der *artemisia* und *elelisphacus* (Salbei) angebunden trage, wie gesagt werde, keine Müdigkeit oder Abgespanntheit fühle.[1]) Dieser Glaube hat sich lange erhalten und zwar an unseren Beifuss geknüpft, so dass wir annehmen dürfen, PLINIUS habe eben diesen gemeint. ALBERTUS MAGNUS erzählt ohne Vorbehalt (6, 286), dass *artemisia*, getragen und an die Schenkel gebunden, die Müdigkeit der Reisenden aufhebe.[2])

KONRAD VON MEGENBERG ist schon nicht mehr so gläubig; er sagt von *artemisia*, die er auf deutsch *peipôz* nennt: „ez sprechent auch die maister, wer ez an din pain pind, ez benem den wegraisern ir müed. daz versuoch, wan ich gelaub sein nicht, ez wer dann bezaubert.“

Der ältere deutsche Name des Beifusses ist *biboz*, den auch die heilige HILDEGRAD benutzt (1, 107); in den Sumerlaten steht einmal *bifuz* (65, 1). Unser „Beifuss“ ist wohl nichts anderes als eine Angleichung an *biboz*, wobei die eben erwähnte Benutzung der Pflanze bewusst oder unbewusst mitgespielt haben kann.

Der Beifuss ist eine in ganz Deutschland ziemlich häufig wild wachsende Pflanze; ob frühere Kultur auf ihre Verbreitung Einfluss gehabt hat, lässt sich jetzt nicht mehr entscheiden. Ubrigens wird der Beifuss in manchen Gegenden, namentlich im Osten, als Küchenkraut benutzt.

## Odermennig und Betonika.

*Acrimonia* Invent. II. 17; *Agrimonia Eupatoria* L., Odermennig.

Εὐπατώριον Diosk. 4, 41; neugr. φονόχορτον (Fraas).

*Eupatoria* Plin. 25, 6, 29; it. *acrimonia*, *agrimonia*, *eupatorio*; fr. *aigremoine*.

Der Odermennig war früher ein geschätztes Mittel gegen Leiden der Leber und der Unterleibsorgane überhaupt. In den Apotheken

---

[1]) „Artemisiam et elelisphacum adligatos qui habeat viator negatur lassitudinem sentire.“

[2]) „Portata etiam et alligata cruribus, tollit lassitudinem itinerantium.“

führte er deshalb neben *Agrimonia* und *Eupatorium veterum* den Namen *Lappula hepatica,* der sich stellenweise im Deutschen als Leberklette erhalten hat. Den Namen *Lappula* verdankt er den hakig gekrümmten Borsten seiner Früchte, die sich mittels dieser Borsten ebenso anhängen wie Kletten; da die Früchte abwärts gebogen sind, so heisst er auch sehr viel *Lappa inversa.* *Lappa incisa* wird er im Colmarer Glossar (440) genannt, wahrscheinlich wegen der zusammengesetzten Blätter.

In den Glossaren des CGL III bedeutet *eupatorium,* das früher die ganze Pflanze bezeichnete, nur noch die Wurzel,[1]) und die ganze Pflanze heisst hier wie später bei der heiligen HILDEGARD (1, 114) und ALBERTUS MAGNUS (6, 283) *agrimonia.* Die deutschen Namen Ackermennig und Odermennig sind wohl nur Entstellungen aus *Agrimonia,* das selbst aus *Argemone* entstanden zu sein scheint.

**Vittonicam** Invent. I, 20; II, 16: *Betonica officinalis* L., Betonika. Betonie.

Κέστρος Diosk. 4, I.

*Vettonica* (dicitur in Gallia, in Italia autem serratula, a Graecis cestros etc.) Plin. 25, 8, 46; it. *betonica, bertonica, brettonica, vettonica.*

In den Glossaren des CGL III heisst die Pflanze neben *betonica* auch *uetonica* und *uittonica,* und wird daselbst mit κέστρος identificiert. wahrscheinlich nach PLINIUS. Sie muss früher ein sehr beliebtes und viel besprochenes Heilmittel (auch Zaubermittel) gewesen sein, denn ihr Name ist zum Teil stark entstellt. Bei der heiligen HILDEGARD heisst sie *pandonia,*[2]) deutsch *bathenia* (I, 128); andere Namen, die in anderen Kapiteln vorkommen. wie *bathenum* (1. 37), *bathenen* und *bachenia* (3, 5), sind wohl verschrieben oder verlesen. ALBERTUS MAGNUS nennt sie *betonica* (6, 289), ebenso KONRAD VON MEGENBERG (5, 12), der den deutschen Namen *patönig* hinzufügt.

Die Betonica ist in Deutschland wie in Norditalien häufig und wildwachsend. Wegen ihrer medicinischen Eigenschaften wurde sie früher nicht nur gesammelt, sondern auch vielfach kultiviert.

### Andorn und Ballota.

*Marrubium vulgare* L., Andorn.

Πράσιον Theophr. 6, 2, 5; Diosk. 3, 109; neugr. σκυλόχορτον.

*Marrubium* Colum. 6, 4, 2; 6, 12. 5; 10, 356, Plin. 20, 22, 89; it. *marrubio, marrobio, mentastio;* fr. *marrube.*

Der älteste deutsche Name der Pflanze ist *andorn,* von dem auch die Form *andron* vorkommt (bei der heiligen HILDEGARD I, 33; man vergleiche *andron* im Anhang II); ein anderer deutscher, aber seltener

---

[1]) Ipaturium . radices argemonio 547, 7; hispaturio . i . radix agrimoniae 583, 33; eopaturio radicis agrimina 632, 14; ipaturio radicis argimoniae 632, 24 etc.

[2]) Der Name *pandonia* kommt auch im CGL III vor: pandonia . i . uittonica 573, 49.

Name ist Gottesvergessen. Im Lateinischen laufen *marrubium* und *prassium* nebeneinander her, wie bei ALBERTUS MAGNUS 6, 389 und bei CONRAD VON MEGENBERG 5, 51, der die sonst kaum noch vorkommenden deutschen Namen *marobel* und *sigminz* hat.

Die Pflanze war ehemals als Heilpflanze sehr geschätzt. Da ihre Heimat in Südeuropa und Süddeutschland ist, so wird ihr sprungweises Vorkommen in Norddeutschland an Dorfstrassen und auf Schutthaufen auf früheren Anbau zurückzuführen sein.

Von dem Andorn, der *marrubium album* genannt wurde, unterschied schon DIOSKORIDES, ebenso wie später ALBERTUS MAGNUS 6, 389 und andere, die Ballota (*Ballota nigra* L.) als *marrubium nigrum*, eine Bezeichnung, die sich in den Apotheken bis auf die Gegenwart erhalten hat. Die Ballota wird von PLINIUS (27, 8, 30) *ballote* genannt; er hat offenbar das Unglück, die griechischen Wörter πράσιον und πράσον miteinander zu verwechseln, denn sonst würde er nicht von *porrum nigrum*, schwarzem Porree, haben reden können. DIOSKORIDES (3, 107) nennt seine βαλλωτή auch schwarzen oder grossen Andorn (μέλαν ἢ μέγα πράσιον); er beschreibt die Pflanze recht gut und sagt unter anderem, dass ihre Blätter mit denen der Melisse (*Melissa officinalis* L.) Ähnlichkeit haben, weshalb einige sie auch Melisse nennen.

## Eisenkraut.

*Verbena officinalis* L., Eisenkraut, Eisenhart.

Περιστερεὼν ὕπτιος Diosk. 4, 61; neugr. σταυρόχορτον und ἄγρια χαμάνδρυα (Fraas).

*Hierabotane, peristereon, verbenaca* Plin. 25, 9, 59; it. *verbena;* fr. *verveine.*

Bei den Römern werden verschiedene Pflanzen, die bei feierlichen Gelegenheiten benutzt wurden, *verbena* (und *sagmen*) genannt (vergl. LENZ, Botanik der alten Griechen und Römer S. 191, 192). Unser Eisenkraut ist in Griechenland noch gegenwärtig eine Glückspflanze und soll es auch noch in Süddeutschland sein (Fraas). Bei den Alten stand es in grossem Ansehen und wurde heilige Pflanze (ἱερὰ βοτάνη, herba sacra) genannt. Dieses Ansehen hat es lange behalten. Bei der heiligen HILDEGARD heisst es *verbena* und *ysena* (1, 154); in den Sumerlaten finden wir *isinchlete* (24, 9), *isenarre* (40, 54), *isere* (59, 1) und endlich *iiserenbart* und *isenbart* (66, 40); der letzte Name ist vielleicht ein Druck- oder Lesefehler, denn für gewöhnlich findet man *isenhart*. Als Heilpflanze fand das Eisenkraut früher vielfache Verwendung, doch ist es jetzt ganz in Vergessenheit geraten. In Norddeutschland kommt es nur zerstreut und zwar in Dorfstrassen vor, was auf eine frühere Kultur schliessen lässt. Die Pflanze, die ALBERTUS MAGNUS (6, 471) *verbena* nennt, ist nicht das Eisenkraut, ebensowenig wie *verbena* und *eisenkraut* bei CONRAD VON MEGENBERG (5, 83); an beiden Orten werden zwei Arten unterschieden, die eine mit safrangelben, die andere mit blauen Blumen. Der Herausgeber des ALBERTUS MAGNUS vermutet, dass *Anagallis arvensis* L. gemeint sein könnte, aber schwerlich mit Recht.

## Hauslauch und Johanneskraut.

**Jovis barbam** Capitulare 70, 73; *Sempervivum tectorum* L., Hauslauch, Hauswurz.

'Αείζωον Theophr. 1, 10, 4; 7, 15, 2; ἀείζωον τὸ μέγα Diosk. 4, 88. *Aizoum, sedum* Plin. 18, 17, 45; 25, 13, 101; it. *semprevivo maggiore;* fr. *joubarbe*.

Es kann nicht zweifelhaft sein, dass die Alten unseren Hauslauch gekannt haben, denn sie beschreiben ihn unter den Namen ἀείζωον (immerlebend = sempervivum) und *sedum* sehr genau, und zwar als grosses *sedum*, während das kleine unserem Mauerpfeffer (*Sedum acre* L.) vorzugsweise entspricht. In den Schriften der Alten wird auch angegeben, dass der Hauslauch auf Dächern wachse oder in Töpfen gezogen auf Dächer gestellt werde; die Angabe, dass die Pflanze den Blitz vom Gebäude abhalten solle, findet sich nicht, wohl aber wird sie als Mittel gegen Brandwunden und sonst als Arzneimittel gerühmt; auch wird behauptet, dass Getreide nnd Sämereien, die mit dem Saft von Hauslauch befeuchtet worden wären, gegen Ungeziefer geschützt seien.

Als Mittel gegen Brandwunden ist der Hauslauch auch später noch geschätzt worden, aber das grösste Ansehen genoss er doch deshalb, weil man glaubte, er schütze ein Gebäude, auf dessen Dach er wüchse, gegen das Einschlagen des Blitzes. Dieser Glaube hat dem Hauslauch eine ausserordentliche Verbreitung verschafft, so dass er sich früher fast auf jedem Bauernhause fand. ALBERTUS MAGNUS scheint der Sache schon nicht mehr ganz zu trauen, denn er sagt, „diejenigen, welche sich mit Hexerei abgeben, behaupten, er verjage den Blitz: und deshalb wird er auf Dächern gepflanzt" (6, 288)[1]; neuerdings hat der Hauslauch die Konkurrenz des Blitzableiters nicht mehr ertragen können, und deshalb sieht man ihn nur noch selten.

Bei der heiligen HILDEGARD finden wir *huszwurtz* (1, 42) und den lateinischen Namen *semperviva* (1, 203), bei KONRAD VON MEGENBERG *hauswurz* und *barba Jovis* (5, 14). Hauswurz heisst die Pflanze auch im 16. Jahrhundert.

Aus der Familie des Crassulaceen ist noch eine Pflanze anzuführen, die früher viel kultiviert wurde, heute aber nur noch selten in Gärten vorkommt, das ist

*Sedum Telephium* L., Johanneskraut, Fetthenne.

Τηλέφιον Diosk. 2, 117.

*Telephion* Plin. 27, 13, 110; it. *fava grassa;* fr. *grassette*.

---

[1] „Qui autem incantationi student, dicunt ipsam (sc. barbam Jovis) fugare fulmen tonitrui: et ideo in tectis plantatur."

DIOSKORIDES und PLINIUS geben beide an, dass das *telephion* in Blatt und Stengel dem Portulak gliche, und rühmen es als Wundmittel etc. In den Glossaren scheint es ganz zu fehlen, sein Gebrauch muss deshalb lange in Vergessenheit geraten sein. Zuerst begegnen wir ihm wieder bei ALBERTUS MAGNUS (6, 402), wo es die Namen *orpinum* und *crassula* trägt; „wenn man es um die Zeit der Sommersonnenwende pflückt, so bleibt es lange Zeit frisch, wenn man es in der Luft aufhängt, ohne dass es aus der Erde Nahrung zieht, und wenn es an der einen Seite vertrocknet ist, so wird es frisch an der anderen, sobald es gepflanzt wird".[1]) Ähnlich drückt sich KONRAD VON MEGENBERG aus (5, 57), der den beiden genannten lateinischen Namen den deutschen *krässelkraut* hinzufügt. Noch heute wird hier in der Provinz die Pflanze um Johanni gepflückt (Johanneskraut) und auf dem Lande in die Ritzen zwischen Zimmerdecke und Balken geschoben; langes Grünbleiben bedeutet langes Leben für denjenigen, der es an die Zimmerdecke gesteckt hat.

Im 16. Jahrhundert wird das Johanneskraut allgemein als Wundmittel benutzt und deshalb auch Wundkraut genannt; in den Apotheken führt man Wurzel und Kraut als *Radix et Herba Telephii s. Crassulae majoris s. Fabariae.*

LINNÉS *Sedum Telephium* umfasst nach heutigen Begriffen eine Reihe von Arten, unter denen das rotblühende *Sedum purpureum* Link besonders bemerkenswert ist; dieses findet sich an Wegrändern in der Nähe von Städten, Dörfern und einzelnen Gehöften, woraus man auf eine frühere Kultur schliessen darf.

## Sadebaum und Wachholder.

Savinam Capitulare 70, 34; Invent. I, 10; II, 12; *Juniperus Sabina* L., Sadebaum.

Βράθυ Diosk. 1, 104.

*Herba sabina* Plin. 24, 11, 61; it. *sabina, sarina; fr. sabine.*

Der Sadebaum besitzt ausserordentlich giftige Eigenschaften, so dass sein Anbau schon mehrfach durch Verordnungen untersagt wurde. Diese Eigenschaften waren auch schon DIOSKORIDES bekannt und waren später keineswegs vergessen, wie die Benennung *atiron* (ἀτηρός, schädlich, verderblich) in den Vokabularen bezeugt.[2]) Nichtsdestoweniger muss man aber annehmen, dass der Schreiber des Capitulare von diesen Eigenschaften nichts gewusst habe, vielmehr wird er an die Anwendungen gedacht haben, die der Bauer in Süd- und Mitteldeutschland (denn in die Bauerngärten Norddeutschlands ist der Sadebaum nicht gelangt)

---

[1]) „Quae circa augem solis collecta, diu erigitur suspensa in aëre sine terrae nutrimento; et sicca in parte una, convalescit in altera, si plantetur."

[2]) Atiron . idest sabina . foliaiuniperi CGL III, 535, 51; atiron Seuenbóm Colm. Gloss. 85.

noch jetzt von ihm macht: mit dem Absud der Zweige werden die Würmer bei Pferden vertrieben und mit den getrockneten und pulverisierten Blättern werden alte Geschwüre geheilt. Die letztgenannte Anwendung ist übrigens in der wissenschaftlichen Medicin nicht unbekannt. Die zahlreichen deutschen Namen des Sadebaums sind alle aus *sabina* oder *savina* entstellt: *savenbom, savinbom, sevenbôm.* Bei der heiligen HILDEGARD (3, 21) heisst er *sybenbaum*, bei ALBERTUS MAGNUS und KONRAD VON MEGENBERG wird er überhaupt nicht erwähnt.

Gelegentlich scheint der aus Südeuropa stammende Sadebaum mit dem bei uns heimischen Wachholder (*Juniperus communis* L.) verwechselt zu sein, wie aus der ersten der unten angeführten Glossen hervorgeht. Vom Wachholder benutzte man namentlich die Beeren, die zum Räuchern etc. benutzt wurden. Diese heissen *Baccae Juniperi*, in Handschriften des 9. Jahrhundert *bacas giniperi* und *bagas geniperi*[1]), wie denn der Wachholder noch jetzt in Italien *ginepro* heisst. Aus diesen alten Formen stammt das holländische „Genever" und wahrscheinlich auch das dänische „Jenbär", das dann mit Beere (bär) garnichts zu thun hat.

## Meerzwiebel.

**Squillam** Capitulare 70, 16; *Scilla maritima* L., Meerzwiebel. Σκίλλα Theophr. 1, 6, 7; 2, 5, 5, Diosk. 2, 202; neugr. σκυλοκρομμύδι. *Scilla (scylla)* Colum. 5, 10, 16; 6, 12, 5; 12, 33 u. 34, Plin. 19, 5, 30 und sonst vielfach; it. *scilla, squilla, cipolla marina*; fr. *scille.*

Die Meerzwiebel wächst an den sandigen Küsten des Mittelmeeres und des atlantischen Oceans (Portugal); sie lässt sich deshalb in Deutschland nur schwierig im Freien ziehen, und kommt hier im Norden kaum noch als Topfpflanze vor. THEOPHRAST schreibt der Zwiebel einen Einfluss auf das Gedeihen von Stecklingen des Feigenbaumes, COLUMELLA einen solchen auf das Wachsen des Granatapfelbaumes zu. Ausserdem war die Meerzwiebel als Arzneimittel bis in die Gegenwart hoch geschätzt. Neuerdings wird sie als Mäusegift empfohlen; als solches kennt sie schon ALBERTUS MAGNUS (6, 431), der erzählt, die *squilla* werde auch *cepa muris* (Mäusezwiebel) genannt, weil sie die Mäuse tödte. KONRAD VON MEGENBERG (5, 77) nennt sie *mäuszwivel.*

## Griechisch Heu.

**Fenigrecum** Capitulare 70, 3; *Trigonella Foenum graecum* L., Bockshornklee, Griechisch Heu.[2])

---

[1]) CGL III: sabina . foliaiuuiperi 535, 51; arcitidon (entstellt aus ἄρκευθος) . idest giniperu . idest bacas giniperi 535, 21; arcileut idest bagas geniperi 631, 3.

[2]) Den Namen „Griechisch Heu" hat die Pflanze wegen ihres starken Cumaringeruchs erhalten, den sie mit dem Ruchgras, Waldmeister etc. teilt; dieser Name ist zuweilen eigentümlich verdreht worden, z. B. fenogrecum crischowe Sum. 57, 3. —

Βούκερας Theophr. 8, 8, 5; τῆλις Diosk. 2, 124; neugr. τῆλυ.
*Foenum graecum* Colum. 2, 11, 1; 11, 2, 71 u. 76; Plin. 18. 16, 39; 24, 19, 120; it. *fieno greco;* fr. *fenu grec.*

DIOSKORIDES bezeugt uns, dass τῆλις von den Römern *foenum graecum*, griechisches Heu, genannt werde, und führt unter den Synonymen ausser βούκερως (ochsenhörnig) auch noch αἰγόκερως (ziegenhörnig) an; die den beiden letzteren Namen entsprechenden Worte *buceras* (Ochsenhorn) und *aegoceras* (Bockshorn) finden sich bei PLINIUS (24, 19, 120). Bei den römischen Landleuten führte die Pflanze nach COLUMELLA den Namen *siliqua* (Schote); PLINIUS nennt sie auch *silicia.*

Im Altertum sowohl wie im Mittelalter galt der Bockshornklee für ausserordentlich heilkräftig und wurde deshalb viel gebaut. Jetzt hat er seine Bedeutung fast ganz verloren und verschwindet mehr und mehr aus den Gärten. Bis Hannover und Mecklenburg ist er nach Norden vorgedrungen gewesen und im niederdeutschen Volksmunde hiess er „fine Gretje" (Angleichung an *foenum graecum*).

# 3. Technisch verwertbare Pflanzen.

## Färberröte, Waid, Wau und Safflor.

**Warentiam** Capitulare 43 und 70, 65. *Rubia tinctorum* L., Färberröte, Krapp.

Ἐρυθρόδανον Diosk. 3, 150: neugr. ῥιζάρι.

*Rubia* Plin. 19, 3, 17; 24, 11, 56; it. *robbia;* fr. *garance.*

Die Färberröte, die in Südeuropa heimisch ist, wurde schon von den Alten gebaut und zum Färben von Wolle und Leder benutzt. In Deutschland ist ihr Anbau wohl nie von grosser Ausdehnung gewesen.

Der französische Name *garance* stammt aus dem spätlateinischen *barentia, uuarentia, uuarantia,*[1]) das auch zur Bezeichnung der Färberröte im Capitulare dient. Im Deutschen führte die Pflanze den Namen Röte oder Rode (niederdeutsch); das Colmarer Glossar unterscheidet Rubea maior Rode (623) und Rubea minor der kledere (624); das letztere ist unser Klebkraut *(Galium Aparine* L.).

„Siebengezeit" wird von einigen als gleichbedeutend mit *Foenum graecum* gebraucht. Hier liegt ein Irrtum vor, denn Siebengezeit ist der Volksname für *Melilotus caeruleus* Lam.

[1]) CGL III: barentia . i . rubia 554, 34; 618, 62; uuarentia . i . rubia 579, 30; crizodrano rubia siue uarancia 632, 12.

**Waisdo** Capitulare 43; *Isatis tinctoria* L., Waid.
'Ισάτις Diosk. 2, 215.
*Vitrum* Caesar Bellum Gall. 5, 14; *glastum* Plin. 22, 1, 2; it. *guado,*
*glasto;* fr. *guède.*

Den verschiedenen modernen Namen des Waid liegt wohl das
spätlateinische *uuasdus* zu Grunde,[1]) das neben *isatis* im Mittelalter vorkommt. Ausser zum Blaufärben wurde der Waid auch noch als Heilmittel benutzt. Bei der heiligen HILDEGARD (1, 208) heisst er *weyt.*

ALBERTUS MAGNUS hat (6, 430) eine Farbepflanze *sandix,*[2])
ebenso KONRAD VON MEGENBERG (5, 71), der als deutschen Namen
*waitkraut* angiebt. Die Beschreibung könnte bei beiden auf den Waid
passen, nur stimmt die rote Wurzel, die der Färberröte angehört, nicht
dazu. Indessen wird in den Glossaren *sandix* mit *weit* und *weitwurz*
übersetzt.[3]) Die *sandix* genannte Pflanze scheint früher viel gebaut
worden zu sein, wenigstens sagt KONRAD VON MEGENBERG von ihr:
„des krautes ist in Dürgen viel umb Erfurt". Man wird diese Pflanze
wohl als Waid deuten dürfen.

In Folge früheren Anbaues ist der Waid in Norddeutschland an
manchen Stellen verwildert. Gegenwärtig findet man ihn selten gebaut,
da Indigo und die Anilinfarben ihn aus seiner Stellung verdrängt haben.

*Reseda luteola* L., Wau.
*Lutum* Vergil Ecl. 4, 44; Vitruv, de arch. 7, 14, 2; Plin. 33, 5, 26
(herba quam lutum appellant); it. *erba gialla, erba guada, guaidone,*
*luteola;* fr. *gaude.*

Eine genaue Beschreibung der Pflanze, welche die Römer *lutum*
nannten, besitzen wir nicht, wir wissen aber von VERGIL, dass sie gelb
färbte (er nennt sie *croceum lutum*), und von VITRUV, dass man ein
schönes Grün erhielt, wenn man etwas blau gefärbtes mit der gelben
Farbe des *lutum* tränkte. Da die genannten Eigenschaften dem in Italien
wachsenden Wau zukommen, und da man unter den dort wachsenden
Pflanzen eine andere nicht kennt, die ebenso färbte, so hat man *lutum*
als Wau gedeutet.

In den Pflanzenglossaren scheint der Wau ganz zu fehlen, aber
im 13. Jahrhundert finden wir ihn bei ALBERTUS MAGNUS (6, 352),
der ihn unter dem Namen *gauda* sehr sorgfältig beschreibt und ihm
ganz ähnliche Eigenschaften beilegt wie VITRUV: blaues Zeug wird
durch Wau grün gefärbt und weisses gelb; als Medicament ist er aber
nicht tauglich oder nicht versucht (utilitas autem ejus ad medicamina
aut nulla est, aut inexperta).

---

[1]) Isatis . i . uuas dus unde tingunt persum CGL III, 583, 48; persus bedeutet blau.

[2]) PLINIUS (35, 6, 12 u. 23) versteht unter *sandyx* eine rote Mineralfarbe, wahrscheinlich Mennige; bei VERGIL, Ecl. 4, 45, wird auch *sandyx* erwähnt.

[3]) Weit-Saudix ahd. Gl. 25, 10; sandix, weitwurz Sum. 63, 56.

Von HIERONYMUS BOCK wird der Wau Orant oder Sterckkraut genannt, von TABERNAEMONTANUS und anderen auch Streichkraut. Früher ist er ziemlich viel gebaut worden; jetzt findet man ihn in Norddeutschland vielfach verwildert und eingebürgert.

*Carthamus tinctorius* L., Safflor.

Κνῆκος Theophr. 6, 4, 3; κνίκος Diosk. 4, 187.

*Cnecos* Plin. 21, 15, 53; it. *cartamo, zaffrone;* fr. *carthame, safre, safran bâtard.*

Stammt aus Egypten. Die Samen dienten früher als Arznei. Die getrockneten Blumen enthalten einen gelben und, in geringerer Menge, einen roten Farbstoff (spanisches Rot, zu roter Schminke verarbeitet); sie dienten vielfach zur Verfälschung des teuren und jetzt aus der Mode gekommenen Safrans. ALBERTUS MAGNUS nennt den Safflor *crocus* (6, 297) und weiss ihm nicht viel Gutes nachzusagen; den Safran nennt er *crocus hortensis.*

## Seifenkraut und andere Waschmittel.

*Saponaria officinalis* L., Seifenkraut.

Das Seifenkraut kommt hier im Norden nur in unmittelbarer Nähe menschlicher Wohnungen, namentlich in Gartenzäunen, und fast nur mit gefüllten Blumen vor: es ist offenbar eine verwilderte Pflanze. Die Blätter und ganz besonders die Wurzel enthalten Seifenstoff, Saponin, in grösserer Menge; deshalb wurde die Wurzel früher viel zum Waschen gebraucht. Jetzt, wo die Pflanze durch die billigen Seifenpreise ausser Kurs gesetzt ist, wird die Wurzel nur noch zum Waschen hellgefärbter Wollstoffe angewandt, aber offenbar selten.

Der Name *saponaria*, der bei ALBERTUS MAGNUS (2, 110) genannt wird, scheint in den Pflanzenglossaren nur sehr selten vorzukommen; den Römern war er unbekannt. Das Struthion des THEOPHRAST (στρουθίον, 6, 8, 3), das eine schöne aber geruchlose Blume hat, könnte unser Seifenkraut sein, da diese Pflanze im heutigen Griechenland καλοστρούθι (etwa „schönes Struthion") und σαπουνόχορτον (Seifenkraut) heisst. Das Wort Struthion bezeichnet aber bei THEOPHRAST mehrere und von einander verschiedene Pflanzen. PLINIUS identificiert (19, 3, 18) die römischen Bezeichnungen *radicula* und *herba lanaria* (COLUMELLA lässt die Wolle der tarentinischen Schafe vor der Schur mit *radix lanaria* waschen, 11, 2, 35) mit dem griechischen *struthion*, verlegt die Heimat der Pflanze nach Asien, und schildert sie als gut aussehend, geruchlos, dornig und mit flaumig behaartem Stengel (grata adspectu, verum sine odore, spinosa et caule lanuginis). Er könnte *Gypsophila Struthium* L. meinen, deren Wurzel als levantische, egyptische oder spanische Seifenwurzel in den Handel kommt; ihr Stamm ist jedenfalls so rauh, dass er ihn als „spinosus" bezeichnen könnte, und ihre Wurzel ist reich an

Saponin. Auch noch andere Gypsophilaarten mit saponinhaltigen Wurzeln können von den Römern als *herba lanaria* bezeichnet worden sein, z. B. *Gypsophila fastigiata* L., und die in Süditalien und auf Sicilien vorkommende *Gypsophila Arrostii* Gussone, die noch heute von den Italienern *radicetta* und *erba lanaria* genannt wird. Übrigens kommt unser Seifenkraut in Italien nicht selten vor und wird dort *saponaria* genannt; die Wurzel benutzt man auch dort zum Waschen.

ALBERTUS MAGNUS beschreibt (6, 396) unter dem Namen *nigella* unsere Kornrade, *Agrostemma Githago* L., sehr genau und bemerkt zum Schluss von ihr: „Tuchbereiter erzählen auch, dass ihr Mehl Wollenzeug sehr weiss und rein wasche, ebenso wie die Pflanze, die *borith* genannt wird." [1] Bei KONRAD VON MEGENBERG, der dieselbe Pflanze *nigella* und *rôteu kornpluom* nennt, findet sich nahezu die gleiche Bemerkung: „ez sprechent auch etleich wollenweber, daz ez daz wullein tuoch gar weiz rainig"; nur ist hier nicht vom Mehl der Kornrade die Rede. Beide Autoren kennen augenscheinlich diese Anwendung der Kornrade nicht aus eigener Anschauung und berichten, wenn das, was sie sagen, überhaupt richtig ist, über eine damals schon in Vergessenheit geratene Technik.

### Flachs und Leinenappretur.

Linum Capitulare 43 u. 62; *Linum usitatissimum* L., Flachs, Lein. Λίνον der Griechen; neugr. τὸ λινάρι; der Same heisst λιναρόσπορος. *Linum* der Römer; it. *lino;* fr. *lin,* der gehechelte Flachs *filasse.*

Die Untersuchung über die Heimat des Flachses ist noch nicht als völlig abgeschlossen zu betrachten. HEHN kommt durch Prüfung der Angaben, welche sich bei den Schriftstellern des Altertums finden, zu dem Resultat, dass die Flachskultur aus Egypten und dem babylonischen Reich stamme. Damit ist aber die Frage nach der eigentlichen Heimat des Flachses noch nicht beantwortet, wenn es auch wahrscheinlich ist, dass der Flachs aus der Mittelmeerregion oder aus dem gemässigten Westasien stammt. Er hat sich eben an alle Klimate gewöhnt: im gemässigten ist er Sommerpflanze, im heissen Winterpflanze. Dass der Flachs über Italien nach Deutschland gekommen ist, ist sicher; da aber die Flachskultur in den nordeuropäischen Ländern sehr alt ist, älter als das Eindringen römischer Kultur, so muss er seinen Weg hierher durch andere Länder, vielleicht durch das heutige Ungarn oder Russland genommen haben. Gebaut wurde er hauptsächlich seiner Fasern wegen, an manchen Orten aber auch wegen seiner Samen. Leinsamen liefert ein sehr brauchbares Ol, das auch an Speisen Verwendung findet, und wird ausserdem vielfach in der Medicin benutzt.

---

[1] „Fullones etiam quidam tradunt quod farina ejus lavat laneos albissime et mundissime, sicut herba, quae vocatur borith;" die Pflanze *borith* wird von C. JESSEN als *Salsola fruticosa* L. gedeutet.

An dieser Stelle mag noch eine technische Frage kurz erörtert werden.

WALAFRIDUS STRABUS sagt bei der Besprechung der blauen Schwertlilie *(Iris germanica* L.) in den letzten Zeilen des Gedichtes, dass der Tuchbereiter mit ihrer Hülfe bewirke, dass das Leinen steif werde und Wohlgeruch annehme.[1]) Hier dient die Wurzel der Schwertlilie, denn an andere Teile der Pflanze kann man füglich nicht denken, dazu, dem Leinen Appretur zu verleihen; da diese Wurzel nach Veilchen duftet, so ergiebt sich der Duft nebenher. Wir werden durch diese Stelle an eine gänzlich in Vergessenheit geratene Technik erinnert: niemand denkt heute noch daran, mit dem in der Iriswurzel enthaltenen Pflanzenschleim dem Leinengewebe Steife und Glanz zu verleihen; dass diese Technik aber verbreiteter war, bezeugt die Glosse: irius follonicatoria (CGL III, 546, 69); *irius* ist soviel wie Iris, und *follonicatoria* kommt von *fullonicare,* einem Verbum, das die Tätigkeit der Tuchbereiter (fullones) bezeichnete.[2]) Gepulverte Iriswurzel, namentlich die von der *Iris florentina* stammende Veilchenwurzel, wird noch heute zum Waschen von seidenen Bändern benutzt; vielleicht hat man diesen Gebrauch als Rest der eben genannten Technik zu betrachten.

Das lateinische Wort *candor* stimmt seinem Sinne nach mit dem heutigen „Appretur" überein, das nicht nur Glanz, sondern schönes Aussehen überhaupt, und bei Leinen auch noch Weisse bedeutet. Dem gebleichten Leinen wird gegenwärtig die Appretur durch Dextrin erteilt. Die Römer verstanden auch die Kunst, das Leinen mit *candor* zu versehen (HUGO BLÜMNER, Technologie und Terminologie der Gewerbe und Künste bei Griechen und Römern, Bd. 1, Leipzig 1875, S. 185), auch benutzten sie dazu nach PLINIUS [3]) Pflanzen, und zwar eine Art von Mohn *(papaver).* PLINIUS war nicht so strenge in der Unterscheidung von Gattungen und Arten, wie wir es heute zu sein versuchen.

<hr />

[1]) „Pignore fullo tuo lini candentia texta
    Efficit ut rigeant dulcesque imitentur odores."

[2]) Man vergl. A. FUNCK, Glossographische Studien, im Archiv für lateinische Lexikographie, Bd. VIII, S. 376.

[3]) 19, 1, 4 am Schluss: „Est et inter papavera genus quoddam quo candorem lintea praecipuum trahunt". — 20, 19, 79 spricht PLINIUS von einer wilden Mohnart, die *heraclion* oder *aphron* genannt wird und von der er sagt: „ex hoc lina splendorem trahunt aestate". Er meint hier offenbar die μήκων Ἡρακλεία Theophr. 9, 12, 5, die identisch mit der μήκων ἀφρώδης bei DIOSKORIDES (4, 67) zu sein scheint. Welche Pflanzenart mit diesen Namen gemeint sein mag, ist bis jetzt nicht zu entscheiden gewesen, vielleicht hat man es auch zu DIOSKORIDES' Zeit nicht mehr gewusst. THEOPHRAST sagt von ihr, sie habe ein Blatt wie das Seifenkraut, womit man die Leinwand wäscht (τὸ μὲν φύλλον ἔχουσα οἶον στρουθός, ᾧ τὰ ὀθόνια λευκαίνουσιν); PLINIUS hat das ganz missverstanden (er übersetzt στρουθός durch *passer,* Sperling, was an und für sich möglich ist, aber an dieser Stelle nicht gemeint sein kann) und sein Ausspruch „ex hoc lina splendorem trahunt aestate" ist garnicht auf den heraklcïschen Mohn zu beziehen, sondern auf das Seifenkraut.

Seine Mohnart braucht deshalb garnicht der heutigen Gattung *Papaver* anzugehören, sondern nur eine äussere Ähnlichkeit mit ihr zu haben, und da lenken sich denn unwillkürlich die Gedanken auf die grossblumigen Anemonen, wie *Anemone coronaria* L., die in Italien vorkommen, und deren rotblühende Formen an die Klatschrose (*Papaver Rhoeas* L.) erinnern. PLINIUS selbst, der diese Anemone *anemone coronaria* nennt (21, 23, 94), giebt zu, dass diejenige mit roter Blume (quae phoenicium florem habet), die zugleich die häufigste sei, mit den wilden Mohnarten verwechselt werde, nämlich mit *argemone* und *rhoeas*. Ihm selbst kann diese Verwechselung trotzdem passiert sein, denn viele Pflanzen, über die er schreibt, hat er offenbar nie gesehen und gelegentlich hat er seine Vorlage überhaupt nicht verstanden.

Die genannte Anemonenart besitzt eine knollige, fleischige Wurzel, und diese enthält, nach einer von hülfsbereiter Hand vorgenommenen Analyse, grosse Mengen von Pflanzenschleim und Stärkemehl, würde sich also zum Appretieren sehr wohl eignen. Deshalb erscheint es nicht zu kühn, wenn man diese Anemone als das „quoddam genus inter papavera" bei PLINIUS anspricht.

## Hanf und Nessel.

**Canava** Capitulare 62; *canabis* im Breviarium; *Cannabis sativa* L., Hanf. Κάνναβις Herodot 4, 73, 74 u. 75; Diosk. 3, 155; neugr. κανναβι. *Cannabis* der Römer, auch *cannabus: it. canape, canapa; fr. chanvre.*

Dass der Hanf eine asiatische und keine europäische Pflanze ist, darüber sind sich alle einig; aber während einige seine Heimat nach dem gemässigten Mittelasien und Sibirien verlegen, suchen andere sie in Indien. Über die Art und Weise, wie der Hanf sich verbreitet hat, weiss man nicht sehr viel. Während die erste Nachricht über ihn bei römischen Schriftstellern sich etwa 100 Jahre vor Chr. findet, nämlich beim Satiriker LUCILIUS (HEHN S. 158), wird andererseits bei ATHENÄUS erzählt (5, 206 f), dass König Hiero II. von Syrakus den Hanf für sein Prachtschiff vom Flusse Rhodanus (Rhone) in Gallien habe kommen lassen. Im dritten Jahrhundert vor Chr. wurde also im heutigen Südfrankreich Hanf gebaut, während es um diese Zeit an Nachrichten über einen derartigen Bau für Italien fehlt. Da wird es denn wenigstens wahrscheinlich, dass der Hanf seinen Weg nach Gallien nördlich von den Alpen genommen habe.

Dass der Hanf eine zweihäusige Pflanze ist, wurde verhältnismässig früh bemerkt,[1]) aber auch hier fand, wie früher fast überall, eine Verwechselung statt: die kleinere männliche Pflanze wurde, eben weil sie klein und weniger zu verwerten war, die weibliche, „femella", genannt, die grössere weibliche aber männlich, „masculus", und beide Namen haben

---

[1]) CGLiii: canape . i . agre genera sunt duo masculus et femina quae est efficax **587, 73; 608, 68.**

sich in manchen Gegenden Deutschlands als Fimmel und Maschel oder Masch in demselben Sinne erhalten, wie sie früher gebraucht wurden. Sonderbarer Weise führt der Hanf in alten Pflanzenglossaren[1]) sehr viel die Namen agrius und agre, die „wild" bedeuten.[2]) Deutsche Namen des Hanfs sind *haneph, hanif, henp, hemp, kempenkrut* (im Holländischen *Kemp*).

Die grosse Brennnessel (*Urtica dioica* L.), die auf feuchten Wald-plätzen, an Wällen und auf wüsten Stellen wächst, dient noch jetzt Völkerschaften an der Grenze Asiens und Europas zur Bereitung von Garn und Zeug (HEHN, S. 481, 482). Auch in Deutschland ist sie früher in gleicher Weise benutzt worden. ALBERTUS MAGNUS führt (6, 462) noch die Nessel als Gespinnstpflanze an und schreibt dem aus Nesselfaser bereiteten Zeuge Eigenschaften zu, die dem aus Flachs oder Hanf hergestellten nicht zukommen. Den Römern war eine solche Technik unbekannt, wohl aber kannten sie, wie auch die Griechen, die Nessel als Gemüse- und Arzneipflanze. In Italien ist die grosse Nessel, die daselbst *ortica* genannt wird, häufig, in Griechenland selten. Die Pillen-nessel (*Urtica pilulifera* L.) ist in Griechenland die häufigste, in Nord-italien seltener, bei uns in Deutschland zuweilen verwildert und manch-mal bis nach Norddeutschland verschleppt. Wenn von essbaren Nesseln die Rede ist, so sind die genannten beiden vorzugsweise gemeint. Bei den Griechen heissen sie ἀκαλύφη, ἀκαλήφη und κνίδη, neugr. κνίδη und bei Athen τσουκνίδα; bei den Römern werden sie *urtica* genannt. Die jungen Frühjahrstriebe der Nesseln wurden gegen Brustleiden empfohlen, dienten aber ganz besonders als Gemüse, wie noch jetzt in Ungarn und dem östlichen Deutschland; nach Westen hin ist dieser Gebrauch seltener. Die Triebe werden abgebrüht, wie schon THEOPHRAST (7, 7, 2) empfiehlt, und dann wie Spinat behandelt.

ALBERTUS MAGNUS spricht (6, 642) von einer griechischen Nessel, *urtica graeca*. KONRAD VON MEGENBERG (5, 82) von einer *kriechisch nezzel*, die klein an Stamm und Blättern ist, aber viel stärker brennt als die grosse. Es ist dies die kleine Brennnessel (*Urtica urens* L.), die ein sehr lästiges Gartenunkraut ist, aber sich auch an Schuttplätzen ansiedelt. Bei der heiligen HILDEGARD heisst sie *eyter neszel*, was so

---

[1]) CGL III: agrio canapin 631, 21; agrius . canape 543, 4; agre . i . canape 552, 44. — Colm. Gloss. a . . ion (d. h. agrion) haneph 17.

[2]) Sollte dies daher kommen können, dass der Hanf auf wüsten Plätzen gesät wurde, ähnlich wie früher der Flachs in Mecklenburg, der sich mit den Rändern der Dorfstrassen und Wege begnügen musste? (Vergl. E. H. L. KRAUSE, Pflanzen-geographische Übersicht der Flora von Mecklenburg, im Archiv d. Ver. d. Freunde d. Ntg. in Mecklenburg, Bd. 38, Güstrow 1884, S. 124). Im Grossen ist er in Deutsch-land überhaupt selten gebaut worden, wohl aber fand und findet man in den Gärten von Fischern und Landleuten ein grösseres mit Hanf bestandenes Beet, das die häus-lichen Bedürfnisse an Hanffaser befriedigen konnte.

viel wie Feuer- oder Brennnessel bedeutet, bei den Schriftstellern des 16. Jahrhunderts Eiter- oder Heiternessel. Wenn ALBERTUS MAGNUS sie „griechisch" nennt, so könnte dies andeuten, dass er sie für fremd in Deutschland hält. Wahrscheinlich ist sie aus Südeuropa nach Deutschland gebracht.

---

# 4. Pflanzen des Gemüsegartens.

## Kürbis, Gurke und Melone.

**Cucurbitas** Capitulare 70, 10; *Cucurbita lagenaria* L., Flaschenkürbis. Κολοκύντη Theophr. 1, 11, 3; 7, 1, 3; 7, 4, 6; κολόκυνθα Diosk. 2, 161; neugr. νεροκολοκυθιά (d. h. Wasserkürbis). *Cucurbita* Colum. 10, 381—388; 11, 3, 49 u. 50; Plin. 19, 5, 24; it. *zucca, zucca lunga, zucca da vino, zucca da pesce;* fr. *gourde, cougourde, calebasse.*

Bei den griechischen Schriftstellern der vorchristlichen Zeit erfahren wir über die Pflanze, die ebenso wie ihre Frucht κολοκύντη (kolokynte) genannt wurde, nur sehr wenig: die *kolokynte* war roh nicht essbar, wohl aber gekocht oder gebraten (Phainias bei Athen. 2, 68 d); es gab nur eine Art, aber innerhalb dieser waren die einen besser, die anderen schlechter (Theophr. 7, 4, 6). Ausserdem hatte sich die Sage erhalten, dass die *kolokynte* aus Indien stamme (Athen. 2, 59).

Die römische *cucurbita* hält man für identisch mit der griechischen *kolokynte.* In der That findet sich keine Angabe, aus der man auf das Gegenteil schliessen könnte. DIOSKORIDES bringt nur den Namen κολόκυνθα ohne Beschreibung; wäre die von ihm gemeinte Pflanze etwas anderes gewesen als die römische *cucurbita,* so würde er es bestimmt zum Ausdruck gebracht haben. Vom dritten Jahrhundert an finden wir die beiden Namen als identisch gegenübergestellt (CGL III, 16, 22; 185, 38; 265, 38 etc. etc.); wir wollen sie als solche nehmen und mit Kürbis bezeichnen, und demnächst untersuchen, ob sich aus den überlieferten Angaben die Art bestimmen lässt.

COLUMELLA beschreibt (10, 381—388), wie man dem Kürbis verschiedene Formen geben könne, je nachdem der Same aus der Mitte oder aus den Enden der Frucht genommen werde; nimmt man z. B. · den Samen mitten aus dem Bauche, so erhält man eine Frucht, die geräumige Flaschen (lagena) zum Aufbewahren von Pech, Honig, Wasser und Wein liefert, die auch sogar zum Schwimmunterricht der Knaben benutzt wird.[1]) Ziemlich dasselbe sagt COLUMELLA 11, 3, 49, und fügt hier hinzu, dass die langen und dünnen Früchte zum Essen am besten seien.

PLINIUS stimmt in seinen Mitteilungen (19, 5, 24) ziemlich genau mit denjenigen COLUMELLAS überein; er sagt, dass man den Kürbis zwingen kann, beliebige Formen anzunehmen, wenn man die junge Frucht in ein Gefäss von der verlangten Form hineinsteckt; dass der Kürbis sich auf verschiedene Art als Gemüse benutzen lässt und dass er vor einiger Zeit in den Bädern an die Stelle der thönernen Gefässe getreten sei, während er schon früher statt der Thongefässe zur Aufbewahrung des Weines benutzt wurde.[2])

Nach dem hier Angeführten kann der Kürbis der Römer und Griechen nur unser Flaschenkürbis gewesen sein, denn kein anderer Kürbis hat eine erhärtende Schale, die sich zu Gefässen verarbeiten lässt.

Das Einzige, was sich gegen diese Auffassung geltend machen liesse, ist eine Bemerkung bei PLINIUS (19, 5, 24): „Kräfte, um ohne Stütze zu stehen, sind nicht vorhanden, die Geschwindigkeit (des Wachstums) ist gross, mit leichtem Schatten Gewölbe und Laubengänge bedeckend. Daher diese beiden Hauptgeschlechter, der Gewölbekürbis und der plebejische, insofern er am Boden kriecht.“[3]) Indessen wird kaum jemand nach den hier gegebenen Unterschieden auch nur Rassen, geschweige denn Arten unterscheiden wollen.

Wir würden schon jetzt kein Bedenken tragen den Kürbis des Capitulare als Flaschenkürbis anzusprechen, aber ehe wir uns definitiv entscheiden, wollen wir untersuchen, ob nach Karl dem Grossen von anderen Kürbisarten die Rede ist. Die erste ausführliche Nachricht über den Kürbis finden wir bei WALAFRIDUS STRABUS. Er sagt am Schlusse seines „Cucurbita“ überschriebenen Gedichtes etwa Folgendes: „Setzt man den Kürbis den Sonnenstrahlen aus und schneidet ihn nach erlangter Reife ab, so lassen sich aus ihm dauerhafte Gefässe anfertigen, wenn man das Fruchtfleisch herausnimmt und die Wände mit einem Schabeisen vorsichtig abkratzt; bisweilen fasst ein solches Gefäss einen gewaltigen Sextarius (Schoppen), ja ein noch grösseres Maass kann es

---

[1]) „Ventre leges medio, sobolem dabit illa capacem
  Naryciae picis, aut Actaci mellis Hymetti,
  aut habilem lymphis hamulam, Bacchove lagoenam;
  tum pueros eadem fluviis iunare docebit.“

[2]) „Nuper in balneorum usum venere urceorum vice, iampridem vero etiam cadorum ad vina condenda.“

[3]) „Vires sine adminiculo standi non sunt, velocitas pernix, levi umbra camaras ac pergulas operiens. Inde haec prima duo genera, camararium et plebeium quo humi repit.“

aufnehmen, eine Amphora (48 Sextarien), und wenn man es verpicht, so
bewahrt es den Wein lange unverdorben".[1])

Die heilige HILDEGARD spricht von *kurbesa*, lateinisch *cucurbita*
(1, 87), ohne eine Beschreibung zu liefern, aber ALBERTUS MAGNUS
sagt (6, 312): „Der Kürbis bringt seine Samen (grana sui germinis) in
einem grossen Gefässe hervor, das, wenn es reif ist, die Mitte hält
zwischen gebranntem Thon und Holz (medium est inter testam et lignum),
obgleich der Kürbis selbst nichts Holziges (uihil ligneitatis) in Stamm
und Blättern hat"; und weiterhin (6, 314), wo von der Gurke die Rede
ist, bemerkt er: „Die Gurke hat eine gelbe Blume und der Kürbis eine
weisse" (et florem habet croceum, et cucurbita album). KONRAD VON
MEGENBERG erwähnt nur den *kürbiz* oder *cucurbita*, ohne eine Beschreibung zu liefern.

Was aus der Zeit nach Karl dem Grossen über den Kürbis gesagt
wird, lässt sich also auch nur auf den Flaschenkürbis beziehen. Von
besonderer Wichtigkeit sind die Bemerkungen des ALBERTUS MAGNUS;
denn da er in Italien gewesen war, so hätte er bei der Aufmerksamkeit, die er den Pflanzen widmete, es sicher erwähnt, wenn er andere
Arten als den Flaschenkürbis gesehen hätte. Wir müssen daher REUSS
recht geben, der die *cucurbita* des Capitulare als Flaschenkürbis gedeutet hat.

HEHN, der den Flaschenkürbis vom gemeinen Kürbis nicht unterschied, sondern beide für eine Art gehalten haben muss, spricht immer
nur vom Kürbis, nimmt also an, dass man im Altertum nur einen Kürbis
kannte. Nach dem oben Gesagten kann dies nur der Flaschenkürbis
gewesen sein, als dessen Heimat man heute die Tropen ansieht; die
griechische Sage von seinem indischen Ursprung ist also mehr als Sage.
In Egypten ist er seit uralten Zeiten gebaut worden und wird es heute
noch; man findet ihn auf egyptischen Wandgemälden dargestellt (UNGER,
die Pflanzen des alten Egyptens, Sitzungsber. d. math.-natw. Classe d.
Akad. d. W. in Wien, 1860, Bd. 38, S. 125) und ebenso auf pompejanischen (Comes, S. 21, 22).[2])

---

[1]) „Si vero aestivi sinitur spiramina solis
cum genitrice pati, et matura falce recidi,
idem foetus in assiduos formarier usus
vasorum poterit, vasto dum viscera ventre
egerimus, facili radentes ilia torno,
nonnunquam hoc ingens sextarius abditur alvo,
clauditur aut potior mensurae portio plenae
amphora, quae piceo linitur dum glutine, servat
incorrupta diu generosi dona Lyaci."

[2]) COMES will (S. 22) auch *Cucurbita Pepo* L. auf pompejanischen Wandgemälden erkannt haben. Es erscheint aber mindestens zweifelhaft, ob die genannte
Art sich allein an ihren Früchten erkennen lässt; die Früchte des Flaschenkürbis
sind nämlich von so erstaunlich wechselnder Form und Grösse, dass die von COMES

WITTMACK ist zu dem Resultat gelangt, dass unser gemeiner Kürbis, *Cucurbita Pepo* L., aus Amerika stammt (Die Heimat der Bohnen und Kürbisse, Berichte d. Deutschen Botan. Gesellschaft, Bd. 6, 1888, S. 374—380); dazu würde das Ergebnis unserer Untersuchungen stimmen. Aber wir besitzen auch noch ein direktes Zeugnis dafür, dass *Cucurbita Pepo* L. aus Amerika zu uns gebracht ist. In seinem Commentar zum DIOSKORIDES, S. 393, sagt MATTIOLI, nachdem er den Flaschenkürbis beschrieben und auch angegeben hat, dass er weisse Blumen habe [1]): „Es giebt auch verschiedene andere, Italien fremde, Kürbisarten, welche sich weit in den Winter hinein frisch aufbewahren lassen. Man sagt, sie seien aus Westindien nach Italien gekommen: deshalb werden sie mehrfach indische genannt. Sie kommen aber schon lange auf italienischem Boden vor." Darauf folgt eine Aufzählung des ungeheuren Formenreichtums und die Angabe, dass die Blumen dieser Kürbisse gelb seien. Zu Anfang des 16. Jahrhunderts mag wohl der gemeine Kürbis nach Italien gekommen sein; MATTIOLI konnte also schon von den „ältesten Leuten" über den Anbau dieser Kürbisart gehört haben.

In den Kräuterbüchern des 16. Jahrhunderts finden wir neben dem Flaschenkürbis, welcher Kürbs, auch wohl Fläschen Kürbs (TAB.) genannt wird, auch schon verschiedene Rassen des gemeinen Kürbis abgebildet. Diese heissen meistens Indianischer Kürbs, *Cucurbita indica;* HIERONYMUS BOCK (fol. 297, vers.) nennt sie Indianisch öpffel oder Zuccomarin; er bemerkt, sie seien erst seit kurzer Zeit nach Deutschland aus fremden Landen über das Meer gekommen, und das italienische Wort „Zuccomarin" zeigt uns, welchen Weg die Pflanze von Amerika aus genommen hat. Der gemeine Kürbis hat nach und nach, wenigstens in Norddeutschland, den Flaschenkürbis ganz verdrängt.

**Cucumeres** Capitulare 70, 8; *Cucumis sativus* L., Gurke.

Σίκυος Theophr. 7, 4, 6; σίκυς ἥμερος Diosk. 2, 162; neugr. τὰ αγγούρια (die Früchte).

*Cucumis* der Römer; it. *cocomero, retriolo;* fr. *concombre.*

Schon THEOPHRAST erwähnt drei verschiedene Rassen der Gurke, und ebenso finden wir bei den römischen Schriftstellern mehrere genannt. Während des Mittelalters scheint die Kultur der Gurke zurückgegangen zu sein, denn bei der heiligen HILDEGARD und bei KONRAD VON

genannten Abbildungen sich vielleicht zwanglos auf diese beziehen lassen. COMES identificiert *Cucurbita lagenaria* mit *cucurbita* PLINIUS, *Cucurbita Pepo* mit κολοκύντη THEOPHRAST; Gründe dafür giebt er nicht an; er irrt aber sicher, wenn er die *cucurbita* bei COLUMELLA 11, 3, 48 für *Cucurbita Pepo* L. hält, denn daselbst wird weiter unten 11, 3, 49 von den Kürbissen gesagt: „nam sunt ad usum vasorum satis idoneae, cum exaruerint", was offenbar nicht vom gemeinen Kürbis gilt.

[1]) „Sunt et alia Cucurbitarum varia genera Italiae peregrina, quae diu per hyemem recentes asservari possunt. Ferunt has ab occidentalibus Indiis in Italiam venisse: unde Indicae a pluribus vocitantur. Sed iam diu Italico solo proveniunt."

MEGENBERG wird sie nicht erwähnt, wohl aber bei ALBERTUS MAGNUS (6, 314), der sie *cucumer* nennt. In den Glossaren kommt sie selten vor, wird lateinisch *cucumer* und deutsch *erdaphil* (Sum. 56, 21), *erthappl* (Königsb. Gloss.) und *ertappel* (Mone, Colm. Gloss.) genannt, scheint aber gelegentlich mit Kürbis verwechselt worden zu sein (kurbiz - Cucurbita vel cucumer ahd. Gl. 7, 21), auch mit der Melone. Im 16. Jahrhundert erscheint die Gurke wieder als beliebte und häufige Gemüsepflanze.

**Pepones** Capitulare 70, 9; *Cucumis Melo* L., Melone.
Πέπων Diosk. 2, 163; neugr. τὰ πεπόνια (die Früchte).
*Melopepo* Plin. 19, 5, 23; it. *popone*; fr. *melon*.

Ob das Wort πέπων (pepon) bei den vorchristlichen griechischen Schriftstellern sich schon auf unsere Melone bezieht, lässt sich nicht mit vollständiger Sicherheit entscheiden; es ist ein Adjektivum, das reif bedeutet, und das bald allein gebraucht, bald mit σίκυς (Gurke) verbunden wurde. Beachtet man aber, dass im Mittelalter noch Gurke, Kürbis und Melone mit einander verwechselt wurden, und dass die Melonen im heutigen Griechenland πεπόνια (peponia) genannt werden, so ist jedenfalls die Möglichkeit vorhanden, dass auch die Griechen des Altertums die Melone gekannt haben; dagegen spricht freilich der Umstand, dass nirgendwo von ihrem Dufte die Rede ist.

Von einer gurkenähnlichen Frucht mit Duft spricht zuerst PLINIUS 19, 5, 23, wo er erzählt, dass in Campanien eine Gurke entstanden sei vom Aussehen einer Quitte (mali cotonei effigie); diese sei durch Aussaat fortgepflanzt und *melopepo* genannt werden, bewunderungswürdig durch Form, Farbe und Duft. Diese Worte passen zwanglos auf die Melone, deren Namen überdies von *melopepo* herzuleiten ist; aus dem langen Worte *melopepo* (μηλοπέπων = Quitten-pepo) wurde im Volksmunde *melo*, und daraus unser Melone. An ein spontanes Entstehen der merkwürdigen Frucht werden wir heute nicht mehr glauben, aber bei den weitverzweigten Verbindungen des damaligen römischen Reiches war die Einfuhr von Samen aus Südasien, dem Heimatlande der Melone, leicht möglich; dass der Bericht über ihr erstes Auftreten in Italien den Charakter der Fabel trägt, ist nicht weiter wunderbar. Dass übrigens die Römer die Melone kannten, wird dadurch zur Gewissheit erhoben, dass unter den auf einem antiken Mosaik des Vatikans dargestellten Früchten sich auch eine Melone befindet (Alph. de Candolle, S. 327); auch will COMES (S. 20) die Hälfte einer Melone auf einem pompejanischen Wandgemälde erkannt haben.

Ehe wir weiter gehen, wollen wir uns noch einen Augenblick mit der Frucht beschäftigen, die PLINIUS *pepo* nennt (19. 5, 23, zu Anfang); hier berichtet PLINIUS über die Gurken: „sie wachsen in jeder Form, zu der sie gezwungen werden, in Italien grün und sehr klein, in den Provinzen sehr gross und wachsfarben oder dunkel (quam maximi et cerini aut nigri). Beliebt sind die reichtragenden (copiosissimi) Afrikas, die kolossalen (grandissimi) Moesiens. Wenn sie sich durch Grösse auszeichnen, werden sie *pepones* genannt". Die Frucht, von der PLINIUS hier spricht, kennt er offenbar selbst nicht sehr genau, aber aus dem was er sagt, folgt immerhin, dass sie Ähnlichkeiten mit der Gurke und der Melone hatte: er spricht ja von ihr als einer Art oder Rasse der Gurke und wenn die Melone *melopepo* genannt wurde, so kann das doch nur deshalb geschehen sein, weil sie in gewissen Eigentümlichkeiten mit der *pepo* genannten Frucht übereinstimmte. Deshalb wird man wohl die *pepo* des PLINIUS als Wassermelone, *Citrullus vulgaris* Schrader, deuten dürfen; diese dem intertropischen Afrika angehörige Pflanze ist seit uralten Zeiten Kulturpflanze in Egypten gewesen, ist es heute im ganzen Orient, in Griechenland, in Serbien und Bulgarien (Moesien), in Südrussland und Ungarn; aber während sie in den nördlicheren Ländern auch auf dem Tische der Reichen erscheint, ist sie weiter nach Süden Nahrungs- und Genussmittel der Armen und Ärmsten, wird aber von den Reichen verschmäht. Ähnlich konnte es zu PLINIUS' Zeiten gewesen sein: der vornehme Römer hatte von der Wassermelone gehört, von ihrem Heimatlande Afrika, von ihrer Verbreitung, aber er selbst hatte sie vielleicht nur gesehen; denn wenn er sie gegessen hätte, würde er doch wohl ihre dunklen Kerne oder ihr rotes Fruchtfleisch erwähnt haben. Aber freilich findet sich eine Angabe dieser besonders hervorragenden Kennzeichen der Wassermelone erst im 16. Jahrhundert (Matt., Tab. etc.) Andererseits würde es geradezu unbegreiflich sein, wenn die Römer die Wassermelone nicht sollten gekannt haben, denn dazu waren ihre Verbindungen mit Egypten viel zu zahlreich.

Wir deuten also von den bei PLINIUS erwähnten Cucurbitaceen die *cucurbita* als Flaschenkürbis, *cucumis* als Gurke, *pepo* als Wassermelone und *melopepo* als Melone, halten es aber für möglich, dass unter diesen Benennungen damals, ebenso wie in späterer Zeit, manche Verwechselungen vorgekommen sind; es ist deshalb nicht immer möglich mit Bestimmtheit zu sagen, welche Pflanze an irgend einer bestimmten Stelle unter *cucumis*, *pepo* etc. zu verstehen ist. Das *pepo* des Capitulare dürfte aber unsere Melone sein.

In den ersten Jahrhunderten unserer Zeitrechnung war die Melone in Italien und den Nachbarländern bekannt. In den Hermeneumata des CGL III wird unter den Gemüsen *pepo* mehrfach erwähnt und teilweise durch *melo* übersetzt, während *melopepo* nur selten vorkommt;[1] hier scheint also *pepo* die Melone selbst zu bedeuten. In den Glossaren des CGL III werden *melo* und *pepo* identifiziert, aber auch *pepo* und *cucumis*,[2] das letztere vielleicht nach PLINIUS.

---

[1] Πέπων *pepo* 16, 24; 88, 47; 317, 49; 359, 45 etc.; πέπων *melo* 265, 40; πέπονες *melones* 430, 32; μελοπέπον *melopepo* 317, 50.

[2] *Melonis . i . pepenus* 592, 74; *meleonis idest peponis* 614, 47; 626, 51; *peponus cucumeris* 594, 12; 609, 39; 616, 3.

In den lateinisch-deutschen Glossaren werden *pepo* und *melo* als gleichbedeutend behandelt und übersetzt mit *pfedemo*, *phedema*, *pedeme*, *bibenna*, zuweilen auch durch *erdapfel*,[1]) das freilich besser auf die Melone als auf die Gurke passt, aber möglicherweise doch eine Verwechselung der beiden Früchte andeutet. Bei der heiligen HILDEGARD fehlt *pepo* in der neuen Ausgabe, in der Strassburger wurde es im 56. Kapitel des zweiten Buches abgehandelt, und es ist nicht recht verständlich, weshalb es nicht auch in die neue Ausgabe mit hinübergenommen ist. ALBERTUS MAGNUS widmet den Cucurbitaceen einen verhältnismässig grossen Abschnitt. Die *melones*, welche auch *pepones* genannt werden, sind in Blättern und Blumen beinahe so wie die Gurke (6, 314); gewöhnlich ist *pepo* von gelber Farbe und von unebener Oberfläche, gleichsam als wäre er regelmässig aus scheibenförmigen Halbkreisen zusammengesetzt (quasi sit ordinate compositus ex semicirculis rotundis 6, 315); er enthält sehr viele Samen regellos (inordinate), die in einer gewissen Flüssigkeit schwimmen, im Gegensatz zum Kürbis, bei dem sie in einer trockenen Substanz sitzen (6, 313); nach diesen Worten kann man wohl nicht zweifeln, dass von der Melone die Rede ist. ALBERTUS MAGNUS spricht noch von einer ähnlichen Frucht, *citrulus*; während er die Melone an verschiedenen Stellen beiläufig abhandelt, widmet er dem *citrulus* einen besonderen Abschnitt (6, 315), beschreibt ihn aber ganz ausserordentlich kurz, denn er sagt nur, der *citrulus* ist ein *pepo* von grüner, ebener Rinde (citrulus autem est pepo viridis plani corticis). KONRAD VON MEGENBERG behandelt *citrulus* und ·Melone in demselben Abschnitt (5, 22): „*citrullus* haizet ein erdapfel und ist nähent gestalt sam die Pfedem, die ze latein *pepones* haizent;" aber der Erdapfel ist grün und die Melone ist gelb. Es ist möglich, dass der *citrullus* bei ihm und ALBERTUS MAGNUS nur eine kurzfrüchtige Rasse der Gurke ist, ebenso wie bei MATTIOLI (comm. S. 395). Man vergleiche den Nachtrag.

Melonen werden in den Kräuterbüchern des 16. Jahrhunderts *melo*, *pepo* und *melopepo*, auf deutsch Melone und Pfebe genannt, aber oft werden kleine Kürbisformen zu den Melonen gezogen. Die Wassermelone führt den Namen *citrullus* und Citrullen (TAB., BOCK), auch *anguria* und Angurien (MATT. comm. und Kräutb.); da ihre dunklen Kerne erwähnt werden, so kann man nicht zweifelhaft sein, dass sie hier gemeint ist.

## Erbsen und Bohnen.

**Pisos Mauriscos** Capitulare 70, 68. *Pisum arvense* L., Graue Erbse, preussische Erbse, Felderbse.

Πισός Theophr. 8, 1, 4; 8, 3, 1; 8, 5, 3; neugr. τὰ πιζέλλια.

------

[1]) Pfedemo-pepo ahd. Gl. 7, 22; pepo, pfedeme Sum. 22, 34; pepones pedeme, melones pedemen Königsb. Gloss.; pepo, phedema vel erdapfel Sum. 12, 66; pepones, ʿerdeapfel Sum. 41, 3; melon, bibenna Sum. 63, 2.

*Pisum* Colum. und Plin.; it. *pisello, rubiglio, rubilli* (die Samen); fr. *pois, pois gris, bisaille.*

Die Nachrichten über das *pisum* der Alten fliessen sehr spärlich. COLUMELLA sagt (2, 10, 19), dass *cicercula* der Erbse ähnlich sei. *Cicercula* ist aber unser *Lathyrus sativus* L., Saat-Platterbse, die auf den griechischen Gebirgen unter dem Namen λαθοῦρι, in Italien unter den Namen *cicerchia, cicercula, cece nero* noch jetzt gebaut wird; ihre Samen sind grünbräunlich, gross, kantig, unregelmässig viereckig oder kurz-pyramidenförmig. Auch PLINIUS berichtet nur, dass die Erbse unebene und eckige Samen habe (18, 12, 32). [1] Nimmt man hierzu, dass THEOPHRAST die Erbse nicht unter den Hülsenfrüchten anführt, die auch weisse Samen haben (8, 5, 1), [2] so wird man nicht fehl gehen, wenn man die Erbse der Alten als graue Erbse oder Felderbse *(Pisum arvense* L.) bezeichnet; denn die Samen der Felderbse sind dunkelfarbig, uneben und eckig. Hierzu stimmt es, wenn in den Glossaren des CGL III die Kichererbse, deren Samen gleichfalls eckig sind, weisse Erbse genannt wird. [3]

Wenn nun in dem sogenannten Breviarium Karls des Grossen (Pertz, Monumenta etc. Bd. 3, S. 178) neben Spelt, Gerste, Weizen, Roggen, Hafer und Bohnen (faba) auch *pisos* namhaft gemacht werden, so wird man hierbei nur an die Felderbse denken können. Im Capitulare selbst ist zu *pisus* das Adjektivum *Mauriscus* gestellt; REUSS übersetzt „Mohrenerbsen", was dem Wortlaute genau entspricht. Vielleicht soll es garnichts anderes heissen als „braune Erbsen". Noch heute wird eine Spielart der Felderbse gebaut, deren Samen gross, runzelig, eckig und lebhaft

---

[1] „Est et cicercula minuti ciceris, inaequalis, angulosi, veluti pisum."

[2] „Ἐπὶ πᾶσι (sc. τοῖς ὀσπρίοις) δὲ τὰ λευκὰ γλυκύτερα· καὶ γὰρ ὁ ὄροβος καὶ φακὸς καὶ ἐρέβινθος καὶ κύαμος καὶ σήσαμον· ἔστι γὰρ καὶ σήσαμον λευκόν"; das heisst etwa: „bei allen Hülsenfrüchten sind die weissen (hellen) die süsseren; nämlich sowohl Erwe, als Linse, Kicher, Bufbohne und Sesamon; denn es giebt auch weisses Sesamon." Unter ὄροβος ist *Ervum Ervilia* L. zu verstehen, das noch heute in Griechenland unter den Namen ρόβι, ρόβι, ροβ̄δια häufig gebaut wird; in Italien heisst die Pflanze *ervo, orobo* etc.; ihre Samen sind hellfleischfarbig bis ledergelb. Die Linse (φακός) hat gelblichweisse, gelbe, grünliche und fast schwarze Samen; über die Kicher vergleiche man unten S. 101; bei der Bufbohne oder Saubohne (vergl. unten S. 100) sind die Samen der grossfrüchtigen Gartenrasse hellfarbig bis fast weiss, diejenigen der kleinfrüchtigen Rasse, der Pferdebohne. bräunlich bis dunkelbraun. — Das Sesamum ist nach unseren Begriffen keine Hülsenfrucht; es stellt eine besondere Familie, die Sesamaceen, dar, die der Familie der Scrophulariaceen oder Personaten nahe steht. *Sesamum orientale* L. ist eine im Orient vielfach kultivierte Pflanze, deren weisse Samen ein vortreffliches Öl liefern, das schon den Babyloniern bekannt war; das ebenso benutzte *Sesamum indicum* L. hat schwarze Samen. Bei den Neugriechen heisst *Sesamum orientale* τὸ σησάμι oder σουσάμι, dessen Samenkorn τὸ ταχίνι; aus dem mit Honig versetzten Mehl der Samenkörner wird der χαλβᾶς bereitet, eine im ganzen Orient sehr beliebte und gewöhnliche Nahrung während der Fastenzeit (V. HELDREICH).

[3] Cicer pisalbus 589, 35; cicer idest pis albus 609, 62.

braun sind. die „Kapuzinererbse"; eine solche beschreibt schon BOCK
(Kräuterbuch fol. 219) unter dem Namen Fäselen[1]): „die zeittigen fäseln
seind nit ganz rund, souder geprefzt mit ecken, ganz Kestenbraun, gröffer
und vollkommlicher dann Erweissen geschlecht, zeittigen mit den Er-
weissen". Eine ähnliche oder dieselbe Spielart wird unter den „pisos
Mauriscos" zu versteben sein. Von der weissen Erbse ist zum ersten
Male zu Anfang des 14. Jahrhunderts die Rede und zwar bei PETRUS DE
CRESCENTIIS, lib. 3, cap. 20: „Pisum est robilia alba et grossa". (Nach
Meyer IV, S. 154).

ALPH. DE CANDOLLE hat die Frage, ob die Gartenerbse (Pisum
sativum L.) und die Felderbse (P. arvense L.) zwei Arten ausmachen
oder beide derselben Art angehören, unentschieden gelassen (Kulturpflanzen, S. 411—415). Seine Annahme. dass die Griechen zu THEO-
PHRASTS Zeiten die Gartenerbse gekannt hätten, ist nach dem oben
Gesagten offenbar unrichtig. Es handelt sich für uns also im wesentlichen
darum, zu entscheiden, ob die Gartenerbse aus der Felderbse durch
Kultur hervorgegangen sein kann. Die einzigen Unterschiede, die zwischen
diesen beiden Erbsenarten angegeben werden, sind folgende: die Gartenerbse hat weisse Blumen und kugelige. glatte Samen; die Felderbse hat
farbige Blumen mit bleichvioletter Fahne und purpurnen Flügeln, und
kantig-eingedrückte Samen. Unter den weissblühenden Gartenerbsen hat
aber die sogenannte Markerbse kantig-eingedrückte Samen. Die ange-
gegebenen Unterscheidungsmerkmale sind also nicht stichhaltig. Man
überzeugt sich auch leicht, dass unter den Rassen der Gartenerbse
ebenso grosse Verschiedenheiten in der Ausbildung der Früchte und
Samen vorkommen[2]), wie zwischen den Früchten und Samen der Gartenerbse und der Felderbse. Wir tragen daher kein Bedenken, unsere
Gartenerbse als eine Kulturform der Felderbse zu bezeichnen. Dies
ist schon 1855 von BENTHAM geschehen;[3]) 1860 hat ALEFELD dieselbe Ansicht ausgesprochen;[4]) ob, wie ALEFELD meint, Felderbse und
Gartenerbse beide von dem am Nordrand des Mittelmeeres und am
Caspi-See wildwachsenden Pisum elatius Steven (bei M. Bib.) abstammen,
muss hier unerörtert bleiben.

[1]) BOCK hat also den Namen phaseolus auf eine Erbsenart übertragen.

[2]) CHARLES DARWIN, Das Variiren der Thiere und Pflanzen im Zustande der
Domestication. Übers. v. J. Victor Carus. Bd. 1, Stuttgart 1868, S. 408—413. Es
wurde DARWIN mitgeteilt (S. 408), dass Andrew Knight die Felderbse mit einer
bekannten Gartenvarietät der preussischen Erbse gekreuzt habe und dass die Nach-
kommen dieser Kreuzung dem Anschein nach vollkommen fruchtbar gewesen seien;
dieser Versuch kann, da die beiden genannten Erbsenrassen beide zu Pisum arvense
gehören, die Einheit von Pisum arvense und P. sativum nicht beweisen.

[3]) Horticult. Journ. vol. IX, 1855, S. 141 (nach DARWIN, a. a. O. S. 408,
Anm. 78).

[4]) Über Pisum. Botanische Zeitung, Jahrg. 18, 1860, S. 204.

**Fasiolum** Capitulare 70, 11. *Dolichos melanophthalmus* DC.

Δόλιχος Theophr. 8, 3, 2; σμῖλαξ κηπαῖα Diosk. 2. 175; wahrscheinlich auch φασίολος Diosk. 2, 130; neugr. φασούλια; die kleinen gelb-
lichen Bohnen heissen τὰ Σμυρνάϊκα φασούλια.

*Phaselus, faseolus* Colum. 2, 10, 4; 11, 2, 72; 12, 9, 1; *phasiolus* Plin.
18, 7, 10; 18, 12, 32 und mehrfach.

Bisher hielt man die Phaseolusarten der Alten für identisch mit
unseren Gartenbohnen (*Phaseolus vulgaris* L. und andere). WITTMACK
hat aber gezeigt, dass unsere Gartenbohnen aus Amerika stammen
müssen,[1] und dass der *Phaseolus* der Alten ein *Dolichos* sei, und zwar
nach KÖRNICKE *Dolichos melanophtalmus* DC. Die Einführung der neuen
Bohnen hat sich so unbemerkt vollzogen, weil ihr amerikanischer Name
*frizoles* oder *frisoles*, aus dem das spanische *frejoles* oder *frijoles* gebildet
ist, einen gewissen Gleichklang mit *phaseolus* hat; ausserdem weichen
die Gattungen *Phaseolus* und *Dolichos* in ihrem Äusseren und zum Teil
in ihren Früchten so wenig von einander ab, dass der Laie sie nicht
von einander zu unterscheiden vermag.

Die Beschreibung, die uns DIOSKORIDES von seiner *smilax hortensis*
giebt, enthält nichts, woraus man die Art mit Sicherheit bestimmen
könnte. Die Früchte werden λόβια (Schoten) genannt; die Blättchen
sind epheuartig, aber weicher; die feinen Stengel winden sich mittels
Ranken am benachbarten Gesträuch in die Höhe und können Lauben
bilden; die Frucht hat Ähnlichkeit mit derjenigen des Bockshornklees,
ist aber länger und fleischiger; die Samen in ihr sind nierenförmig, nicht
gleichfarbig, sondern teilweise rötlich; die Frucht, mit den Samen gekocht, wird wie Spargel genossen.

In den Hermeneumata des CGL III wird *fasioli* durch *lobia* erklärt;[2] es finden sich aber auch die Zusammenstellungen *lobia suriace*
(185, 48) und τὰ λόβια *suriacae, fasioli* (265, 41). Hieraus sehen wir
zunächst, dass ein Unterschied zwischen den Früchten von *faseolus* und
*smilax* nicht gemacht wurde, und *suriace* (von συριακός) deutet vielleicht
an, dass man Syrien für die Heimat dieser Pflanzen hielt.

Nach MATTHAEUS SYLVATICUS sind *faseolus, lobia* und *dolichos*
dasselbe. ALBERTUS MAGNUS (6, 341) teilt eine Beschreibung[3] von
*faseolus* mit; danach ist diese Bohne in allen Teilen kleiner als *faba*,
unsere Grosse Bohne; ihre Samen sind von mancherlei Farbe, aber jeder
hat an der Seite einen schwarzen (dunklen) Fleck an Stelle des Nabels.

---

[1] Berichte der Deutschen Botanischen Gesellschaft, Bd. 6, Berlin 1888, S. 374 ff.;
Natw. Wochenschrift von Potonié, Bd. 5, Berlin 1890, S. 337—39.

[2] 16, 20; 88, 44; 317, 28; 359, 53.

[3] „Faseolus est species leguminis et grani, quod est in quantitate parum minus
quam faba, et in figura est columnale sicut faba et herba eius minor est aliquantulum
quam herba fabae. Et sunt faseoli multorum colorum, sed quodlibet granorum
habet maculam nigram in loco cotyledonis.“

Bei den Schriftstellern des 16. Jahrhunderts kehrt *Smilax hortensis* ziemlich regelmässig wieder; der deutsche Name dafür ist Faseln (Fäselen), welsche oder türkische Bonen, Steigfaseln. In MATTIOLIS Kräuterbuch (fol. 123 D, 124 A, B) werden zwei Arten unterschieden: eine niedrige, die fast wie unsere Buschbohne (Krupbohne) aussieht, im „ausgehenden Frühling aufs Feld gesähet" wird und deren nieren- förmige Samen „auff der seiten ein schwartz Tüppel" haben, Faseln, *Phasoli*, und eine rankende, Steigfaseln. TABERNAEMONTANUS (Teil 2. S. 205) hat nur e i n e n rankenden *Smilax*, dem er eine Beschreibung nach DIOSKORIDES hinzufügt; jedoch macht sein Herausgeber C. B a u h i n besonders auf den schwarzen Fleck aufmerksam, den die Samen an der Seite haben; neben *Smilax* hat er aber noch *Phaseolus albus Americanus*, *Phaseolus Brasilianus* und *Phaseolus Aegyptiacus*, „von wegen der Oerter, da sie erstlich herkommen seyn".

Eine Zusammenfassung desjenigen, was bei den Schriftstellern des 16. Jahrhunderts gesagt wird, finden wir in C. BAUHINS Pinax, S. 339. Er nimmt *Smilax hortensis sive Phaseolus vulgaris* voran, und lässt darauf *Phaseolus peregrinus, americanus* etc. folgen; von *Smilax* giebt es grössere und kleinere Sorten; die Samen sind weiss mit schwarzem Fleck oder schwärzlich mit weissem Fleck; es giebt auch eine kleinere, weisslich mit rötlichem oder schwärzlichem Ringe.[1]

Nun wird man wohl annehmen dürfen, dass bei den verschiedenen Schriftstellern *Smilax hortensis* immer dieselbe Pflanze oder dieselben Pflanzen bedeutet; dann weist aber der wiederholt hervorgehobene schwarze Nabelfleck mit Notwendigkeit auf eine Dolichosart, wahrschein- lich auf *D. melanophthalmus* DC., die noch jetzt in Griechenland gebaut wird. Und wenn BAUHIN, der die fremden Phaseolusarten von den bisher gekannten trennt, unter den letzteren solche anführt, die dunkle Samen mit weissem Nabelfleck haben, so könnte das *Dolichos Catjang* L. sein. Es liegt jedenfalls nicht der mindeste Zwang vor, die Phaseolusarten der Alten der Linnéischen Gattung *Phaseolus* zuzurechnen. Auch bei *Dolichos* kommen niedrige und windende Arten vor.

Wir werden also das *fasiolum*[2]) des Capitulare als eine Dolichos- art zu betrachten haben. Wie weit nach Norden hat sich die Kultur von *Dolichos* erstreckt? Das ist jetzt sehr schwer festzustellen, denn die fruchtbaren und wenig empfindlichen amerikanischen Phaseolusarten haben die zarteren Dolichosarten wohl überall verdrängt. Es könnte sich in-

---

[1]) „Sunt majores et minores; sunt albi, subnigri, illi macula nigra hi alba notati: est et minor albidus cum orbita rubente aut nigricante."

[2]) Das Wort *fasiolus* wird auch noch zur Bezeichnung der Erbse und der Kicher gebraucht: fasiolus, arwiz Sum. 62, 10 (11. Jahrh.); chichera-faselus et cicer, ahd. Gl. 7, 34; wie oben S. 97 angegeben wurde, versteht HIERONYMUS BOCK unter „Fäselen die Kapuzinererbse.

dessen doch lohnen, Nachforschungen anzustellen. Noch vor 15 Jahren wurde in der Propstei, Kreis Plön, unter dem Namen „Gesichterbohnen" eine Bohnenart gebaut, bei deren Samen der Nabel mit einem dunklen Ringe umgeben war; das könnte immerhin eine Dolichosart gewesen sein.

**Fabas majores** Capitulare 70, 67: *Vicia Faba* L., grosse Bohne, Bufbohne, Saubohne.

Κύαμος Theophr. 8, 2, 1; 8, 3, 1; κύαμος ἑλληνικός Diosk. 2, 127; neugr. τὰ κουκκιά, der daraus bereitete Brei φάβα.

*Faba* der römischen Schriftsteller; it. *fava*; fr. *fève*.

Seit uralten Zeiten wird die Bufbohne kultiviert: schon bei HOMER (Il. 13, 589) und HERODOT (2, 37) wird sie erwähnt. Sie diente vorwiegend als Nahrungsmittel; daneben schrieb man ihr aber auch mancherlei medicinische Wirkungen zu, wie wir bei DIOSKORIDES sehen. Dieser nannte sie „griechische Bohne" im Gegensatz zu der „egyptischen"; die „egyptischen Bohnen" der Alten waren die Samen von einer Nymphaeacee, *Nelumbium speciosum* Willd. Noch jetzt ist die Bufbohne das gewöhnlichste Nahrungsmittel der griechischen Landbevölkerung; sie wird in Griechenland und in Italien ebenso wie bei uns viel kultiviert. In den Hermeneumata des CGL III kommt sie unter den Speisen und sonst häufig vor; daselbst werden neben der ganzen Bohne (faba solida) auch gestampfte oder geschrotene Bohnen (faba fracta, fressa oder pilata) erwähnt, ausserdem noch als Nachtisch saure Bohnen (fabae acetatae oder acetosae).[1]) Mit Essig wird die Bohne auch jetzt noch in manchen Gegenden Deutschlands gegessen.

Wenn die Bufbohnen im Capitulare *fabae majores* genannt werden, so soll dies offenbar den Unterschied gegen die kleinfrüchtige Rasse angeben, die auf dem Felde gebaut wird. Diese kleine Rasse ist wohl mit der *faba* gemeint, die im sogenannten Breviarium Karls des Grossen unter den Feldfrüchten aufgeführt wird; sie heisst bei uns Pferdebohne (in Italien *fava cavallina, fave mulette*) und wird in den Marschgegenden als Pferde- und Schweinefutter im Grossen gebaut. Übrigens scheinen schon die Griechen zwei Abarten der Bufbohne gekannt zu haben (vergl. die Anm. 2, S. 96). Der Name *faba major*, unserem „Grosse Bohne" entsprechend, kommt schon in den Glossaren des CGL III vor,[2]) wird also nichts Ungewöhnliches gewesen sein. Der alte deutsche Name der Bufbohne ist einfach Bohne; Saubohne wurde sie genannt, um sie leichter von den amerikanischen Phaseolusarten unterscheiden zu können.[3])

---

[1]) Oxyciamia fabas acetatas 185, 16; τὰ ὀξυκύαμα fabae acetosae 256, 19.

[2]) Ciamos . i . faba maior 555, 70; 620, 69.

[3]) K. E. H. Krause, Die Bohne und die Vietzebohne. Jahrb. d. Ver. für niederdeutsche Sprachforschung, Jahrg. 1890, Norden und Leipzig, 1891, S. 53—65.

### Kicher und Linse.

Cicerum Italicum Capitulare 70, 15; *Cicer arietinum* L., Kicher, Kichererbse, Kaffeeerbse.

'Ερέβινθος Theophr. 8, 3, 2; κριός Theophr. 8, 5, 1; zweite Art von ἐρέβινθος, die κριός genannt wird Diosk. 2, 126; neugr. τὰ ῥεβίθια und ῥοβίθια.

*Cicer* Colum. 2, 10, 20, (quod arietinum vocatur); Plin. 18, 12, 32 (est enim arietino capite simile, unde ita appellant); it. *cece;* fr. *pois chiche.*

Die Kicher wird bei HOMER zugleich mit der Bufbohne erwähnt (Il. 13, 589), was auf eine sehr lange Kultur deutet. In Griechenland und Italien wird sie noch jetzt sehr viel gebaut; die Griechen essen die grünen Kichererbsen roh, die trocknen gekocht; die letzteren heissen τὰ ὄσπρια, was Hülsenfrüchte im allgemeinen bedeutet. In Deutschland hat die Kichererbse früher einen ausgebreiteteren Anbau erfahren als gegenwärtig. Die heilige HILDEGARD erwähnt die *kicher* (1, 190) als leichte und angenehme Speise und als Mittel gegen das Fieber. ALBERTUS MAGNUS (6, 299) unterscheidet eine rote und eine weisse *cicer*, ausserdem eine schwarze oder dunkle; auch giebt er an, dass es zahme und wilde gebe (domesticum et silvestre). Dieselben Unterscheidungen trifft KONRAD VON MEGENBERG (5, 18) bei *cicer* oder dem *kicherkraut;* die zahme Pflanze nennt er „haimisch". Von den Botanikern des 16. Jahrhunderts wird die Kicher Ziser, Zisererbsen etc. genannt. Zu Anfang des vorigen Jahrhunderts (Weinmann, Phytanthozaiconographia, Bd. 2. Regensburg 1739, S. 167) wurde sie als Kaffeesurrogat vielfach benutzt. Auch hier in der Provinz wurde früher eine Leguminose gebaut, deren Samen einen vorzüglichen Kaffee geben sollten; jetzt scheint sie bereits verschwunden zu sein, so dass es nicht möglich gewesen ist, die Pflanze sicher zu bestimmen.

Der Zusatz *Italicum*, den das *cicer* des Capitulare erhalten hat, könnte daher rühren, dass man diese aus Italien stammende Gartenpflanze deutlich hervorheben wollte gegenüber denjenigen Pflanzen, die den Namen wilde Kicher, *cicer silvestre*, führten. Es ist aber ebensowohl möglich, wie KERNER meint, dass damit das *cicer arietinum* des COLUMELLA im Gegensatz zu dessen *cicer punicum* bezeichnet werden sollte; das Adjectivum *punicus* bezeichnet nicht nur punisch, sondern auch eine tiefrote Farbe, so dass COLUMELLA vielleicht durch die beiden Zusätze *arietinum* und *punicum* die hell- und dunkelfarbigen Kichern hat unterscheiden wollen; solche Farbenvarietäten kannte schon THEOPHRAST (vergl. die Anm. 2, S. 96).

Im Breviarium Karls des Grossen (Pertz, Monumenta etc. Bd. 3, S. 177) wird unter den Feldfrüchten auch *lenticula* aufgeführt; es ist dies

*Ervum Lens* L., Linse.

Φακός Theophr. 2, 4. 2; 8, 5, 1; Diosk. 2, 129; neugr. φακή.

*Lens* und *lenticula* der Römer; it. *lente:* fr. *lentille.*

Im südlichen und östlichen Deutschland ist die Linse eine sehr häufige Kulturpflanze; hier in der Provinz ist sie hauptsächlich erst seit 1864 bekannter geworden. Dass die Alten mehr als eine Kulturrasse der Linse kannten, scheint aus einer Bemerkung bei THEOPHRAST 8, 5, 1 hervorzugehen (man vergl. Anm. 2, S. 96).

## Kresse, Brunnenkresse und Pfefferkraut.

**Nasturtium** Capitulare 70, 27. *Lepidium sativum* L., Kresse, Gartenkresse.

Κάρδαμον Theophr. 7, 4, 1; Diosk. 2, 184; neugr. τὸ κάρδαμον.

*Nasturcium* oder *nasturtium* Colum. und Plin.; *nasturtio, agretto, crescione;* fr. *nasitort, cresson, cresson alénois.*[1])

Dass κάρδαμον (kardamon) und *nasturcium* identisch sind, wird uns durch DIOSKORIDES bezeugt (2, 184), dass aber *nasturcium* unsere Gartenkresse und nicht die Brunnenkresse ist, folgt aus einer Stelle bei COLUMELLA (10, v. 230, 231)[2]), wo angegeben wird, dass das *nasturcium* in Furchen von kleinem Abstande zu säen sei; auch bei PLINIUS ist *nasturcium* Gartenpflanze. Bei COLUMELLA wird ebenso wie bei DIOSKORIDES darauf aufmerksam gemacht, dass die Pflanze ein Mittel gegen Schlangen und deren Biss ist, ein Umstand, der ihre Kultur entschieden begünstigt hat. Ausserdem schrieb man ihr dieselben Eigenschaften zu, wie dem Senf und der Rauke.

Die heilige HILDEGARD spricht nur ganz kurz von *crasso* (1, 72); ausführlicher verbreitet sich ALBERTUS MAGNUS über *nasturcium* (6, 393), ebenso wie KONRAD VON MEGENBERG (5, 53), der die Pflanze auf deutsch *kress* nennt. In den Kräuterbüchern des 16. Jahrhunderts werden meist zwei Rassen der Kresse beschrieben und abgebildet, eine mit krausen und breiteren Blättern, eine mit schlichten und schmäleren.

Als Heimat der Gartenkresse betrachtet man Persien oder Kleinasien. — Zu bemerken ist noch, dass die orientalische Kresse (*Erucaria aleppica* Gärtn.), die in den griechischen Küstengegenden, namentlich in Weinbergen, sehr häufig ist und deren junge Triebe und etwas fleischige Blätter roh und gekocht als Salat verspeist werden, bei den Neugriechen auch τὸ κάρδαμον heisst. Vielleicht ist sie früher in Griechenland kultiviert worden.

Es giebt noch ein Wort, das zur Bezeichnung der Kresse dient,

---

[1]) Das Wort *alénois* ist entstanden aus *orlénois*, das dem lateinischen *aurelia-uensis*, zu Aurelianum (Orléans) gehörig, entspricht, und zwar volksetymologisch durch begriffliche Anlehnung an *alône* (Pfriemen). (Körting, Lat.-roman. Wörterbuch, Paderborn 1891, S. 82.)

[2]) „Quare age quod sequitur, parvo discrimine sulci
spargantur caecis nasturcia dira colubris".

nämlich *damasonium* oder *damasonium*. In den Glossaren [1]) des CGL III wird es durch *nasturtium* oder *nasturtium hortulanum* erklärt, und zwar in denselben Glossaren, in denen *nasturtium* durch *crissonus* oder *crissonus hortensis* gedeutet wird. Auch in den lateinisch-deutschen Glossaren wird *damasonium* durch Kresse übersetzt. Es ist zweifelhaft, ob *damasonium* von *nasturtium* verschieden ist; möglich wäre es, und dann könnte es die Brunnenkresse sein, die in den lateinisch-deutschen Glossaren auch den Namen *nasturcium* oder den durch Verdrehung daraus entstandenen Namen *ostrucium* führt.[2]) Verwechselung der Kressenpflanzen kam früher ebenso häufig vor, wie jetzt.

*Nasturtium officinale* R. Br. *(Sisymbrium Nasturtium* L.), Brunnenkresse.

Σισύμβριον ἕτερον Diosk. 2, 155; neugr. τὸ νεροκάρδαμον.

*Sisimbrium* Plin. 19, 8, 55 ?; it. *agretto, crescione, nasturzio acquatico, sisembro, sisembro aquatico*; fr. *nasturce, cresson d'eau, cresson de fontaine.*

Die von DIOSKORIDES gemachten Angaben lassen die Identität seines *sisymbrium alterum* mit der Brunnenkresse nicht zweifelhaft erscheinen; er hat sogar beobachtet, dass die ersten Blätter der jungen Pflanze rund und ungeteilt sind. Er giebt an, dass die Pflanze auch den Namen *cardamine* führe, weil sie den Geschmack der Kresse (κάρδαμον) habe, dass sie eine Wasserpflanze sei, roh gegessen werde etc. Die heilige HILDEGARD erwähnt die Brunnenkresse unter dem Namen *burncrasse* (1,73); ALBERTUS MAGNUS spricht von ihr unter dem Namen *nasturcium aquaticum* in seinem Buche *de animalibus*; bei KONRAD VON MEGENBERG fehlt sie. Bei den Botanikern des 16. Jahrhunderts findet man gute Abbildungen von der Brunnenkresse. HIERONYMUS BOCK (Tragus) bemerkt in seinem Kräuterbuch (Strassburg 1577, fol. 31): „Brunnenkresz nennet man Nasturtium aquaticum, etliche Agriocardamon und Agreste Nasturtium." Die beiden letzten Namen bedeuten wilde Kresse. Ursprünglich wird die Brunnenkresse mehr Heilmittel als Genussmittel gewesen sein; ihre Kultur im Grossen stammt erst aus dem 17. Jahrhundert. Nach V. HELDREICH wird sie in Athen erst seit wenig Jahren als Salat gegessen. -- Gelegentlich wird die Brunnenkresse auch *senecium* und *senecio* genannt (MATTIOLI, Commentar, S. 380; Colm. Gloss. 653 etc.).

Noch eine Kressenpflanze ist hier namhaft zu machen:

*Lepidium latifolium* L., Pfefferkraut.

Λεπίδιον Diosk. 2, 205.

---

[1]) Damasonius nasturgius 589, 37: damassonius idest nasturcius ortolanus 610, 47; 622, 73; nastorcius . i . crisonus 570, 37; nasturcius siue crissonus ortensis 581, 34; 592, 8; nasturcius idest crison demesticus 614, 56; 626, 66. — Damosionum Kerse Colm. Gloss 271.

[2]) Colm. Gloss.: Narstucium Wûterkerse 501; ostruzium Brûnkerze 542; Königsberger Gloss.: ostrucium brunnekerse.

*Lepidium* Colum. 11, 3, 41; Plin. 19, 8. 51: it. *piperite*, *piperella*: fr. *passerage* oder *grand passerage*.

Plinius bezeichnet die Pflanze als ausländisch (peregrinum); die grosse Empfindlichkeit gegen Kälte, die Columella ihr zuschreibt, spricht auch dafür, dass sie vor nicht langer Zeit eingeführt wurde. In Griechenland wird sie zur Zeit nicht kultiviert, findet sich aber nach Fraas in allen Meeresniederungen häufig.[1]) Bei der heiligen HILDEGARD heisst sie *pefferkrut* (1. 38), bei den Botanikern des 16. Jahrhunderts Pfefferkraut, *Lepidium latifolium* und *Piperitis*. Sie muss damals viel mehr gebaut sein als jetzt, wo sie allmählich in Vergessenheit gerät.

Ebenso wie in Griechenland kommt das Pfefferkraut auch bei uns an salzhaltigen Stellen, namentlich am Meeresstrande vor; an einigen Stellen hält es sich lange, an anderen verschwindet es rasch; wenn es irgendwo eingeschleppt ist, pflegt es nur kurze Zeit zu bleiben.

## Salat, Endivie, Cichorie und Ringelblume.

**Lactucas,** Capitulare, 70, 24; *Lactuca Scariola* L. var. *sativa*, Salat.
Θριδακίνη Theophr. 7, 4. 5; θρῖδαξ ἥμερος Diosk. 2, 164; neugr. τὸ μαροῦλι und τὰ μαροῦλια.

*Lactuca* der Römer, Colum. 11, 3, 26 u. 27; 10, 180 ff.; Plin. 19, 8, 38 und sonst vielfach; it. *lattuga*, *lattuca*; fr. *laitue*.

Die griechischen Schriftsteller nennen den Salat bald θριδακίνη, bald θρῖδαξ, die Römer kennen nur den einen Namen *lactuca*, der ins Italienische und Französische übergegangen ist und sich auch in unserem Lattich wiederfindet. THEOPHRAST unterschied schon 3 oder 4 Rassen, aber sehr viel mehr finden wir bei COLUMELLA; er kennt solche von brauner und gleichsam purpurroter oder auch grüner Farbe und mit krausem Blatt, den Cäcilianischen Salat, solche mit bleichen, kammförmig eingeschnittenen und dicken Blättern aus Kappadocien, ferner solche mit weissen und sehr krausen Blättern aus der Provinz Baetica, endlich rötlich-weissen Salat mit glatten, sehr zarten Blättern von Cypern, aber unseren Kopfsalat scheint er nicht zu kennen, ebensowenig wie ihn die Griechen früher gekannt haben. In Athen, wo der Kopfsalat jetzt viel gebaut wird, heisst er deutscher Salat, γερμανικὴ σαλάτα.

Die Römer machten den Salat ein, wie COLUMELLA ausführlich beschreibt (12, 9), und zwar mit Essig und Salzlake; zwischen den Salat packten sie Schichten von grünen Gartenbohnen (*faseoli*, die man vergleichen wolle) und würzten das Ganze mit Dill, Fenchel, Raute und gehacktem Porree. In ähnlicher Weise wurden Endivien eingemacht, aber beides geschah im Frühling, um frischen Salat während der Sommermonate zu haben.

---

[1]) Nach Fraas (S. 121) wird das Pfefferkraut von den Neugriechen ἄγρια λάχανα genannt; hier muss ein Irrtum vorliegen, denn ἄγρια λάχανα heissen nach v. Heldreich (S. 75) alle essbaren wilden Kräuter.

Im Mittelalter wird der Salat *lactuca* genannt; die heilige HILDE-
GARD nennt ihn ausserdem *latich* (1, 90, vergl. Anhang II), KONRAD
VON MEGENBERG (5, 46) *lactukenkraut.*
DIOSKORIDES und ALBERTUS MAGNUS (6, 364) glaubten, dass
der gekochte Salat nahrhafter sei als der rohe. Heute wird er wohl
meistens roh mit Essig und Öl gegessen, und zwar um so häufiger, je
weiter man nach Süden kommt.

Die Mittelmeerländer und der mittlere Teil von Westasien bilden
die Heimat des Salats; ob Mitteleuropa mit dazugerechnet werden darf,
bleibt zweifelhaft.

**Intubas** Capitulare 70, 37; *Cichorium Endivia* L., Endivie, Scariol,
Escariol.
Σέρις ἥμερος Diosk. 2, 159; neugr. τὰ ἀντίδια (v. Heldreich), ἥμερα
ῥαδίκια (Fraas).
*Intybus* Colum. 10, v. 111; 11, 3, 27; *intubus* Plin. 19, 8, 39; 20, 8, 29;
it. *endivia, scariola;* fr. *endive, scarole, scariole, chicorée frisée.*

Die Endivie trägt stellenweise den Namen Escariol noch heute
(Th. Rümpler, Illustrirte Gemüse- und Obstgärtnerei, S. 196). MATTIOLI
nennt sie zahme Scariol und Gartenscariol (Kräuterbuch, fol. 150 A).
Derselbe Name hat sich im Französischen und Italienischen erhalten,
scheint aber weniger gebräuchlich zu sein. TABERNAEMONTANUS hat
als Synonym für eine kleinere Spielart der Endivie den lateinischen
Namen *Scariola* (Kräuterbuch, 1, S. 492, F) und behauptet, er werde fälsch-
lich der Gänsedistel (*Sonchus asper* L.) beigelegt. Der Name *Scariola,*
*Escariola* stammt aus früher Zeit, und ist wohl nichts anderes als ein
Diminutivum vom lateinischen Adjectivum *escarius,* das etwas zur Speise
Gehöriges oder Essbares bedeutet, dann aber, da es mit dem griechischen
τρώξιμος identificiert wird, etwas das roh essbar ist, also ein Salatkraut
überhaupt.[1]) — Die Apotheken führten früher Blätter und Samen der
Endivie als *Herba et Semina Endiviae s. Scariosae.*

Der Name *indivia* kommt schon in den Hermeneumata Einsidlensia des CGL III vor.[2]) Entstanden ist er aus *intyba, intiba,* wie schon
TABERNAEMONTANUS bemerkt. Bei den Schriftstellern des 16. Jahrhunderts gilt *Endivia* im allgemeinen als gleichbedeutend mit *Intybus,*
ALBERTUS MAGNUS (6, 331) kennt nur *endivia,* nicht *intybus.*

Ob THEOPHRAST die Endivie gekannt hat, ist zweifelhaft. Den
Römern war sie aber bekannt und ebenso dem DIOSKORIDES. Dieser
unterschied bei der Endivie, die er breitblättriger und wohlschmeckender

---

[1]) CGL III: escaria τρώξιμα 359, 71; θρώξιμα escariole 16, 37; troxima scaria
88, 60; 185, 63; — τροξιμα acetaria 317, 22; acetaria ist mit unserem Salat gleichbedeutend: es bezeichnet Kräuter, die roh oder gekocht mit Essig etc. verspeist
werden. — τρώξιμος hat auch die Endivie allein bedeutet (Geoponica 12, 28).

[2]) CGL III: ἔντυβον intyba, indivia 265, 65.

als die Cichorie nenut, zwei Rassen: die eine ist dem Salat ähnlich und breitblättrig, die andere schmalblättrig und bitterlich; ganz ähnliche Spielarten unterscheiden wir auch heute noch, wo die Endivienkultur wieder mehr in Aufnahme kommt.

ALPH. DE CANDOLLE hält die Endivie für einen Abkömmling des in den Mittelmeerländern häufig wachsenden *Cichorium pumilum* Jacquin (C. *divaricatum* Schousboe).[1])

**Solsequium** Capitulare 70. 21; *solsequia* Invent II, 14; *Cichorium Intybus* L. Cichorie. Wegwarte.

Κιχώριον Theophr. 7, 11, 3; σέρις ἀγρία, κιχώριον Diosk. 2, 159. *Cichorium* Plin. 20, 8, 30: *intubus erraticus* 21, 15, 52; it. *cicorea, cicoria, radicchio;* fr. *chicorée, barbe de capucin.*

Die Beschreibung, die THEOPHRAST von κιχώριον liefert, lässt kaum einen Zweifel daran aufkommen, dass unsere Cichorie gemeint ist, deren Heimat die Mittelmeerländer und das westliche mittlere Asien sind. Der gewöhnliche Name, den die Cichorie bei den lateinischen Schriftstellern, von PLINIUS an gerechnet, führt, ist „wilde Endivie" (*intubus erraticus, agrestis, silvaticus*). Zu diesen gesellen sich aber in späterer Zeit noch andere, wie *solsequium* oder *solsequia*, Sonnenwirbel (*sunnewirbel*, heilige HILDEGARD 1, 60), dem das aus dem Griechischen entnommene *eliotropium* (ἡλιοτρόπιον) entspricht, und *sponsa solis*,[2]) Sonnenbraut. lauter Namen, die sich auf die Lichtempfindlichkeit der Blumen beziehen; diese schliessen sich bei trübem und regnerischem Wetter, öffnen sich aber wieder unter den Strahlen der Sonne. Da auch andere Pflanzen wegen ähnlicher Eigenschaften dieselben Namen erhalten haben, so ist daraus vielfach Verwirrung entstanden.

Ursprünglich war die Cichorie wohl nur Heilmittel, doch scheint sie schon im Altertum gegessen, wenn auch nicht sonderlich geschätzt worden zu sein.[3]) Im vorigen Jahrhundert fing man an die Wurzel als Kaffeesurrogat zu benutzen, und jetzt dienen die Blätter oft als Salat. Als ältere deutsche Namen kommen *hintlope, hintlofte, hintloijte* vor.[4])

*Calendula officinalis* L., Ringelblume; it. *calta, fior rancio:* fr. *souci.*

Die Ringelblume hat mit der Cichorie eine ganze Reihe von Namen gemeinsam, die aber aus späterer Zeit zu stammen scheinen und vielleicht erst seit ALBERTUS MAGNUS gebräuchlich sind. Dieser sagt

---

[1]) Diese Pflanze, die nach v. HELDREICH in Griechenland die gemeine Cichorie vertritt, wird von den jetzigen Griechen τά ῥαδίκια genannt.

[2]) CGL III: eliotropium intuba agrestis siue solsequia uel sponsa solis 560, 62; eocorion idest intuba agreste 538, 5; eliotropu . idest intubo salvaticum 538, 44; eicorion idest solsequia 600, 45 etc. — ALBERTUS MAGNUS sagt 6, 321, dass *cicorea* auch *sponsa solis* genannt werde.

[3]) HORAZ, Od. 1, 31: „. . . . me pascunt olivae, me cicorea levesque malvae."

[4]) Cicorea, hintloifte Sum. 55, 68; cicorea, hintlophte Sum. 56, 29; cicorea hintlope Königsb. Gloss.; intuba hintlöpe Colm. Gloss. 407.

von der Pflanze, die er *sponsa solis* oder *solsequium* nennt (6, 451), dass
sie „dicke, aber nicht grosse Blätter habe und eine citronengelbe Blume,
die sich beim Untergang der Sonne schliesse und bei ihrem Aufgange
öffne";[1] hier kann man nicht an die Cichorie denken, sondern nur an
die Ringelblume, die in den lateinisch-deutschen Glossaren des 13. und
der folgenden Jahrhunderte *solsequia, solsequium minus, sponsa solis* und
*eliotropium* neben *calendula* genannt wird.[2]

Bei der heiligen HILDEGARD (1, 122) kommt der Name *ringula*
vor, der sich mit geringen Änderungen bis auf die Gegenwart erhalten
hat. Gegenwärtig sind im nördlichen Deutschland die Namen Totenblume,
Morgen- und Abendrot, ausser Ringelblume, Ringelrose in Gebrauch.

Früher wurden der Ringelblume Heilkräfte zugeschrieben und diese
sind vielleicht zuerst die Ursache ihres Anbaus gewesen. Jetzt dient
sie nur noch als Zierpflanze, gelegentlich auch als Gräberschmuck. Auf
der nordfriesischen Insel Röm erreicht diese aus Südeuropa stammende
Pflanze eine auffallende Grösse und Schönheit.

### Rauke, Senf und Portulak.

**Eruca alba** Capitulare 70, 26; *Eruca sativa* Lam., Rokka, Rauke.
Εὔζωμον Theophr. 1, 1, 6; Diosk. 2, 169, neugr. ἡ ῥόκα oder ῥοῦκα,
τὰ ἀζουμάτα.

*Eruca* Colum. 10, 108, 109 u. 372; Plin. 19, 8, 44; 20, 13, 49 und
sonst; it. *eruca, rucola, ruchetta;* fr. *roquette.*

Die Rauke kommt mehr und mehr in Vergessenheit. Früher erstreckte sich ihr Anbau bis hier hinauf, jetzt begegnet man ihr eigentlich nicht mehr. Aber in ihrer Heimat, dem südlichen Europa, wird
sie noch vielfach roh als Salat und als Zusatz zu solchem genossen.
Als solcher stand sie ehemals in grossem Ansehen, denn die Eigenschaften, die ihr COLUMELLA an den angeführten Stellen beilegt und
die ihr von fast allen älteren Schriftstellern zuerteilt werden, waren nach
Meinung der Alten denen des gewöhnlichen Salats gerade entgegen-
gesetzt; durch Zusatz von Rauke machte man also den Salat unschädlich.
Dieselben Eigenschaften, welche der Rauke nachgerühmt wurden, kamen
auch der Kresse und dem Senf zu.

[1] „Sponsa solis sive solsequium est herba habens folia spissa, sed non magna,
florem citrinum, qui claudit se sole occidente, et aperit oriente."

[2] Zu den älteren lateinischen Namen der Ringelblume gehören auch aureola
und arcola, die in Folgenden mit berücksichtigt sind. Sumerlaten: arcola ringele
54, 19, calendula ringele 55, 30, sponsa solis ringele 58, 51; Colmarer Glossar: arcola
ringele 89, aureola ringele 89, elitropium ringele 296, solsequium minus ringele 689
(solsequium majus hintlope 688), sponsa solis ringele vel hintlope 709; Königsberger
Glossar: solsequia ringele, aureola ringhelen, calendula und kalendula ringele. —
Verschiedentlich ist die Caltha der Römer (Colum. 10, 97, „flaventia lumina calthae";
Plin. 21, 6, 15) mit Calendula identificiert worden; die Sache mag richtig sein, da die
Ringelblume noch heute in Italien *calta* genannt wird.

**Sinape** Capitulare 44 und 70, 39; *Sinapis nigra* L. *(Brassica nigra* Koch) und *S. alba* L., schwarzer und weisser Senf.

Νάπυ Theophr. 7, 13; σίνηπι ἢ νάπυ Diosk. 2, 183; λαμψάνη Diosk. 2, 142 (weisser Senf); neugr. τὸ σίναπι (schwarzer Senf), sein Same ὁ σιναπόσπορος, und ἡ λαψάνα (weisser Senf).

*Sinapis* Colum. 10, 122; *sinapi* Colum. 11, 3, 29; 12, 55; Plin. 19, 8, 54; 20, 22, 87; it. *senapa, senape:* der weisse: *rapicello salvatico, ruchettone, senapa bianca:* fr. *senevé.*

Möglicherweise ist im Capitulare mit *sinape* an der ersten Stelle der schwarze, an der zweiten der weisse Senf gemeint. Beide Senfarten werden noch heute in Griechenland in Küchengärten gebaut, und ihr zartes Kraut wird als Spinat oder gekochter Salat im Winter viel gegessen (V. HELDREICH); des Samens wegen wird der schwarze Senf auch im Grossen gebaut und dabei verwildert er bisweilen; häufig wildwachsend ist der weisse. Da dieser von den Neugriechen λαψάνα (lapsana) genannt wird, so ist es sehr wohl möglich, dass DIOSKORIDES mit seinem wilden Gemüse λαμψάνη den weissen Senf gemeint hat.

Die heilige HILDEGARD unterscheidet zwischen *senff herba* (1, 93), dem Senfkraut, das auf dem Felde und in Weinbergen wächst und gegessen wird, und *sinape* (1, 94), dem Senfsamen. ALBERTUS MAGNUS nennt den Senf, *sinapis,* ein bekanntes Gemüse (6, 446); es giebt einen wilden und einen Gartensenf (et est silvestris et hortulana); Blätter und Wurzeln des wilden werden gegessen. KONRAD VON MEGENBERG (5, 79) rühmt dagegen Blätter und Wurzeln vom Gartensenf, *haimisch senif.* Die Erwähnung der Wurzeln könnte Zweifel erwecken; indessen war der Name *sinapis* von altersher so bekannt, dass hier eine Verwechselung kaum vorkommen konnte. Im 16. Jahrhundert kennt man den weissen Senf, wie es scheint, nicht mehr als Gemüse.

*Portulaca oleracea* L., Portulak.

Ἀνδράχνη Diosk. 2, 150; neugr. ἡ γλυστρίδα oder ἡ ἀνδράχλα.

*Porcillaca* Plin. 13, 22, 40; 20, 20, 81; it. *portulaca, procacchia, porcellana;* fr. *pourpier.*

PLINIUS identificiert seine *porcillaca* mit *andrachne,* sonst könnte man zweifelhaft sein, was er meint, denn er giebt keine Beschreibung; vielleicht ist das italienische *porcellana* aus *porcillara* entstanden. Die älteren deutschen Namen sind Burtzel, Purzella, Borgel.

Bis vor Kurzem war der Portulak als Zuthat zu Salaten und Fleischsuppen sehr beliebt; jetzt sieht man ihn ausserordentlich selten.

### Kohl und Rüben.

**Caulos** Capitulare 70, 57; *caules* Invent. I, 18; *caulas* Invent. 2, 20; *Brassica oleracea* L. Kohl.

Ῥάφανος Theophr. 7, 4, 4; κράμβη ἡ ἥμερος Diosk. 2, 146; neugr. τὰ λάχανα, eigentlich Gemüse überhaupt, bedeutet Kopfkohl oder Weisskraut.

*Brassica* Cato, de re rustica, 156, 157; Colum. 11, 3, 23 u. 24; 10, 128 bis 139; *caulis* Colum. 12, 7, 5; 10, 369; *olus caulisque, brassica* Plin. 19, 8, 41; *brassica* Plin. 20, 9, 33, 34 u. 35 und sonst vielfach; it. *cavolo;* fr. *chou.*

Wenn wir die jetzt bei uns gebauten Kohlrassen mit denjenigen vergleichen, welche wir beispielsweise bei TABERNAEMONTANUS abgebildet finden, so dürfen wir uns sagen, dass die Gemüsezucht bei uns in den letzten 300 Jahren grosse Fortschritte gemacht hat. Der Kopfkohl, den TABERNAEMONTANUS abbildet, hat mit dem jetzigen glattblättrigen, der ein Gewicht von 20 Kilo erreichen kann, nicht viel mehr als den Namen gemeinsam, und ähnlich geht es mit vielen anderen Rassen auch. Wir werden vielleicht erwarten dürfen, dass die Kohlrassen des Altertums hinter den von TABERNAEMONTANUS beschriebenen noch zurückgeblieben sind.

THEOPHRAST unterscheidet den krausblättrigen, den glattblättrigen und den wilden Kohl; zu seiner Zeit ist dem Kohl aber nicht viel Aufmerksamkeit zugewandt worden. PLINIUS wirft denn auch den Griechen vor, dass sie den Kohl nicht genügend respektiert hätten; im heutigen Griechenland ist es aber noch nicht viel anders. Das Vaterland der jetzt so zahlreichen Kohlrassen ist Italien. CATO kannte nur drei: den glatten Kohl, der gross (grandis) und breitblättrig war und einen grossen Stengel oder Stamm (Strunk, caulis) hatte; den krausen, der „apiacon", d. h. petersilienähnlich. genannt wurde, und endlich den „weich" (lenis) genannten, zart mit kleinem Stamm, der der schärfste (acerrima) von allen sein soll. COLUMELLA zählt im 10. Buch 14 Namen ohne Beschreibung auf, man kann also keine von diesen mit unseren Kohlrassen identificieren. Besser sind wir bei PLINIUS daran (19, 8, 41), wenn er auch nicht immer ganz genau zu verstehen ist.

Vom Kohl wurden die Blätter und der Stengel oder Strunk gegessen; der letztere (caulis) treibt Sprossen (cauliculi), und einer von diesen, nämlich derjenige, der blühen will, heisst *cyma* (κῦμα). Die Cyma erscheint im Frühjahr und ist normalerweise der Endtrieb; die *cauliculi* können zu jeder Jahreszeit erscheinen. Übrigens wird ein besonders zarter Strunk von PLINIUS auch *cauliculus* genannt (beim Tritianischen Kohl). Es kam beim Kohlbau darauf an, dass die Pflanzen nicht zu früh die Cyma entwickelten (in cymam prosilire Colum. 11, 3, 24); wir sprechen in solchem Falle von „durchschiessen" oder im täglichen Leben auch wohl von „in Saat schiessen". PLINIUS drückt sich etwas verwickelter aus: „die zweite Saat des Kohls hat bald nach dem Frühlingsaequinoctium zu geschehen, und die dadurch gewonnene Pflanze ist ganz am Ende des Frühlings (extremo vere) auszupflanzen, damit sie nicht eher mit der Cyma als mit dem Stengel fortwuchere" (ne prius cyma quam caule pariat).

Die wichtigsten von PLINIUS beschriebenen Kohlrassen sollen nun kurz erwähnt werden.

Der Tritianische Kohl. Man erhält einen Stengelkohl (caulis), der durch Geschmack und Grösse sich auszeichnet, wenn man den Stengel der jungen Pflanze niederlegt und mit Erde bedeckt, und damit fortfährt, so dass immer nur die äusserste Spitze (cacumen) aus der Erde hervorsieht. — Ein ähnlicher Kohl wird heute nicht gebaut; der dicke und zarte Stengel des Blumenkohls mag wohl etwas ähnliches bieten. — Bemerkenswert bleibt es, dass gerade diese eine nicht mehr kultivierte Rasse, der Stengelkohl, den Namen für den allgemeinen Begriff abgegeben hat, denn Kohl, *cavolo* und *chou* sind weiter nichts als ein verändertes *caulis.*

Cumaner Kohl mit niedrigen Blättern und ausgebreiteter Krone [1]) (sessili folio, capite patulum). — Man muss sich hier einen Kohl mit niedrigem Stengel vorstellen, und es ist nicht unwahrscheinlich, dass der Cumaner ein Vorläufer des Wirsing- oder Savoyenkohls ist (it. *verzo,* d. h. grüner Kohl, *cavolo verzotto, cavolo di Milano;* fr. *chou de Savoie, chou de Milan,* in Athen γερμανικὰ λάχανα).

Aricischer Kohl, zeichnet sich nicht durch besondere Höhe aus, und hat um so mehr Blätter, je dünner diese sind; man hält ihn für den nützlichsten, weil er fast unter jedem Blatt besondere Sprossen hervortreibt (sub omnibus paene foliis fruticat cauliculis peculiaribus). — Könnte der Vorläufer des Rosenkohls sein, der allerdings erst ziemlich spät wieder in Kultur genommen zu sein scheint; es fehlt hier jedoch noch an eingehenden Untersuchungen.

Pompejanischer Kohl ist schlanker; sein Stengel ist oberhalb der Wurzel dünn, verdickt sich aber zwischen den Blättern (caule ab radice tenui, intra folia crassescit). — Dieser entspricht genau dem, was man jetzt Markkohl nennt (RÜMPLER, S. 108); er ist als der Vorläufer des Kohlrabis zu betrachten, der im Capitulare 70, 56 **Ravacaulos** genannt wird, im Invent I, 19 *ravacaules* [2]), und der in Norddeutschland meist Kohlrabi über der Erde und Oberkohlrabi heisst (it. *cavolo rapa;* fr. *chou rave).*

Bruttischer Kohl hat besonders grosse Blätter, einen dünnen Stengel und einen scharfen Geschmack; die Blätter des Sabellischen Kohles sind bewunderungswürdig kraus, so dass ihre Dicke den Stengel

---

[1]) Wenn man über die von PLINIUS beschriebenen Kohlrassen ins Reine kommen will, so muss man sich über die Bedeutung des von ihm gebrauchten Wortes *caput* klar sein. „Kopf", in dem Sinne, wie wir dies Wort beim Kohl gebrauchen, kann es nicht heissen; dagegen spricht das *capite patulum* neben *sessili folio* beim Cumaner Kohl, das *capite praegrandes, folio innumeri* etc. beim Lacuturrischen, und namentlich auch der Umstand, dass bei dem Tritianischen Kohl ein fusslanges *caput* vorkommt (vergl. unter Lacuturrischer Kohl). Aus den angeführten Stellen folgt vielmehr, dass unter *caput* der ganze beblätterte Teil des Stengels zu verstehen sei; im Folgenden ist *caput* deshalb durch Krone übersetzt.

[2]) Der Name raua caulis, Rübe des Stengels oder Kohls, findet sich auch einmal im CGL III: Kambri (d. h. κράμβη) . i . brasica hoc est raun caulis (583, 58; 10. Jahrh.); später sagte man caulorapa oder cauli rapa.

dünn macht (usque in admirationem crispa sunt folia quorum crassitudo caulem ipsum extenuet); diesen Kohl hält man für den schmackhaftesten (dulcissimam) von allen. — Diesen Beschreibungen entsprechen Rassen unseres Blattkohls oder Krauskohls, hier im Norden grüner Kohl genannt, etwas weiter südlich „brauner Kohl".

Die Lacuturrischen Kohlrassen haben eine überaus grosse Krone und zahlreiche Blätter, einige sind zur Rundung gezogen, andere so, dass sie sich breit ausdehnen und fleischig sind (Lacuturres (sc. caules) capite praegrandes, folio innumeri, alii in orbem correcti, alii in latitudinem torosi); und nach dem Tritianischen Kohl, bei dem man bisweilen eine fusslange Krone sieht, hat keiner eine grössere Krone als der Lacuturrische, und keiner eine spätere Cyma (nec plus ullis capitis post Tritianum cui pedale aliquando conspicitur et cyma nullis serior). Das Verbum *corrigere*, welches PLINIUS hier braucht, (alii in orbem correcti). deutet den vom Züchter auf die Pflanze ausgeübten Einfluss, vielleicht auch Zwang an; man muss sich, wie es scheint, vorstellen, dass die Blätter zusammengebunden waren, um zart und dünn zu bleiben; waren sie sich selbst überlassen, so breiteten sie sich aus und wurden fleischig.

Einen Kohl, der unserem Kopfkohl genau entspricht, scheinen die Römer also nicht gekannt zu haben, denn wenn es der Fall gewesen wäre, so müsste man gerade diesen am leichtesten aus der Beschreibung erkennen können. Auch ist es kaum denkbar, dass der Kopfkohl nicht Veranlassung zu der einen oder anderen witzigen Bemerkung gegeben haben sollte. Übrigens ist das italienische Klima dem Bau des Kopfkohls nicht günstig.

Nach PLINIUS sind die Nachrichten über den Kohl zunächst nicht sehr reichlich. APICIUS kennt nur *cymae* und *coliculi*. In den Hermeneumata und Glossaren des CGL III kommen die *cauliculi* oder *coliculi* mehrfach vor; daneben werden *brassica*, *caulis* und κράμβη erwähnt, einmal wird krauser Kohl genannt (brasica . i . caulis crispus 580, 35, 10. Jahrh.). Die heilige HILDEGARD (1, 84) nennt *kole et weydenkole et kochkole* und *kappus;* das letzte Wort, aus *caput* abgeleitet, ist der Vorläufer des späteren und noch jetzt gebräuchlichen Wortes Kappes und bedeutet Kopfkohl (it. *capuccio;* fr. *chou pommé, chou cabus).* Dieser wird, wie es scheint, hier zum ersten Male erwähnt. *Caputium* findet sich bei ALBERTUS MAGNUS (7, 90), der im übrigen den Kohl *caulis* nennt (6, 304; 7, 137) und nicht *brassica.* Die lateinisch-deutschen Glossare haben *brassica* und *caulis* und übersetzen es vielfach mit Römischer Kohl, ferner mit Kraut, Weisskraut, Kappeskraut, Kumpstkohl, brauner Kohl, krauser Kohl. Im 16. Jahrhundert begegnen wir dann einer grossen Zahl von Kohlrassen, Köhl oder Köhlkraut. Auch Blumenkohl wird hier erwähnt. MATTIOLI nennt ihn in seinem Commentar (S. 367) *Brassica cauliflora,* im Kräuterbuch (fol. 140 c) Blumenköl, it. *cauliflori* und lateinisch *Brassica Cypria;* der beste soll nach ihm von Genua kommen. Bei TABERNAEMONTANUS (2, S. 117) heisst er Blumen-Köhl, *Brassica prolifera florida*. Der Blumenkohl scheint also in Italien, jedenfalls in Südeuropa, zuerst gezüchtet worden zu sein.

Rotkohl kommt schon bei der heiligen HILDEGARD vor *(rubeae caules* 1, 84), scheint aber sonst nicht viel erwähnt zu werden. Bei Mone findet sich die Zusammenstellung *brassica witcol vel rosinko*: wenn wir bei dem letzten Wort ein „l" am Schluss ergänzen, so bedeutet es Rotkohl.

Wo haben wir das Heimatland des Kohls zu suchen? Er wird von der dänischen Insel Lolland angegeben, ferner hat man ihn auf Helgoland, und an den Küsten West- und Südeuropas gefunden. Nun hat sich vor einigen Jahren herausgestellt, dass die auf Lolland gefundene Pflanze gar kein Kohl ist, sondern die Steckrübe, *Brassica Napus* L.; diese wird aber Niemand für ursprünglich wild halten (HJALMAR KIAERSKOU, Er Brassica oleracea L. nogensinde funden vildtvoxende i Danmark? Botanisk Tidsskrift, Bd. 17, Kjöbenhavn 1890, S. 178). Der Kohl aber auf Helgoland am Ostrande der Insel befindet sich unmittelbar unter den Gärten der Einwohner; da er hier zusammen mit dem Goldlack *(Cheiranthus Cheiri* L.) und der Tulpe vorkommt, so kann man eigentlich nicht daran zweifeln, dass er ein blosser Gartenflüchtling ist. Wie es an den übrigen angeführten Orten steht, lässt sich aus der Ferne nicht beurteilen, aber man ist heutigen Tages geneigt, das Vaterland des Kohls nicht mehr in Westeuropa zu suchen. Dann würde man wohl an die Mittelmeerländer denken müssen; sichere Angaben lassen sich aber zur Zeit darüber nicht machen. Indessen weist der Umstand, dass der Kohl, ebenso wie der Mangolt, schon früh römischer Kohl heisst, auf eine südliche Heimat.

**Napos** Capitulare 44; *Brassica Napus* L., Steckrübe, Kohlrübe, Kohlrabi (unter der Erde), Wruke (Mecklenburg und Pommern); als Ölfrucht Raps; *Brassica Rapa* L., Rübe, weisse Rübe; als Ölfrucht Rübsen.

Βουνιάς Diosk. 2, 136; neugr. τὰ γουλιά, werden selten gebaut, die ölgebende Rasse von dieser und der folgenden überhaupt nicht (v. Heldreich).

Γογγυλίς Theophr. 7, 4, 3; γογγύλη ἥμερος Diosk. 2, 134; neugr. ἡ ῥαίβαις.

*Napus* und *rapum* oder *rapa* Colum. 2, 10, 23; 11, 3, 16 und 59 und 62; 12, 54; *napus* Plin. 18, 13, 35; 20, 4, 11; *rapum* Plin. 18, 3, 33 Schlusszeile und 34 und 35; 20, 3, 9; it. *buniada, rapaccione, cavolo navone; navone, rapa;* fr. *chou navet, rutabaga; navet, rave.*

Ganz genau lässt es sich nicht mehr entscheiden, welche Rüben die Griechen und Römer mit den angeführten Namen bezeichnet haben; an manchen Stellen hat es sogar den Anschein, als ob sie nur eine Art gekannt hätten, deren Rassen dann mit den verschiedenen Namen be-nannt gewesen sein müssen. Aber selbst heute sind Verwechselungen zwischen den beiden Rübenarten nicht ausgeschlossen. Im CGL III wird im allgemeinen γογγύλη mit *rapa*, und βουνιάς mit *napus* übersetzt; aber einmal wird *rapa* als *napus major* bezeichnet (539, 25) und einmal werden *rapa* und *napus* als gleichbedeutend genannt (575, 33). Die heilige HILDEGARD kennt nur *ruba* (1, 88). ALBERTUS MAGNUS unterscheidet *napo* (6, 390) und *rapa* (6, 424); die erste ist lang, die zweite kugelig und rötlich (aliquantulum rubea): hier scheint also eine Verwechselung vorzuliegen, denn die eigentliche Rübe (rapa) kann wohl gelblich werden, aber nicht rötlich. TABERNAEMONTANUS kennt nicht die Steckrübe, sondern nur die eigentliche Rübe, die er *Rapum* nennt; nach der Form unterscheidet er lange, runde etc. Rüben oder Nappen, ferner Stoppfelrüben, und sagt von ihnen allen: „ihre Blätter seyn rauch und scharpff, gleich dem Rettich". Durch diese Bemerkung schliesst er die Steckrübe aus, die entweder nur auf den Adern der Blattunterseite einzelne Borsten trägt oder ganz kahl ist. In HIERONYMUS BOCKS Kräuterbuch kommt der Name Steckrübe vor, der hier möglicherweise richtig angewandt ist. In MATTIOLIS Kräuterbuch scheint die eine Rübe *(rapum)*, „lang und rund, eines Arms dick, und braunrot" die Steckrübe zu sein, aber das was er Steckrübe nennt (fol. 128 C) ist eine Rübe mit langer Wurzel. — Heute werden beide Rübenarten auf dem Felde und im Garten gezogen und dienen teils als Wurzelgemüse, teils als Viehfutter.

Über die Heimat der Rübenarten ist man nicht genau unterrichtet, doch ist man geneigt Südeuropa dafür zu nehmen.

**Radices** Capitulare 44 und 70, 61; *Raphanus sativus* L., Rettich. Ῥαφανίς Theophr. 7, 2, 5; 7, 4, 2; Diosk. 2, 137; neugr. τὸ ῥαπάνι und τὰ ῥαπάνια.

*Radix* Colum. 11, 3, 18; quae Assyrio semine venit 10, 114; *Syriaca* 11, 3, 16 und 59; *raphanus* Colum. 11, 3, 47 und 59 u. 62; Plin. 19, 5, 26; 20, 4, 13; it. *radice, rafano, ramoraccio, ramolaccio;* fr. *raifort.*

Der Rettich scheint bei den Griechen sehr geschätzt gewesen zu sein, da sie verschiedene Spielarten von ihm bauten (THEOPHR. 7, 4, 2). Bei COLUMELLA kann man zweifelhaft sein, ob *raphanus* und *radix* bei ihm wirklich dasselbe bedeuten. Die heilige HILDEGARD (1, 89) und ALBERTUS MAGNUS (6, 423) kennen beide den Rettich, die erstere nennt ihn *retich*, der letztere *radix*. Im 16. Jahrhundert begegnen wir dem Rettich in fast allen Kräuterbüchern und gegenwärtig wird er in Mittel- und namentlich in Süddeutschland massenhaft gebaut. In Norddeutschland ist er bis dahin nicht sehr verbreitet gewesen, seine Benutzung hat aber in den letzten Jahren zugenommen. — Als Heimat des Rettichs betrachtet man das gemässigte Westasien.

Bei den Schriftstellern des Altertums finden wir keine Angaben, aus denen man sicher schliessen könnte, dass Radieschen damals bekannt gewesen wären. Auch bei den Botanikern des 16. Jahrhunderts und noch später kommen Radies nicht vor; nur eine Bemerkung in MATTIOLIS Kräuterbuch (fol. 129 D) liesse sich vielleicht dahin deuten: „Noch ein ander Geschlecht desz Rättichs hat man in Welschlandt, vnnd ist sehr gebräuchlich in Salaten, wechst Fingersdick oder grösser, biszweilen Armslang, ist lieblicher, zärter und mürber zu essen, denn der gemeine Rättich.“ Armlange Radies sind allerdings für unsere Vorstellung etwas wunderbar; immerhin könnten die genannten zarten Rettiche die Vorläufer unserer Radieschen sein. Denn wenn das Bestreben der Gärtner auch im allgemeinen darauf gerichtet ist möglichst grosse Wurzeln zu züchten, wie bei den Steckrüben, Sellerie etc., so kommt es bei den Radies gerade darauf an, kleine und zarte Wurzeln hervorzubringen; fingerlange Radies sieht man übrigens auch heute bei uns. In der ersten Hälfte des vorigen Jahrhunderts kannte man bei Regensburg nur die langen Radieschen, die sich vom Rettich nicht viel unterschieden (WEINMANN, Phytanthozaiconographie Bd. 4, Regensburg 1745, Tafel 860).

*Cochlearia Armoracia* L., Meerrettich.

Ob dasjenige, was COLUMELLA und PLINIUS *armoracia* nennen, wirklich unser Meerrettich ist, ist mehr als zweifelhaft. DIOSKORIDES identificiert seinen wilden Rettich (ῥαφανὶς ἀγρία 2, 138) mit der römischen *armoracia;* nach der Beschreibung aber, die er liefert, kann er unmöglich an den Meerrettich gedacht haben, sondern viel eher an den Hederich, *Raphanus Raphanistrum* L., oder auch an eine wilde oder verwilderte Kohl- oder Senfart. Dazu würde es stimmen, wenn COLUMELLA (12, 9, 3) sagt, dass die *cyma armoraciorum,* also der Trieb von *armoracia,* welcher blühen will, eingemacht wird, ähnlich wie Salat, Endivien etc.

Im CGL III, wo der Rettich *radix* oder *radix hortulana* und ῥάφανος (raphanus) genannt wird, steht einmal (16, 28) ῥαφανίδες *armoratia,* wahrscheinlich nach DIOSKORIDES; an anderen Stellen wird *armoracia* mit *lapsana* identificiert (536, 18; 567, 10), das wir als weissen Senf gedeutet haben; einmal (575, 44) steht *radistria . i . armoracia,* woraus nichts weiter zu entnehmen ist. Aus den Angaben im CGL III kann man also auch nicht mit Sicherheit schliessen, dass der Meerrettich gemeint ist.

Bei der heiligen HILDEGARD (1, 119) finden wir *merrich, merrech, merredich* und *mirredich,* als lateinischen Namen *raphanum.* ALBERTUS MAGNUS (6, 425) beschreibt den Meerrettich unter dem Namen *raphanus,* so dass die Pflanze gut erkennbar ist; nur irrt er sich, wenn er sagt, dass die Blume gelb (croceus) sei. Wenden wir uns nun zu den lateinisch-deutschen Glossaren, so finden wir, dass *raphanus* oder *raphanum* übersetzt wird durch *merratich, mirredich* (ahd. Gl. 7, 17 und 23, 12), *merretich* (Sum. 17, 74; 23, 38 etc. etc.), *meriratich, merredik* (Mone 520); zu diesen Namen gesellt sich in späterer Zeit, wie es scheint nicht viel vor dem 12. Jahrhundert, das slavische *chrene, chren,* Kren, das lateinisch auch *rabigualium (radigualium)* genannt wird. In einem aus dem 15. Jahrhundert stammenden Glossar (Mone, Anzeiger für die Kunde der teutschen Vorzeit, Bd. 8, 1839, S. 103—104) wird *raphanus major*, Rätich, unterschieden von *raphanus minor*, Khren. Zu dem hier angeführten Sprachgebrauch stimmt es, wenn bei den Botanikern des 16. Jahrhunderts der Meerrettich *Raphanus* genannt wird. MATTIOLI nennt ihn *Raphanus rusticanus sive vulgaris*, deutsch Gren (Comment.), und *Raphanus rusticus s. major*, deutsch Kreen, Merrättich (Kräuterbuch); CAMERARIUS sagt *Raphanus rusticus: vulgo Armoracia;* TABERNAEMONTANUS schreibt Meerrettich und übersetzt *Raphanus marinus;* HIERONYMUS BOCK hat nur Merrhetich. Der Name *Raphanus rusticanus* hat sich in unseren Apotheken bis auf die Gegenwart neben *Armoracia* erhalten.

Welche Bedeutung hat denn *armoracia* in den lateinisch-deutschen Glossaren? Hier laufen 3 oder 4 Namenreihen nebeneinander her. Zunächst wollen wir *armoratio ménva* und *armoratia manua* (Sum. 21, 21; 60, 28) ausschliessen; *menua* ist ein alter Name von *Rumex obtusifolius* L. Es bleiben dann:

1) *Hederich, heidenrub, heidenrettich*, zuweilen *armoriaca* genannt; entweder ist dies unser Hederich, *Raphanus Raphanistrum* L., oder ein anderes Ackerunkraut, wie der Ackersenf, *Sinapis arvensis* L.

2) *Berenelle, bibenella*, jetzt Pimpernell und Bibernell genannt. Es ist dies *Pimpinella Saxifraga* L., eine Pflanze, die früher mehr als jetzt in den Apotheken benutzt wurde.

3) Meerrettich und Kren. Diese beiden Deutungen von *armoracia* treten am spätesten auf, wie es scheint nicht vor dem 16. Jahrhundert.

In der „Heimat" (Bd. 3, Kiel 1893, S. 44) sind die plattdeutschen Namen des Meerrettichs: Marrak, Maressig, Maredig, Marretig, als Angleichungen an Armoracia aufgefasst,[1]) die ihrerseits wieder als Meerrettich verhochdeutscht worden seien. Das könnte möglich sein; aber die Namen Merradich, Metretich etc. kommen schon vor dem 12. Jahrhundert vor, können also noch älter sein, und würden in unserem Hochdeutsch „Meerrettich" geschrieben werden müssen oder wenigstens können, denn das kurze „e" der ersten Silbe widerspricht nicht der Ableitung von Meer (cfr. Herzog von Heer, K l u g e, Etymologisches Wörterbuch). Die Deutung Mährrettich (Pferderettich) ist sprachlich unmöglich; sie stammt auch erst aus diesem Jahrhundert oder frühestens aus dem Ende des vorigen.

Wie kommt die Pflanze zu dem Namen Meerrettich? Weil sie in der Nähe des Meeres besonders gut gedeiht? Es wäre immerhin möglich, aber sie könnte auch wohl ursprünglich eine Küstenpflanze Italiens und Griechenlands gewesen sein, wie sie denn jetzt noch die Küsten des Schwarzen Meeres bewohnt. Dann wäre am Ende doch die wilde Abart

---

[1]) Vergl. HEIM, S. 405.

von *raphanus* bei PLINIUS (19, 5, 26), „die die Anwohner des Pontus *armon* nennen, andere die weisse (leucen), die Römer *armoracia*, und die an Blättern reicher ist als an Körper" (fronde copiosius quam corpore), unser Meerrettich? Was PLINIUS sagt, spricht nicht dagegen; es könnte sogar sowohl in *armoracia* wie in *armon* ein Wort stecken, das Meer bedeutet; aber zu Vermutungen neue Vermutungen hinzuzufügen bringt uns nicht weiter.

Man sieht heute das östliche Europa und das angrenzende gemässigte Asien als die Heimat des Meerrettichs an. MATTIOLI sagt von ihm in seinem Commentar, dass er auf Wiesen, Grasplätzen und an Wegrändern wild wachse, aber diese Standorte sind verdächtig; im Kräuterbuch giebt er an, er werde in Italien *raphanus montanus* genannt, „dafz er von sich selbst in Gebirgen wechset". Auch BERTOLONI betrachtet ihn als inländisch für Italien, wo er nach ihm die Namen *rafano volgare* und *rafano rusticano* führt; trotzdem bleibt sein Indigenat dort zweifelhaft. Im heutigen Griechenland kommt er nicht vor und wird auch nur äusserst selten gebaut. — Frankreich hat den Meerrettich von Osten her erhalten, wie die Namen *cran, cramson* (aus Kren), *moutarde des Allemands, moutarde des capucins, mérédic* etc. beweisen; der französische Name *raifort* ist nicht besonders charakteristisch: er bedeutet eine starke Wurzel und gilt auch für den Rettich selbst.

### Mohrrübe, Pastinak und Zuckerwurzel.

**Carvitas**[1]) Capitulare 70, 52; *Daucus Carota* L., Möhre, Mohrrübe, gelbe Rübe, gelbe Wurzel, Karotte.

Σταφυλῖνος ἄγριος Theophr. 9, 15, 5; Diosk. 3, 52; ὁ κηπευτὸς σταφυλῖνος Diosk. 3, 52; καρωτόν[2]) Diphilos bei Athen. 9, 371 d e; neugr. δαφκί und καρόττα (die kultivierten Formen).

*Agrestis pastinaca et ejusdem nominis edomita, quam Graeci* σταφυλῖνον *vocant,* Colum. 9, 4, 5; *pastinaca agrestis* Plin. 19, 5, 27; it. *carota salvatica, dauco marino, pasticciona, pastinaca, carota; fr. carotte.*

Die Möhre und die Pastinakwurzel sind früher viel miteinander verwechselt worden und werden es bei den Italienern noch jetzt. Dass DIOSKORIDES unter σταφυλῖνος (staphylinos) die Möhre versteht, ist unzweifelhaft, denn er sagt, dass in der Mitte der weissblumigen Dolde sich etwas purpurfarbiges, einem Pilze ähnliches befinde: dasjenige, was wir die Terminaldolde nennen, die bei anderen Umbelliferen, wenigstens in dieser Weise, nicht vorkommt. Als Synonymen führt DIOSKORIDES

---

[1]) Ausser carvitas kommt die Lesart carrucas vor (bei REUSS, WALAFRIDI STRABI Hortulus etc., S. 71); carvitas ist entstellt wohl aus cariota : caroita, carvita (cfr. CGL III, 537, 75; 556, 74; 620, 66.)

[2]) Der neueste Herausgeber des Athenacus, G. KAIBEL, liest an dieser Stelle καρτόν.

unter anderen *karota* (καρότα) an, das die Römer gebrauchen, und *pastinaka* (παστινάκα). Nach der angeführten Stelle bei ATHENAEUS bezeichneten die Griechen die grosse Kulturform von σταφυλῖνος mit καρωτόν, so dass THEOPHRAST mit σταφυλῖνος ἄγριος wohl die wilde Möhre meint. Da COLUMELLA die zahme und PLINIUS die wilde *pastinaca* mit dem griechischen *staphylinus* identificieren, so wird, wie DIOSKORIDES angiebt, die *pastinaca* der Römer unsere Möhre sein. *Staphylinus*, *daucus*, *carota* und *pastinaca* werden auch in den Hermeneumata des CGL III als gleichbedeutend genannt.[1])

ALBERTUS MAGNUS erwähnt die Mohrrübe unter dem Namen *daucus* (6, 328); er hat auch die rote Terminaldolde beobachtet, wie es scheint selbständig, denn seine Beschreibung weicht von derjenigen des DIOSKORIDES ab: „et habet florem coronalem, in cujus medio est flos alius puniceus valde parvus."

Im späteren Latein wird das Wort *daucus* häufiger, aber es wird nicht nur als gleichbedeutend mit *pastinaca* gebraucht, sondern auch für den Samen von Fenchel und Anis;[2]) die Verbindung *daucus creticus*[3]) ist ins Deutsche als Crecemorensâth übergegangen (Colm. Gloss. 269), aber nicht mehr gebräuchlich. Ältere deutsche Namen sind: *morach*, *more*, *möhre*.

**Pastinacas** Capitulare 70, 53. *Pastinaca sativa* L., Pastinak; niederdeutsch Pasternak, Balsternak, Moorwötteln (Moorwurzeln).

Ἐλαφόβοσκον Diosk. 3, 73; σίσαρον Diosk. 2, 139? *Siser* Colum. und Plin.?; *elaphoboscon* Plin. 22, 22, 37; it. *elafobosco. pastinaca, pastricciani*; fr. *panais. pastenade.*

Die von DIOSKORIDES gegebene Beschreibung und der Umstand. dass die Italiener die Pastinakwurzel noch heute *elafobosco* nennen, machen es wahrscheinlich, dass DIOSKORIDES mit ἐλαφόβοσκον wirklich *Pastinaca sativa* gemeint hat. Man könnte geneigt sein *carvitas* und *pastinacas* des Capitulare für gleichbedeutend zu halten; dagegen spricht aber der häufige Gebrauch der Pastinakwurzel in früheren Jahrhunderten, der schon zu Karls des Grossen Zeit seinen Anfang genommen haben kann. Eine Folge der häufigen Kultur in früherer Zeit ist das massenhafte Vorkommen der Pastinakwurzel in verwildertem Zustande an Wegrändern und in der Nähe von Gehöften. In Griechenland kennt man sie nicht; in Italien kommt sie selten vor, ebenso hier im Norden, wo sie fast nur noch in den Marschgegenden gebaut wird. Man wendet ihr jedoch neuerdings wieder mehr Aufmerksamkeit zu.

---

[1]) Καρωτα pastinaca, δαυκος pastinaca, σταφυλινος pastinaca 317, 41, 42, 43; σταφυλινοι pastinacae . cariotae 430, 41.

[2]) CGL III: dauco . feniculi semen 545, 23; daucu . anisi semen 545, 80; cfr. S. 632, Anm.; — dauco cretico pastenacae semen 589, 41; 610, 49.

[3]) In der alten Medicin führte *Athamanta cretensis* L. den Namen *Daucus creticus*.

Ob COLUMELLA mit *siser* die Pastinakwurzel gemeint hat, bleibt zweifelhaft, da er nirgends eine Beschreibung liefert; da er aber *siser* zweimal unmittelbar neben *pastinaca* nennt (11, 3, 14 und 35), einmal neben *radix*, *rapa* und *napus* (11, 3, 18), so wird man wohl ein rübenartiges Gewächs darunter vermuten dürfen, also vielleicht *Pastinaca sativa* L. Ähnlich steht es mit dem *siser* bei PLINIUS. Er unterscheidet ein *siser erraticum*, d. h. ein wildes, vom *sativum*, dem gebauten (20, 5, 17), was wohl auf *Pastinaca* passt, aber nicht auf die Zuckerwurzel (*Sium Sisarum* L.), wie schon SPRENGEL ausgeführt hat (DIOSKORIDES, Materia medica, Bd. 2, Leipzig 1830, S. 462). An der genannten Stelle führt PLINIUS an, dass niemand drei Wurzeln von *siser* nacheinander essen könne, was auch nicht auf die Zuckerwurzel passt. Wenn PLINIUS angiebt (19, 5, 28), dass T i b e r i u s sich *siser* von der Burg Gelduba am Rhein habe kommen lassen, so könnte das ebensowohl auf Pastinak wie auf die Zuckerwurzel passen, und beweist eben nur, dass manche Gemüse in einem kühleren Klima besser gedeihen als in einem heissen. Auf den Umstand, dass PLINIUS neben *siser* auch noch *elaphoboscon* nennt (22, 22, 37) und so beschreibt, dass man *Pastinaca* erkennen kann, darf man nicht viel Gewicht legen, denn er hat seine Collectaneen keineswegs immer sorgfältig verarbeitet. Ebenso könnte DIOSKORIDES übersehen haben, dass er die Pastinakwurzel schon einmal als σίσαρον (2, 139) genannt hat.

Die hier versuchte Deutung von *siser* wird vielleicht bestätigt durch zwei Glossen im CGL II:

σiser ειδος σταφυλινου 185, 11 und

σταφυλινου ειδος siser 436, 56,

d. h. *siser* ist eine Art von *staphylinus*; dieser wird aber, wie wir es oben gethan haben, mit *pastinaca* identificiert (142, 48; 436, 55), bedeutet also unsere Mohrrübe. Es kann also *siser* eine besondere Rasse der Mohrrübe sein, aber ebensowohl eine der Mohrrübe ähnliche Wurzel wie die Pastinakwurzel.

*Sium Sisaron* L., Zuckerwurzel.

Italienisch: *sisaro*; fr. *chervis*, *girole*.

Wenn die Alten die Zuckerwurzel wirklich gekannt hätten, so würden sie es kaum unterlassen haben, auf die zahlreichen fleischigen Wurzeln aufmerksam zu machen, die diese Pflanze trägt, während die Möhre sowohl wie der Pastinak nur eine einzige solche Wurzel hervorbringt. MATTIOLI sagt auch (Commentar S. 351), dass *Siser* in Italien nicht gebaut werde, und dass ihm „diesz Gewächs erstlich ausz Burgundia zukommen sei" (Kräuterbuch fol. 131 A). Im 16. Jahrhundert war die Zuckerwurzel im südlichen, namentlich im südwestlichen Deutschland häufig und führte eine grosse Zahl von Namen. HIERONYMUS BOCK nennt sie Zam Garten Rapuntzel, Gierlein oder Gerlein, MATTIOLI im Kräuterbuch Gritzelmörlein; bei TABERNAEMONTANUS führt sie ausser den genannten noch die folgenden Namen: Geyerlein, Girgele,

Görlein, Klingelrüblein, Klingelmöhren und Zuckerwurzel, und wird nach ihm von „den Kreutlern" *Servilla, Servillum* und *Chervillum* genannt. *Chervillum* sieht wie ein entstelltes *Cerefolium* aus, und in der That wird *Cerefolium* althochdeutsch *cheruilla* genannt (Schl. Gl. 258); dieses *chervilla*, oder das lateinische *chervillum*, kann sehr wohl das Stammwort für das französische *chervis* sein, ebenso wie Girlein oder Görlein dasjenige für *girole*. Die Franzosen müssten dann die Zuckerwurzel von Deutschland aus erhalten haben, was D[r] PRADEL (nach RÜMPLER, Ill. Gemüse- und Obstgärtnerei, Berlin 1879, S. 166) in seinem *Théâtre d'agriculture* bestätigt.

Nach ALPH. DE CANDOLLE ist das Vaterland der Zuckerwurzel im altaischen Sibirien und im nördlichen Persien zu suchen, jedoch wird von anderer Seite auch China und das östliche Asien genannt. Die Pflanze scheint ihren Weg zu uns über Russland genommen zu haben, denn in Griechenland kommt sie garnicht vor; in Italien wird sie wenig gebaut und führt hier den Namen *sisaro*. Wenn die Italiener die Zuckerwurzel aus Deutschland erhalten haben, so kann hierin der Grund für diese Namengebung liegen: man hat in ihr nachträglich das *siser* des Tiberius zu erkennen geglaubt.

## Sellerie, Petersilie und schwarzes Gemüse.

**Apium** Capitulare 70, 32; Invent. I, 6; II, 4. *Apium graveolens* L., Sellerie, Eppich.

Σέλινον Theophr. 1, 6, 6; 7, 6, 3; ἐλειοσέλινον (Sumpfsellerie oder wilder Sellerie) Theophr. 7, 6, 3; Diosk. 3, 68; neugr. σέλινον.

*Apium* [1]) Colum. 11, 3, 33; 10, 166 und 371; Plin. 19, 8, 37; 19, 8, 46; 20, 11, 44 etc.; it. *sedano, selleri, apio, apio grande;* fr. *céleri*.

Im heutigen Griechenland wird der Sellerie σέλινον (selinon) genannt; es ist daher wahrscheinlich, dass schon im Altertum mit demselben Namen dieselbe Pflanze bezeichnet wurde. Ob dieser Gebrauch aber bis HOMER (Od. 5, 72) zurückgeht, der σέλινον und Veilchen zusammen als Pflanzen einer Wiese nennt, ist sehr fraglich. Wir kennen den Sellerie nur als Gemüse, die Alten brauchten ihn aber auch als Schmuck (Kranz) und unterschieden ausser dem wilden Sellerie auch den

---

[1]) Das *Apium agreste* und *rusticum* der späteren Zeit ist kein wilder Sellerie, sondern eine giftige Hahnenfussart, *Ranunculus sceleratus* L., die an tiefsumpfigen Plätzen wächst und deren erste Blätter eine gewisse Ähnlichkeit mit denen des Selleries haben. Man scheint die Giftigkeit dieser Pflanze gekannt zu haben, denn sie wird auch *herba scelerata* genannt; ihr Genuss sollte ein krampfhaftes Lachen hervorrufen, deshalb nannte man sie *Apium risus;* wegen ihres nassen Standortes erhielt sie den Namen Froschkraut *(butracion,* entstellt aus βατράχιον). Man vergl. CGL III, 536, 39; 536, 47; 553, 27; 608, 37; 633, 2—8. — Bei DIOSKORIDES (2, 206) wird βατράχιον, das verschiedene Hahnenfussarten bedeutet, σέλινον ἄγριον genannt; wahrscheinlich stammt das obengenannte *Apium agreste* ebendaher.

gebauten mit mehreren Abarten, von denen allerdings einige zu unserer Petersilie gehören dürften. Die älteren deutschen, aus *apium* entstandenen Namen sind *ephich, eppe, effi* etc., *epf* (KONRAD VON MEGENBERG 5, 3), und ausserdem Merch oder Merk.

Nach den Kräuterbüchern zu urteilen ist im 16. Jahrhundert die Kultur des Selleries, der *Apium palustre* genannt wird, nur eine sehr geringe gewesen; sie muss gegen früher zurückgegangen sein. Neuerdings hat sie einen bedeutenden Aufschwung genommen.

**Petresilinum** Capitulare 70, 31; *petresilum*, Invent. I, 4; *Apium Petroselinum* L. *(Petroselinum sativum* Hoffmann), Petersilie. Petersill.

Σέλινον, τὸ καὶ πετροσέλινον Diosk. 3, 70; neugr. μαϊντανός (v. Heldreich), μακεδονῆσι, μαϊδανό, μυρωδιά πετροσέλινα (Fraas).

*Petroselinon* Plin. 20, 12, 47; it. *apio ortense. petroselino, prezzemolo;* fr. *persil.*

COLUMELLA, der kein *petroselinum* kennt, spricht (11, 3, 33) von einem *apium* mit breiten (apium lati folii) und einem mit krausen Blättern (apium crispae frondis). Auch PLINIUS erzählt uns von *apium* mit krausen Blättern (10, 8, 37 u. 46). Da nun vom Sellerie wohl eine Rasse mit feiner zerschlitzten, aber keine mit eigentlich krausen Blättern existiert, und da in Italien die Petersilie heute noch *apio* genannt wird, so ist es wahrscheinlich, dass unter dem *apium* der Alten zum Teil unsere Petersilie mitzuverstehen ist. Das Beiwort *apiacon,* das der krause Kohl bei CATO erhält (vergl. oben S. 109), lässt sich auch nur verstehen, wenn *apium* die Petersilie bedeutet.

Im 16. Jahrhundert wird *apium* meist als Petersilie gedeutet; die gewöhnliche heisst *Apium hortense,* die krause *Apium crispum.* Gegenwärtig ist die Petersilie ein sehr beliebtes Küchengewächs, das kaum dem kleinsten Garten fehlt. Ihre deutschen Namen Petersilie, Peterlein etc. sind sämmtlich von *petroselinum* abgeleitet.

**Olisatum** Capitulare 70, 30; *Smyrnium Olusatrum* L., Pferdeeppich, schwarzes Gemüse.

Ἱπποσέλινον Theophr. 1, 9, 4; 2, 2, 1; 7, 6, 3; Diosk. 3, 71; neugr. μαυροσέλινον, σκυλοσέλινον (Fraas).

*Olus atrum* Colum. 11, 3, 36; 12, 7, 1; Plin. 19, 8, 48; 20, 11, 46; it. *macerone, smirnio;* fr. *ache, maceron.*

DIOSKORIDES erzählt uns, dass der Pferdeeppich (ἱπποσέλινον) auch wilder Eppich (ἀγριοσέλινον), Smyrnium (σμύρνιον) und von den Römern *olus atrum* genannt werde. Diese Namen wurden nun in den Glossaren den gewaltsamsten Verdrehungen unterworfen, namentlich aber *olusatrum,* das als *olixerus, oleratum, olosatrus, olixatrum, olisatrum* etc. erscheint, so dass man nicht daran zweifeln kann, dass unter dem *olisatum* des Capitulare das *olusatrum* gemeint ist. Diese Pflanze, die bei den Römern eine geschätzte Arznei- und Gemüsepflanze war, hat im Mittel-

alter in Deutschland einen ausgebreiteteren Anbau gefunden als später;
ihre Wurzel scheint sogar die Selleriewurzel vertreten zu haben. Später
ging ihre Kultur zurück. Das geht auch daraus hervor, dass im 16. Jahrhundert, z. B. von HIERONYMUS BOCK, die Meisterwurz *(Imperatoria
Ostruthium* L.) als das *smyrnion* und *hipposelinon* der Alten dargestellt
wurde.

## Artischocke und Weberkarde.

**Cardones** Capitulare 70, 66; *Cynara Carduuncnlus* und *Scolymus* L.,
Artischocke mit ihren verschiedenen Rassen.
Κάκτος Theophr. 6, 4, 10; κυνάρα Athen. 2, 70; neugr. ἀγκυνάρα.
*Cinara* Colum. 11, 3, 14 u. 28; 10, 235—241; *carduus* Plin. 19, 8, 43;
*cactos* Plin. 21, 16, 57, nach Theophr.; it. *cardo, cardone, carcioso domestico,
mazzaferrata;* fr. *artichaut* (der Blütenkopf), *cardon* (das Blattstielgemüse,
das schon THEOPHRAST unter dem Namen κάκτος beschreibt).

LINNÉ unterschied die Cardone oder spanische Artischocke *(Cynara Carduunculus)* und die eigentliche Artischocke *(C. Scolymus)* als zwei
verschiedene Arten, aber nach den neuerdings gemachten Erfahrungen
betrachtet man die Artischocke als eine Kulturrasse der Cardone. Die
Artischocke war bei den Griechen als Speise wie als Heilmittel in Gebrauch, ebenso bei den Römern. Dass ihre Kultur bei den Römern
einen hohen Grad der Vollkommenheit erreichte, geht aus der oben
citierten Stelle im 10. Buch bei COLUMELLA hervor; hier werden mehrere
Abarten unterschieden, die sich durch Grösse, Farbe und Bestachelung
unterscheiden, gerade wie es noch jetzt der Fall ist.

Die Artischocke ist zu empfindlich gegen die Kälte, als dass sie
das Klima von Norddeutschland ohne besondere Schutzmittel aushalten
könnte. Man begegnet ihr deshalb verhältnismässig selten.[1])

Ob das Wort *cardones* an der oben angeführten Stelle wirklich die
Artischocke bedeutet, bleibt zweifelhaft; die meisten Deuter des Capitulare sind nicht der Meinung, sondern glauben, dass hier die Weberkarde gemeint ist. Sicher ist diese zu verstehen unter

**cardones** Capitulare 43; hier ist von dem zum Spinnen und Weben
erforderlichen Gerät die Rede, und zwischen Kamm und Seife passt die
Karde recht wohl hinein.

*Dipsacus fullonum* Miller, Weberkarde.
Δίψακος Diosk. 3, 11; *dipsacus* Plin. 27, 9, 47; it. *dissaro, cardo
di panni, cardo da lanajoli, cardo da cardare;* fr. *chardon à carder.*

---

[1]) Die Golddistel (σκόλυμος Theophr. 6, 4, 7, Diosk. 3, 14; *scolymus* Plin. 20,
23, 99 u. 21, 16, 56) *Scolymus maculatus* L. und *S. hispanicus* L., die in den Mittelmeerländern heimisch ist, liefert in ihren jungen Trieben ein wohlschmeckendes Gemüse, im heutigen Griechenland ἀσπράγκαθα genannt; diesseit der Alpen scheint sie
wenig kultiviert worden zu sein.

Die von DIOSKORIDES gegebene Beschreibung ist vortrefflich und beweist, dass er wirklich die Weberkarde gekannt hat. Er leitet den Namen der Pflanze (δίψακος, durstig) davon ab, dass sich in den Trögen, welche durch Verwachsung der Basen von je zwei gegenüberstehenden Stengelblättern entstehen, Regenwasser sammelt. Die einzeln an den Spitzen der Äste sitzenden Blütenköpfe (κεφαλή) vergleicht er mit einem Igel (ἐχῖνος).

Bei den Alten wurde das Tuch nicht mit der Karde, sondern mit dem Fell des Igels gerauht oder kardätscht (LENZ). Die Kultur und Benutzung der Weberkarde stammt also aus einer späteren Zeit, scheint aber zu Karls des Grossen Zeit schon bekannt und allgemeiner gewesen zu sein. In den Glossaren des CGL III [1]) wird sie *cardo fullonicius* genannt. also eine Distel, welche die *fullones*, Walker oder Tuchbereiter, benutzen. ALBERTUS MAGNUS beschreibt die Karde unter dem Namen *virga pastoris* (6, 466), der sich auch bei HIERONYMUS BOCK und bei TABERNAEMONTANUS findet, bei dem letzteren aber die wilde Karde (*Dipsacus silvestris* Miller) bedeutet; [2]) die Benutzung der Karde zum Tuchkratzen wird von ALBERTUS ausdrücklich angegeben. [3])

Hier im Norden findet sich die Weberkarde in Folge früherer Kultur mehrfach verwildert. — Stammt aus Südeuropa.

## Weisswurzel und Schwarzwurzel.

*Tragopogon porrifolius* L. Bocksbart, Haferwurzel, Weisswurzel.
Τραγοπώγων Theophr. 7, 7, 1; Diosk. 2, 172; neugr. τριχοῦρα (Fraas).
*Tragopogon* Plin. 21, 15, 52; 27, 13, 117; it. *scorzonera bianca*, *barba di becca*, *sassefrica*; fr. *salsifis*, *cercifis*, *barbe de bouc*.

Was PLINIUS über den Bocksbart sagt, stimmt genau mit dem überein, was wir bei DIOSKORIDES und THEOPHRAST finden; in diesem Falle scheint sich aber auch DIOSKORIDES etwas energisch auf seinen grossen Vorgänger THEOPHRAST gestützt zu haben. Von THEOPHRAST wird die Wurzel des Bocksbarts, „den einige zu den Gemüsen rechnen", lang und süss genannt; DIOSKORIDES sagt, dass der Bocksbart eine essbare Pflanze sei. Ein sehr allgemein benutztes Gemüse scheint er damals nicht gewesen zu sein, sonst würden wir ihn auch bei COLUMELLA gefunden haben. — Ob das *tragopogon* der Alten gerade die obengenannte rotblühende Art ist, und nicht etwa der gleichfalls rotblühende

---

[1]) Amilia cardo folinicius 586, 30; amilia idest cardo fullonicius 607, 21; amilia idest cardo fulnicus 616, 31; der Name amilia scheint sonst nicht vorzukommen.

[2]) *Virga pastoris* wird bei Matthaeus Sylvaticus ausser für *Dipsacus* auch für den Wegetritt (*Polygonum aviculare* L.) gebraucht, den er *centinodia*, *poligonia*, *sanguinaria* etc. nennt; die letztgenannten Namen kommen auch bei den Schriftstellern des 16. Jahrhunderts für den Wegetritt vor.

[3]) Die Blütenköpfe werden sehr genau beschrieben; nachher heisst es: „Ipsa autem spinositas optime pectit lanositatem pannorum lancorum".

*Tragopogon crocifolius* L., oder gar eine der gelbblühenden Arten, ist schwer zu entscheiden, aber auch gleichgültig, da die Wurzeln der Tragopogonarten sich ziemlich gleichen.

ALBERTUS MAGNUS beschreibt den obengenannten rotblühenden Bocksbart sehr gut, nennt ihn aber *oculus porci* (Schweinsauge) und rühmt seine essbare Wurzel.[1]) HIERONYMUS BOCK beschreibt in seinem Kräuterbuch (fol. 101, vers., fol. 102) einen Bocksbart mit gelben Blumen, den er auch Gauchbrot nennt und dessen süsse Wurzel die Kinder essen. „Bocksbart ist in seiner jugent mit seiner süssen wurtzel ein recht Kuchenkraut zum Sallat, gleich wie andere Spargen." MATTIOLI hat sowohl in seinem Commentar wie in seinem Kräuterbuch einen gelb- und einen rotblühenden Bocksbart; den ersteren nennt er *Barbula hirci*, den zweiten *Tragopogon purpureum*; auch er verwendet die Wurzel zum Salat und bemerkt in seinem Commentar (S. 410), dass die Wurzel des rotblühenden Bocksbarts zwar grösser, aber weniger wohlschmeckend sei (adstringens et amariuscula). CAMERARIUS nennt in seinem Hortus medicus (S. 27) einen gelben und einen purpurfarbigen Bocksbart *(Barba hirci)* und sagt, dass die zarten Wurzeln zu Salat benutzt würden (Radices tenerae expetuntur in acetariis). Im 16. Jahrhundert scheint der Bocksbart also viel gebaut oder benutzt worden zu sein: nachher ist er wohl mehr und mehr, wenigstens strichweise, in Vergessenheit geraten.

Der aus Südeuropa stammende rotblühende Bocksbart *(Tragopogon porrifolius* L.) ist hier im Norden in Folge früherer Kultur gelegentlich verwildert, aber ähnliches könnte an einzelnen Stellen mit dem gelbblühenden *Tragopogon pratensis* L. der Fall sein; da die Wurzel dieses letzteren als besonders süss und zart gerühmt wird, so könnte es sich wohl der Mühe lohnen, wieder einmal Anbauversuche mit ihm zu machen; vielleicht könnten seine weissen Wurzeln die Konkurrenz mit den schwarzen der *Scorzonera* erfolgreich aufnehmen.

Die Scorzoner- oder Schwarzwurzel *(Scorzonera hispanica* L.), auch Schlangenmord genannt, hat MATTIOLI in seinem Commentar zum DIOSKORIDES zuerst beschrieben, wie er ausdrücklich anführt (haec nova est planta, nec puto esse quemquam, qui de ea ante nos scripserit); da C. BAUHIN in seinem Pinax hinter *Scorzonera* jedesmal zuerst Matt. setzt, so wird das schon richtig sein. Der Name Scorzonera soll nach MATTIOLI von dem spanischen scurzo oder escorzo, das eine Schlange bedeutet, herkommen: die Pflanze galt als ein ausgemachtes Mittel gegen den Schlangenbiss, ja ein Tropfen ihres Saftes sollte eine Schlange zum Erstarren bringen; aber leider ist die Deutung falsch, denn in spanischen Wörterbüchern kommen die angegebenen Namen für Schlange nicht vor. Der Name kommt vom italienischen scorzone, das eine schwarze,

---

[1]) „.... habens radicem delectabilem, propter quod comeditur, et a porcis in pastum effoditur".

giftige Schlange bedeutet. Aus dem Heilmittel wurde allmählich ein Nahrungsmittel. MATTIOLI rühmt die Wurzel als zart und von süssem und lieblichem Geschmack (Kräuterbuch, fol. 317 A).

## Spargel.

*Asparagus officinilis* L. und verwandte Arten.

'Ασπάραγος Theophr. 1, 10, 6; 6, 1, 3; Diosk. 2, 151: neugr. σπαράγγια. *Asparagus* Cato 6, 161; Colum. 11, 3, 43—46; Plin. 19, 8, 42; it. *asparago, sparaggio;* fr. *asperge.*

Der *asparagus* des THEOPHRAST ist nicht der in unseren Gärten gebaute Spargel, *Asparagus officinalis* L., sondern der spitzblätterige Spargel, *Asparagus acutifolius* L., dessen Blätter hart und stachlich sind; THEOPHRAST sagt von ihm, dass er Dornen habe, aber keine Blätter. Der spitzblättrige Spargel wächst in Griechenland und Italien wild und seine sehr zarten und wohlschmeckenden jungen Triebe werden in beiden Ländern gern gegessen: in Italien heisst er *sparaghella* und *asparago salvatico;* in Griechenland, wo die Kultur unseres Gartenspargels so gut wie unbekannt ist, geht er, wie noch andere wildwachsende Arten, *Asparagus aphyllus* L. und A. *horridus* L., unter dem Namen σπαράγγια oder σφαράγγια. Die wilden Spargelarten werden auch Felsen- oder Bergspargel (ἀσπάραγος πετραῖος Diosk., ἀσπάραγος ὄρειος Athen.) und Mäusedorn (μυάκανθα und μυάκανθος) genannt; als Mäusedorn ist gewiss gelegentlich auch die jetzt so genannte Pflanze *(Ruscus aculeatus* L.) zu nehmen, denn ihre jungen Triebe, die den Spargelsprossen täuschend ähnlich sehen, aber grün, dünn und ästig sind, werden noch heute vielfach gegessen. Unter den wilden Spargeln ist aber, wenigstens in Italien, auch die wilde Form des Gartenspargels zu verstehen, die noch jetzt (z. B. in Südtirol) von manchen höher gestellt wird als die zahme; diese ist es, welche bei ATHENAEUS (2, 62 e) Sumpfspargel, ἀσπάραγος ἕλειος, genannt wird, und dieser Name, auch abgekürzt als ἕλειος oder ἕλειος, verblieb dem Gartenspargel für die folgenden Jahrhunderte (CGL III, 16, 18; 185, 50; 317, 30 etc.) und wird noch bei MATTIOLI als griechischer Name des Spargels angeführt. Bei den Römern hiess der wilde Spargel *corruda.*

Bei den römischen Schriftstellern CATO, COLUMELLA, PLINIUS und PALLADIUS finden wir sehr genaue Angaben über die Spargelkultur. Damals machte man die Sache genau so wie jetzt. Nach COLUMELLA werden die aus Samen gezogenen Pflanzen nach zwei Jahren, wenn sich ein ordentliches Wurzelgeflecht (spongia = Schwamm) gebildet hat, versetzt und wenigstens ein Jahr lang geschont, damit die Wurzeln ordentlich fortwachsen können; dann werden die jungen Sprossen abgerissen, nicht abgebrochen oder abgeschnitten, denn man glaubte, dass der sitzengebliebene Stumpf die übrigen Sprossen im Wachstum hindere. COLUMELLA baut übrigens zwei Spargelarten, den Gartenspargel *(asparagus sativus*) und denjenigen, welchen die Landleute *corruda* nennen, also möglicherweise den spitzblättrigen. CATO, dessen Angaben die ältesten sind und dem die Spargelkultur nach PLINIUS noch neu war (19, 8, 42, repentem ac noviciam viro curam (sc. asparagorum) fuisse), lässt die aus Samen gezogenen Pflanzen 9 bis 10 Jahre stehen; erst dann setzt er sie um. Es ist immerhin bemerkenswert, dass man heute beginnt dieselbe Art der Kultur anzuwenden, die der erste bekannte Spargel-züchter vor mehr als 2000 Jahren angewandt und beschrieben hat.

Die Spargel, welche die Alten zogen, standen an Grösse den heutigen nicht nach. PLINIUS erzählt an einer Stelle, wo er sich über die monströsen Erzeugnisse des Gemüsebaues und über Geschmacks-verirrungen ereifert, dass in Ravenna drei Spargel auf ein Pfund gingen (19, 4, 19). Nach ihm gab es aber auch eine „Wildkultur" des Spargels, d. h. eine solche, bei der der Erdboden weder gegraben noch gepflügt wurde; es wurden vielmehr die Spargelsamen direkt in das Röhricht gesäet (19, 8, 42: de origine eorum (sc. asparagorum) in silvestribus curis abunde dictum et quomodo eos iuberet Cato in harundinetis seri); hier bezieht er sich auf CATO, *de re rustica* 6.

Bei THEOPHRAST und DIOSKORIDES, CATO und COLUMELLA wird das Wort *asparagus* ausschliesslich von solchen Pflanzen gebraucht, die der heutigen Gattung *Asparagus* angehören; bei DIOSKORIDES heisst ein Spargelspross καυλίον, was dem lateinischen *cauliculus* entsprechen würde. Allmählich bekommt das Wort eine erweiterte Bedeutung: es wird überhaupt für junge Triebe oder Sprossen gebraucht. Schon PLINIUS nennt 23, 1, 17 die jungen Sprossen der Zaunrübe *asparagi*.[1] 100 Jahre später etwa bezeichnet GALEN aber alle jungen Triebe, sie mögen essbar sein oder nicht, als *asparagi;* denselben Sprachgebrauch finden wir in den folgenden Jahrhunderten und noch im 16. Jahrhundert, z. B. bei HIERONYMUS BOCK, der in seinem Kräuterbuch bei Be-sprechung des Spargels fol. 82 sagt: „Sonst ist der nam Asparagus, oder wie die Athener schreiben, ein gemeiner name aller kreutter, die da erstmals jre junge Dolden oder bletter herfürstossen." Bei BOCK werden auch zarte Wurzeln „Spargen" genannt (vergl. oben S. 123). Heute kennen wir einen solchen Sprachgebrauch in Deutschland nicht mehr. Ausser den eigentlichen Spargeln werden nur sehr wenig junge Pflanzensprossen gegessen, die dann jedesmal nach der Stammpflanze be-nannt werden; die Sprossen des Hopfens, Hopfenkeime genannt, sind in Süddeutschland sehr beliebt, gelangen aber im nördlichen Deutschland nur selten zur Verwendung.

Im Mittelalter ist die Spargelkultur in Deutschland sehr gering gewesen, jedenfalls fehlt es uns an Nachrichten; es ist nicht sicher, ob

---

[1] „Asparagos eius (sc. vitis nigrae) Diocles praetulit veris asparagis in cibo urinae ciendae lienique minuendo."

der von ALBERTUS MAGNUS angeführte *sparagus* (6. 225) wirklich unserem Spargel entspricht.

## Kerbel und Myrrhenkerbel.

**Cerfolium** Capitulare 70, 70; Invent. II, 21. *Anthriscus Cerefolium* Hoffmann, Kerbel, Gartenkerbel.

*Chaerephyllum* Colum. 11, 3, 14 und 42; *caerefolium* Plin. 19, 8, 54; it. *cerfoglio, cerfolio, mescolanza;* fr. *cerfeuil.*

Wir besitzen keine ganz sicheren Zeugnisse dafür, dass die Griechen im Altertum den Kerbel gekannt hätten; das *chaerephyllum* des COLU-MELLA ist aber ein griechisches Wort, das freilich auch auf italienischem Boden gebildet sein kann. In den Hermeneumata des CGL III kommt nur an einer Stelle (359, 69) die Zusammenstellung *cirifolium* κηρίφυλλον vor, wo das griechische Wort kaum etwas anderes ist als eine Trans-scription des lateinischen. Da man Westasien für die Heimat des Kerbels hält, so scheint es, als ob die Griechen diese gewürzhafte Pflanze nicht gemocht hätten: im heutigen Griechenland kennt und be-nutzt man sie nicht.

Der Kerbel, Körbel, Körffel, in alter Zeit *keruele*, wird auch heute noch viel gebaut und kommt nicht selten verwildert vor.

*Myrrhis odorata* Scopoli, Myrrhenkerbel, Süssdolde.

Μυρρίς Diosk. 4, 116.

*Murris, myriza, murra* Plin. 24, 16, 97; it. *mirride, finochiella;* fr. *myrrhis, cerfeuil musqué.*

Diese Pflanze gehört den Gebirgen von den Pyrenäen bis nach Montenegro an und kommt auch auf dem Appennin vor, sie kann also den Römern sehr wohl bekannt gewesen sein. Ob sie aber identisch mit der *myrrhis* des DIOSKORIDES ist, bleibt zweifelhaft; denn diese hat „eine längliche, zarte, runde, wohlriechende Wurzel, die angenehm zu essen ist". Nun kann man zwar dem Geschmack der Römer manches zutrauen, aber die Wurzel des Myrrhenkerbels entspricht den angeführten Worten nicht, sie müsste denn schon bei den Römern durch Kultur verändert worden sein. Mit *Chaerophyllum bulbosum* L., der Kerbelrübe, darf man aber *myrrhis* auch nicht ohne weiteres identificieren, wie es von TABERNAEMONTANUS geschehen ist; denn die Kerbelrübe gehört dem mittleren Europa von Frankreich bis Asien an und kommt in Italien nicht vor, und wenn sie, was ja keineswegs als unmöglich zu betrachten ist, von Gallien nach Rom gebracht worden wäre, so würde sich darüber gewiss eine Nachricht erhalten haben. Man könnte endlich noch an *Bunium Bulbocastanum* L., die Erdkastanie, denken, eine westliche Pflanze, die von England bis Südfrankreich und Italien vorkommt, und von der eine ähnliche Form, *Bunium ferulaceum* Sibthorp et Smith. sich auf der Balkanhalbinsel findet; aber auch auf die knollige Wurzel der Erd-kastanie passt die von DIOSKORIDES gegebene Beschreibung nicht.

Jedenfalls ist der Myrrhenkerbel aus südlicheren Gegenden nach Norddeutschland gekommen und ist hier unter den Namen welscher oder spanischer Kerbel, Körbel oder Körffel und Myrrhenkerbel früher gebaut und ebenso benutzt worden wie der gewöhnliche Kerbel. Man begegnet ihm mehrfach in der Nähe grösserer Gärten und Gehöfte, aber nicht mehr im Garten selbst. In den Apotheken führte er früher die Namen *Cerefolium hispanicum*, *Myrrhis major* und *Cicutaria odorata*.

## Spinatpflanzen.

Gartenmelde, Malve, Mangolt, Amarant, Spinat;
Erdbeerspinat.

**Adripias** Capitulare 70, 54; *Atriplex hortensis* L., Gartenmelde. Ἀνδράφαξις Theophr. 7, 1, 2 u. 3 ; 7, 2, 8; ἀτράφαξις, χρυσολάχανον[1]) Diosk. 2. 145; neugr. λεποντιά, λεβουδιά; auf Kreta χρυσολάχανον. *Atriplex* Colum. 10, 377; 11, 3, 42; Plin. 20, 20, 83; it. *atriplice, bietolone, spinacione*; fr. *arroche, bonne dame*.

Früher eine sehr beliebte Gemüsepflanze, die die Stelle unseres Spinats vertrat; jetzt ist sie sehr in Vergessenheit geraten, wie man sagt mit Unrecht, und findet sich selten gebaut, meist nur noch in halbverwildertem Zustande. Ihre Heimat wird man in Südeuropa zu suchen haben.

Die wilde Art der Gartenmelde bei DIOSKORIDES und PLINIUS könnte entweder die grüne Farbenvarietät der Gartenmelde selbst sein, die ausserdem auch noch gelb und rot vorkommt, oder aber *Chenopodium album* L., das auch „Melde" genannt wird.

Auch den Guten Heinrich oder Schmerbel, *Chenopodium Bonus Henricus* L., als man vor Zeiten, und zwar die jungen Triebe und die Blätter; wahrscheinlich hat man ihn dann auch kultiviert, und dann wäre sein Vorkommen an Dorfstrassen und Schuttplätzen eine Folge seiner früheren Kultur; gegessen wird er in Norddeutschland von Menschen nicht mehr, wohl aber im heutigen Griechenland, wo er wilder Spinat, ἄγρια σπανάκια, heisst.

**Malvas** Capitulare 70, 51; Invent. II, 18; *Malva silvestris* L. und *M. neglecta* Wallroth, Käsepappel, Malve. Μαλάχη Theophr. 7, 8, 1 ; μαλάχη κηπευτή Diosk. 2, 144; neugr. μολόχα. *Malache* (oder *moloche*) Colum. 10, 247; *malva, alterum genus : malache* Plin. 20, 21, 84; it. *malva salvatica, malva comune*; fr. *mauve*.

---

¹) Das Wort χρυσολάχανον bedeutet Gold-Gemüse; in den Hermeneumata des CGL in kommt dies Wort unter den Gemüsen jedesmal vor, dagegen fehlt es in den letzten Glossaren. Dort ist es, wahrscheinlich durch ein Versehen, durch χρυσόκολλα (crissocolla 631, 54 und sonst) ersetzt. Bei ATHENAEUS (3, 111a) bedeutet χρυσόκολλα ein Gericht aus Leinsamen und Honig.

Die beiden genannten Malven, die vielfach verwechselt wurden und werden, waren früher nicht nur Heilmittel, sondern sie dienten auch, wie noch heute in Griechenland, als Nahrungsmittel: die Blätter wurden als Gemüse gekocht, wie gegenwärtig der Spinat. Sie sind durch andere Pflanzen, wie den Spinat, aus den Gärten verdrängt, und so kommt es, dass man sie wohl an Dorfstrassen und Plätzen, in unmittelbarer Nähe von Gebäuden und Gärten, aber nie im Walde und im freien Felde findet; beide stammen ursprünglich aus dem südlichen und mittleren Europa.

Die ältesten deutschen Namen sind Pappeln, (babela, heilige HIL-DEGARD 1, 97, popele, Colm. Gloss. 79, 454), Käsepappeln; plattdeutsch Kattenkes (Katzenkäse).

Einige haben die Stockrose, *Althaea rosea* Cavanilles, in den *malvas* des Capitulare erkennen wollen, aber sehr wahrscheinlich mit Unrecht, denn bei den Schriftstellern des Altertums findet sich nichts, was sich mit Sicherheit auf die Stockrose beziehen liesse. Die Malve (μαλάχη) des THEOPHRAST, die baumförmig wird (ἀποδενδροῦται, 1, 3, 2; 1, 9, 2), wird zu den Gemüsen gerechnet (1, 9, 2), ist also entweder *Malva silvestris* L., die bei einiger Pflege eine grosse Höhe erreicht, oder die *Lavatera arborea* L. (neugr. δενδρομολόχα), die in Griechenland wild wächst und in Gärten kultiviert wird und nach V. HELDREICH dieselbe Benutzung findet wie *Malva silvestris*. Nach DIOSKORIDES (2, 144) wurden beide von ihm angeführten Malvenarten, die zahme und die wilde, gegessen, hier kann also auch nicht von der Stockrose die Rede sein.

Bei ALBERTUS MAGNUS (6, 378) wird unter dem Namen *malva* die niederliegende *Malva neglecta* Wallroth beschrieben; von einer baumförmigen Malve *(arbor malvae)* ist schon früher (1, 161) die Rede. Da diese aber geradezu die Blätter der kleinen Malve hat (habet directe folia malvae parvae), so wird man nicht an die Stockrose denken dürfen, sondern vielmehr an *Malva silvestris*; über den Gebrauch des Wortes *arbor* dachte man damals anders als jetzt.

Erst im 16. Jahrhundert begegnen wir der Stockrose mit Sicherheit. HIERONYMUS BOCK nennt sie Herbst- oder Erurosen, auch Römische Pappeln; dieselben Namen finden sich bei TABERNAEMONTANUS und MATTIOLI. BOCK berichtet auch, dass die Stockrose zu Metz *Rosa ultramarin* genannt wurde. Zahlreiche Farbenvarietäten werden schon aufgeführt, aber es wird auch hervorgehoben, dass die Pflanze nicht von selbst gedeihe, sondern der Pflege bedürfe.

Das Bestreben, alle Pflanzen des Gartens bei den Alten wiederfinden zu wollen, hat die Frage nach der Herkunft einer Pflanze erst sehr spät aufkommen lassen, manchmal erst zu einer Zeit, wo man schon vergessen hatte, dass sie überhaupt als Fremdling eingewandert war. Wahrscheinlich ist es mit der Stockrose so ergangen. Da sie erst im 16. Jahrhundert mit Bestimmtheit nachzuweisen ist, so gehört sie vielleicht zu den Pflauzen, die durch Vermittelung der Türken nach Europa gekommen sind. Der Umstand, dass sie jetzt in Griechenland, wo sie ebenso wie *Lavatera arborea* δενδρομολόχα genannt wird, scheinbar wild vorkommt, spricht nicht notwendig gegen unsere Ansicht: eine Zierpflanze kann recht wohl in Griechenland verwildern, ohne es bei uns zu thun.

**Betas** Capitulare 70, 48; Invent. II, 5; *Beta vulgaris* L., Runkelrübe, Mangolt, Rote Beet, Rote Rübe.

Τευτλίον Theophr. 7, 2, 6; 7, 4, 4; τεῦτλον Diosk. 2, 149; σευτλίον, σεῦτλον; neugr. τὰ σέσκουλα, σέσκλα und σεύκουλα (Gemüsepflanze, Mangolt); τὰ κοκκινογούλια, παντζάρια (rote Rüben).

*Beta* Colum. 10, 254 u. 326, Plin. 19, 8, 40; it. *bietola, bietola bianca, bietola rossa*; fr. *bette, poirée.*

Von welcher Pflanze die verschiedenen Rassen der Runkelrübe stammen, ist noch nicht mit absoluter Sicherheit entschieden, aber alle scheinen sich darin einig zu sein, dass die Küsten des Mittelmeeres und eines Teiles des atlantischen Oceans als Heimat der Stammpflanze anzusehen sind.

Schon die Alten kannten Runkelrüben mit weissen und mit roten oder dunklen Blättern und Wurzeln (τευτλίον λευκόν und μέλαν, THEO-PHRAST; ähnlich bei DIOSKORIDES und PLINIUS); sie afsen sowohl die Blätter als die Wurzeln. Beides geschieht auch noch jetzt. Die Pflanze, deren Blätter als Gemüse gegessen werden, pflegt man Mangolt zu nennen; ein althochdeutscher Name ist *bieza* (GRAFF, Spr. 3, 233).

Die verschiedenen Pflanzen, deren Blätter als Gemüse (Spinat) gegessen werden, die Spinatpflanzen, wurden nun schon sehr früh miteinander verwechselt. So finden wir für *beta* die deutschen Namen Kraut, Kohl, römischer Kohl und Melde; ferner werden *beta (peta)* und *blitum* oder *blitus* als gleichbedeutend behandelt (ALBERTUS MAGNUS 6, 292), und diesem Umstande ist es wohl zuzuschreiben, dass statt *beta* auch *bleta*[1]) geschrieben wird (Königsb. Gloss.). Endlich wird *beta* mit *britanica* identificiert (Colm. Gloss. Bertannica bete 116; Brittannica bete 146); dies Wort bedeutet den Wasserampfer *(Rumex aquaticus* L.), der früher bei uns gegessen zu sein scheint.

**Blidas** Capitulare 70, 55; *Amarantus Blitum* L., Amarant.

Βλίτον Theophr. 1, 14, 2; 7, 1, 2; 7, 2, 8; βλῆτον Diosk. 2, 143; neugr. τὸ βλίτον und τὰ βλίτα.

*Blitum* Plin. 20, 22, 93 und sonst; it. *blito, biedone;* fr. *poirée.*

Der Amarant stammt wahrscheinlich aus dem südlichen Europa

---

[1]) Im Colmarer Glossar steht Bleta sture (121); das Wort *stur* bei der heiligen HILDEGARD (1, 197) könnte also vielleicht beta bedeuten; es wird aber häufiger *blitus* durch *stur* übersetzt (Sum. 21, 37; 54, 49; Königsb. Gloss.), und es ist wahrscheinlicher, dass bei der heiligen HILDEGARD *Blitum* gemeint ist.

und den östlichen Mittelmeerländern. Früher wurde er vielfach gebaut. Sein ältester deutscher Name scheint *stur* oder *sture* zu sein (Königsb. u. Colm. Gloss.. Sum); im 16. Jahrhundert hiess er Meier, Meyer; aber mit dem Aufhören seiner Kultur sind diese Namen in Vergessenheit geraten. In Deutschland kommt er wohl nur noch als Ruderalpflanze vor.

Im 16. Jahrhundert wurden auch rot- und buntblättrige Arten des Amarants unter dem Namen *Blitum. Blitum rubrum* gebaut (CAMERARIUS, Hortus medicus S. 29; TABERNAEMONTANUS 2, S. 147). Durch diese Arten wurde die Verwechselung mit Mangolt und Gartenmelde noch befördert.

Alle bisher genannten Spinatpflanzen wurden mehr und mehr bei Seite gedrängt durch den Spinat, *Spinacia oleracea* L., dessen Heimat der Orient und das Innere Westasiens ist. Die Alten kannten ihn nicht. Zum ersten Male erwähnt finden wir ihn bei ALBERTUS MAGNUS (6, 434), der ihn oder seine Blätter *spinachia* nennt, und der auch seine stacheligen Früchte kennt. Im 16. Jahrhundert hiess er lateinisch *Spinachia* und *Spinacia*, deutsch Spinat und Binetsch. Der persische Name des Spinats, *aspanakh, isfanâdj* oder *isfinâdj* ist fast unverändert ins Neugriechische übernommen, τὰ σπανάκια, und bildet gleichfalls die Grundlage für das italienische *spinace* und das französische *épinard* (ursprünglich *espinaces;* durch falsche Etymologie unter Anlehnung an *épine*, Stachel oder Dorn, wurde daraus *épinard*). — Auf welchem Wege der Spinat nach Europa gekommen ist, wissen wir zur Zeit nicht genau; es ist nicht unmöglich, dass die Kreuzfahrer ihn mit heimgebracht haben.

Man hat auch den Versuch gemacht, die *blidas* des Capitulare zu deuten durch

*Blitum virgatum* L., den Erdbeerspinat.

Hierbei hat man aber übersehen, dass diese Pflanze erst seit den letzten Jahren des 16. Jahrhunderts, ja in weiteren Kreisen erst seit dem Anfang des 17. Jahrhunderts bekannt geworden ist. Die erste Nachricht darüber finden wir bei CAROLUS CLUSIUS in seiner „Rariorum Plantarum Historia", Antwerpen 1601, S. CXXXV.[1]) CLUSIUS giebt eine gute Abbildung von der Pflanze, die er *Atriplex sylvestris baccifera* nennt, also „Beeren tragende wilde Melde". Er bemerkt, dass er diese zierliche (elegans) Pflanze in Spanien während seiner Reise nicht bemerkt habe, sie sei ihm aber von seinem Freunde Jacob Plateau, der sie aus spanischem Samen gezogen habe, in getrocknetem Zustande nach Frankfurt geschickt, begleitet von einer Zeichnung und einer Beschreibung. Eine ähnliche Pflanze versichere der Arzt Wilhelm von Mora im Jahre 1593 in Tirol gefunden zu haben; diese sei Ende August mit Früchten überladen gewesen, die durch ihre Schönheit förm-

---

[1]) Das Buch hat zwei verschiedene Paginierungen: S. 1—364 umfassen die 3 ersten Bücher, S. I—CCCLVIII die letzten.

lich zum Essen eingeladen hätten. Ausserdem sagt CLUSIUS, dass er in Leyden (wo er seit 1593 Professor der Botanik war) Exemplare der Pflanze besässe, die im Jahre 1595 aus Samen aufgegangen seien, den er aus der getrockneten spanischen Pflanze herausgeschüttelt habe; die jungen Pflanzen hätten den Winter überdauert und im folgenden Jahre üppig Früchte getragen, wären aber bei Beginn des Herbstes vertrocknet.

In seiner Pinax Theatri botanici von 1623 nennt C. BAUHIN die Pflanze *Atriplex sylvestris mori fructu*, wilde Melde mit Maulbeer- (oder Himbeer-) früchten, also Maulbeermelde; als einziges Synonym giebt er den oben angeführten Namen von CLUSIUS an. Da C. BAUHIN über eine ausserordentliche Litteraturkenntnis verfügte, so dürfen wir annehmen, dass vor CLUSIUS niemand die Pflanze erwähnt hat, wenigstens nicht so beschrieben hat, dass man sie hätte erkennen müssen. Von Leyden aus hat der Erdbeerspinat dann, wie so viele andere Pflanzen, seine Wanderung in die botanischen Gärten Europas, und von da in die Privatgärten angetreten.

Die Alten haben den Erdbeerspinat nicht gekannt, denn eine Melde, die maulbeerartige Früchte trägt, wäre ihrer Aufmerksamkeit sicher nicht entgangen. Da die Kräuterbücher ihn aber auch nicht zu erwähnen scheinen, so kommt man zu dem Schluss, dass er überhaupt keine europäische Pflanze sein kann. Aber woher ist er gekommen?

### Kreuzkümmel, Kümmel und Schwarzkümmel.

**Ciminum** Capitulare 70, 12; *Cuminum Cyminum* L., Römischer Kümmel, Kreuzkümmel, Pfefferkümmel.

Κύμινον Theophr. 7, 3, 2 und 3; κύμινον τὸ ἥμερον Diosk. 3, 61; neugr. κύμινο.

*Cuminum* Colum. 10, 245; *cyminum* Colum. 7, 13, 2; *cuminum* Plin. 20, 15, 57; it. *comino, cimino*: fr. *cumin.*

Der römische Kümmel oder Pfefferkümmel, in alten Zeiten *kemen, comyn* etc. genannt, hat im Norden Deutschlands einen besonderen Anbau kaum jemals erfahren; in Mittel- und Süddeutschland scheint es mehr der Fall gewesen zu sein. In Italien und Griechenland werden die Samen vielfach aus dem Orient bezogen. War früher eine sehr geschätzte Arzneipflanze.

**Careium** Capitulare 70, 14; *Carum Carvi* L., Kümmel.

Κάρος Diosk. 3, 59.

*Careum* Colum.; Plin. 19, 8, 49; it. *carvi, comino tedesco*; fr. *carvi.*

Zum Unterschiede vom Kreuzkümmel ist dieser Kümmel auch Feldkümmel, Wiesenkümmel etc. genannt worden. Er wird in Norddeutschland viel als Brotwürze benutzt, gelegentlich auch seiner Wurzeln wegen gebaut. Die Art seines Vorkommens in der Provinz Schleswig-Holstein macht es wahrscheinlich, dass er dort nicht inländisch, sondern

eingeführt ist; das Klima bekommt ihm jedoch sehr gut und er droht
stellenweise, wie in der Marsch, ein gefährliches Wiesenunkraut zu werden.

**Git** Capitulare 70, 25; *Nigella sativa* L., Schwarzkümmel.
Μελάνθιον Diosk. 3, 83; neugr. μαυροσήσαμον, μαυροκούκκι.
*Melanthium* Colum. 10, 245; *git* Colum. 6, 34, 1; Plin. 20, 17, 71;
it. *gittone, nigella, nigella nuda, cominella, melanzio domestico;* fr. *nielle.*

Der Schwarzkümmel wird in Griechenland noch heute gemischt
mit Sesamkörnern auf Brot gestreut. Schon DIOSKORIDES giebt an,
dass der Same ins Brot geknetet wurde, und als Brotwürze ist er auch
noch später benutzt worden, wie aus dem alten Namen „Brodtwurz"
hervorgeht. Später hat man diese Anwendung mehr und mehr vergessen.
Im 16. Jahrhundert heisst der Schwarzkümmel schwarzer Koriander;
ausser *Melanthium* und *Git* wird er auch *Nigella* genannt.

Wie schon TABERNAEMONTANUS klagt, ist der Same des Schwarz-
kümmels mit dem der Kornrade *(Agrostemma Githago* L.) vielfach verwechselt worden, wahrscheinlich weil *Git* oder *Gith* und *Nigella* beide
mit Raden (d. h. Unkraut) übersetzt wurden (Königsb. und Colm. Glossar).
ALBERTUS MAGNUS beschreibt unter *nigella* (6, 396) unverkennbar die
Kornrade *Agrostemma Githago* L. (vergl. oben S. 85); dagegen ist die
*ratde* der heiligen HILDEGARD (1, 12), die dem Menschen Kopfschmerzen
macht, dem Vieh nichts nützt, aber auch nicht viel schadet, und die
schliesslich als Fliegengift empfohlen wird, der Taumelloch, *Lolium
temulentum* L.

### Fenchel, Dill, Anis und Koriander.

**Fenicolum** Capitulare 70, 36; *Anethum Foeniculum* L., Fenchel.
Μάραθρον Theophr. 6, 1, 4; Diosk. 3, 74; neugr. μάραθρον, der Same
μαραθρόσπορος.
*Foeniculum* Colum. 6, 5, 2, auch *marathrum* 12, 35; *feniculum* Plin.;
it. *finocchio, finocchio dolce, finocchione;* fr. *fenouil.*

Der Fenchel wird in Süddeutschland noch viel gebaut; dort werden
seine Samen auch als Gewürz an das Brot gethan. In Norddeutschland
sind diese Samen nie sehr beliebt gewesen, wohl aber gehören seine
Blätter zu den Kräutern, die an die Aalsuppe gethan werden. Als
Heilmittel war der Fenchel früher sehr geschätzt; TABERNAEMONTANUS
braucht mehr als zwölf Folioseiten, um seine Heilkräfte und die aus ihm
bereiteten Arzneimittel zu schildern.

**Anetum** Capitulare 70, 35; *Anethum graveolens* L., Dill.
Ἄνηθον Theophr. 7, 1, 2 u. 3; 7, 3, 2; Diosk. 3, 60, ἄνηθον τὸ ἐσθιόμενον; heisst jetzt noch bei den Griechen ἄνηθον.
*Anethum* Colum. 10, 120; 11, 3, 42; *anetum* Plin. 19 und 20 an
vielen Stellen; it. *aneta, aneto, neto;* fr. *anet.*

Stammt aus Südeuropa und kommt in Griechenland in einer kleineren Abart wildwachsend vor *(Anethum segetum)*; aus den Apotheken ist der Dill verschwunden, wird aber in den Gärten sehr viel gefunden, wo er sich meist selbst sät.

**Anesum** Capitulare 70, 19; *Pimpinella .1nisum* L., Anis.

῎Ανισον Diosk. 3, 58; neugr. γλυκάνισον und ἄνισον.

*Anisum Aegyptiacum* Colum. 12, 15, 3; 12, 51, 2; *anisum* Plin. 20, 17, 72; it. *aniso, granelli d'anice;* fr. *anis.*

Eine früher sehr beliebte, aus dem Orient stammende Nutzpflanze, die teils als Arzneimittel, teils als Gewürz in der Küche benutzt wurde. Spuren ihrer Kultur hier im Norden haben sich nicht erhalten.

**Coriandrum** Capitulare 70, 69; Invent. II, 22; *coliandrum* Invent. I. 15; *Coriandrum sativum* L., Koriander.

Κορίαννον Theophr. 7, 1, 2; 7, 5, 4; κόριον Diosk. 3, 64; neugr. κουσβαράς, κορίανδρον, κολίανδρον.

*Coriandrum* Colum. 6, 33, 2; 10, 244; 11, 3, 29; Plin. 20, 20, 82; it. *coriandolo, coriandro;* fr. *coriandre.*

Der Koriander hat seinen lateinischen Namen im Deutschen fast unverändert behalten. Früher wurde er in der Apotheke viel gebraucht und scheint auch in Apothekergärten kultiviert worden zu sein, von wo aus er gelegentlich verwildert gewesen ist, ohne sich jedoch zu halten. In Gärten begegnet man ihm nicht. — Die sogenannten Aniskügelchen, die früher in den Apotheken gehalten wurden und jetzt bei den Konditoren zu verschwinden beginnen, enthalten keinen Anis, sondern Koriandersamen.

### Würzpflanzen aus der Familie der Labiaten.

Salbei, Muskatellersalbei, Basilikum, Bohnenkraut, Thymian, Majoran, Lavendel, Rosmarin, Melisse und Ysop.

**Salviam** Capitulare 70, 5; Invent. I, 8, II, 9; *Salvia officinalis* L., Salbei, „smalln Sofie".

Ἐλελίσφακος, σφάκος Theophr. 6, 1, 4; 6, 2, 5; Diosk. 3, 35; neugr. ἀλιφασκηά (v. Heldreich).

*Elelisphacos, sphacos, salvia* Plin. 22, 25, 71; it. *salvia;* fr. *sauge.*

Der Name ἐλελίσφακος bei THEOPHRAST bezieht sich wahrscheinlich nicht auf unseren Salbei, *Salvia officinalis* L., sondern auf andere in Griechenland wachsende Arten, wie *Salvia calycina* Sibthorp und *S. triloba* L. Da COLUMELLA keinen Salbei kennt, so scheint er erst spät Kulturpflanze in Italien geworden zu sein. In Deutschland fand er sich früher fast in jedem Garten und wurde als Gewürz- und Heilpflanze sehr geschätzt; sein gewöhnlicher lateinischer Name war *salvia;* bei der heiligen HILDEGARD heisst er auf deutsch *selba* (1, 63), bei KONRAD VON MEGENBERG *salvei* (5, 76).

**Sclareiam** Capitulare 70, 72; Invent. II, 13. *Salvia Sclarea* L.,
Muskatellersalbei, Muskatellerkraut, Gartenscharlach; daneben auch *Salvia
Horminum* L., Scharlachsalbei.

῝Ορμινον Diosk. 3, 135.[1])

Der Muskatellersalbei wird von den Italienern mit sehr vielen
Namen bezeichnet: *erba moscadella, erba san Giovanni, gallitrico, scarlea,
scarleggia, sclarea* etc.; der Scharlachsalbei heisst bei ihnen *gallitrico* und
*ormino.* Beide Pflanzen sind früher vielfach als Arzneimittel benutzt
worden. Von der ersten führten die Apotheken *Herba Sclareae s. Hormini sativi s. Gallitrichi,* von der zweiten *Herba Hormini s. Gallitrichi.*
Daneben wurden beide als Würze für Bier und Wein verwendet. Verwechselt sind beide Pflanzen auch, wie schon die Namen zeigen. Ihre
Verbreitung in den Gärten scheint verschieden zu sein, doch ist bisher
nicht genügend darauf geachtet worden; der Muskatellersalbei scheint
nicht sehr weit nach Norden vorgedrungen zu sein.

Das Wort *sclareia* oder *scharleye* (Scharlach) wird ausser den
beiden obengenannten Pflanzen noch verschiedenen anderen beigelegt;
im Königsberger Glossar und vielleicht auch in den Sumerlaten (bofrago,
scarleige 55, 14) wird damit

*Borrago officinalis* L., der Boretsch, bezeichnet. der den Namen
Scharleye sonst nicht zu führen pflegt. ALBERTUS MAGNUS, der ihn
*borago* nennt, giebt von ihm eine sehr eingehende und merkwürdige
Beschreibung (6, 291). Der Boretsch stammt aus dem Orient und wurde
früher viel gebaut; seine Blätter schmecken nach Gurken und werden
deshalb noch vielfach gehackt und unter den gewöhnlichen Salat gemischt.

*Ocimum Basilicum* L., Basilikum, Basilie.
῝Ωκιμον Theophr. 7, 3, 3 und 4; Diosk. 2, 170; neugr. ὁ βασιλικός.
*Ocimum* Colum. 11, 3, 29, Plin. 19, 6 an vielen Stellen und sonst;
it. *bassilico;* fr. *basilie, herbe royale, oranger des savetiers.*

Der Name *Basilicum* (βασιλικός, königlich) deutet schon an, in
welchem Ansehen diese Gewürzpflanze seit alten Zeiten gestanden hat.
Sie wird in sehr vielen Spielarten gezogen; ausser der oben genannten
Art kommt auch noch das kleinere und besonders wohlriechende *Ocimum
minimum* L. vor. Beide werden schon bei ALBERTUS MAGNUS (6. 293)
unter dem Namen *basilicon* erwähnt. Da die Pflanze aus Indien stammt,
so ist ihre Kultur mit Schwierigkeiten verbunden, wie schon TABERNAE-
MONTANUS angiebt; sie ist deshalb mehr Topfpflanze als Gartenpflanze
gewesen, kommt aber noch hier in der Provinz als Gartenpflanze [2]) vor,

---

[1]) Das ὄρμινον des THEOPHRAST (8, 1, 4; 8, 7, 8) kann nach dem, was darüber
gesagt wird, eine Salbeiart nicht sein, ebensowenig das *horminum* des PLINIUS (18,
10, 22; 22, 25, 76), der offenbar von THEOPHRAST abgeschrieben hat.

[2]) Das Basilikum, das zu den sogenannten Aalkräutern gehört, ist auf dem
Gemüsemarkte Kiels selten und theuer, weil es hier keine Samen reift, der Samen
also jedes Frühjahr neu bezogen werden muss. — „Aalkräuter" werden mehrere ge-

namentlich in der Elbmarsch, wo sie den Namen „Brunsilk" (Entstellung aus *Basilicum)* führt.

**Satureiam** Capitulare 70, 40; Invent. I, 9 ; II, 10; *Satureja hortensis* L., Bohnenkraut, Saturei, Köll, Pfefferkraut.

*Satureja* Colum. 10, 233; 11, 3, 57; *thymbra vel cunila nostras* (quam saturejam rustici vocant) Colum. 9, 2, 4 und 6; *cunila, satureia* Plin. 19, 8, 50; it. *coniella, cunilia, santoreggio;* fr. *sarriette.*

Das Bohnenkraut kommt in Griechenland, wie es scheint, nicht vor, ist aber in Italien häufig und hat von dort seine Wanderung in unsere Gärten angetreten. Bei der heiligen HILDEGARD heisst es *satereia* (1, 155), bei ALBERTUS MAGNUS (6, 449) *saturegia,* bei KONRAD VON MEGENBERG *saturegia* und *veltisp* (5, 73); in den Glossaren wird es ausser *satureia* auch *conula,* deutsch *conele,* und *timbra* genannt. Es ist noch immer ein Gartengewächs, das als Würze an mancherlei Speisen benutzt wird.

Möglich ist es, dass die *thymbra* (θύμβρα) des DIOSKORIDES hierher gehört, aber es lässt sich nicht mit Sicherheit entscheiden.

Nach Ausweis der Glossare ist das Bohnenkraut mit anderen Gewürzkräutern aus der Familie der Labiaten, wie *Thymus* und *Origanum,* verwechselt worden, die genannten beiden wieder mit anderen.

*Thymus vulgaris* L., Garten-Thymian.

Θύμον Theophr. 6, 2, 3; θύμος Diosk, 3, 38.

*Thymum* Colum. 11, 3, 39, Plin. 21, 10, 31; it. *timo;* fr. *thym.*

Stammt aus Südeuropa und ist gegenwärtig eine weit verbreitete und beliebte Gewürzpflanze, die bei uns allerdings nicht die Grösse erreicht wie in ihrer Heimat. — Der Feldthymian heisst bei den Griechen ἕρπυλλος, bei den Römern *serpyllum:* beide galten als gutes Bienenfutter. Besonders interessant sind THEOPHRASTS Bemerkungen über den Feldthymian (6, 7, 2 und 5).

*Origanum Majorana* L., Majoran.

Ἀμάρακος Theophr. 6, 7, 4 ; σάμψυχον, ἀμάρακον Diosk. 3, 41 ; neugr. μαντζουράνα.

*Sampsucum, amaracus* Colum. 10, 171 und 296; *amaracum, sampsuchum* Plin. 21, 11, 35; it. *amaraco, maggiorana, samsuro;* fr. *marjolaine.*

Der Name Majoran scheint erst relativ spät aufgetreten zu sein (ALBERTUS MAGNUS 6, 384: *maiorana),* ist aber, wenigstens in Deutsch-

---

würzreiche Kräuter genannt, die in gehacktem Zustande einen Bestandteil der „Hamburger Aalsuppe" bilden; dahin gehören ausser Basilikum noch Fenchel, Kerbel, Majoran, Melisse, Petersilie, Pimpernell (oder Bibernell, *Poterium Sanginsorba* L., im 16. Jahrhundert klein welsch Bibernellen, klein Sperberkraut und *Pimpinella italica minor* genannt), Portulak, Raute, Thymian, Trippmadam *(Sedum reflexum* L.), Sauerampfer und Schnittlauch.

land, gegenwärtig der allein gebräuchliche. Der Majoran stammt aus Nordafrika und kommt deshalb in Griechenland und Italien auch nur kultiviert vor.

Der Majoran wurde mit Arten von Lavendel[1]) verwechselt, ursprünglich vielleicht mit *Lavandula Stoechas* L., dem schopfigen Lavendel (στοιχάς Diosk. 3. 28), der in Griechenland und Italien wild wächst. Das Wort *stycados* bei ALBERTUS MAGNUS (6, 433), ebenso wie *sticados* im Königsberger Glossar, sind dem griechischen Worte στοιχάς oder στιχάς nachgebildet; die von ALBERTUS MAGNUS gegebene Beschreibung passt aber schon recht gut auf

*Lavandula Spica* L., den gewöhnlichen Lavendel unserer Gärten. Dieser scheint den Alten nicht bekannt gewesen zu sein, oder er ist von ihnen unbeachtet geblieben, obgleich er in Südeuropa zu Hause ist. Bei der heiligen HILDEGARD (1, 35) heisst er *lavendula*. Im 16. Jahrhundert war er schon sehr bekannt und wurde in verschiedenen Arten und Spielarten gezogen. Am häufigsten ist wohl die schmalblättrige Art (*Lavandula officinalis* Chaix), die früher kaum einem einzigen Bauerngarten Norddeutschlands fehlte und auch in städtischen Gärten häufig war. Die Blütenähren wurden mit den getrockneten Blättern der Centifolie schichtweise in Vasen gebracht und Kochsalz und Gewürz dazwischen gestreut; die so erhaltene Masse, „Potpourri", war ein beliebtes Räuchermittel, das im Winter auf den heissen Ofen gebracht, die Zimmer mit einem feinen und angenehmen Duft erfüllte. — Der Lavendel wird im heutigen Griechenland unter dem Namen λεβάντα kultiviert.

**Rosmarinum** Capitulare 70, 13; *Rosmarinus officinalis* L. Rosmarin. Λιβανωτίς, ἣν Ῥωμαῖοι καλοῦσι ροςμαρίνουμ Diosk. 3, 79; neugr. δενδρολίβανον.

*Ros marinus* Colum. 9, 4, 2 und 6; *ros marinum* Plin. 24, 11, 59; it. *ramerino, rosmarino;* fr. *romarin, libanotis, anthos.*[2])

Den Weihrauch nannten die Griechen λίβανος und λιβανωτός, den Weihrauchbaum δενδρολίβανος; eine Doldenpflanze, deren Wurzel wie Weihrauch riecht, heisst bei THEOPHRAST (9, 11, 10) λιβανωτίς, ihre Frucht κάχρυς (wahrscheinlich *Cachrys cretica* Lam. oder wie die erste λιβανωτίς bei DIOSKORIDES 3, 79, *Cachrys Libanotis* L.). Die dritte Libanotis des DIOSKORIDES (3, 79), die nach ihm von den Römern *ros marinus* genannt wird, ist nach der gegebenen Beschreibung offenbar unser Rosmarin; dieser führte bei den Römern auch die Namen *ros* (Verg. Georg. 2, 213; Aen. 6, 230) und *ros maris* (Ovid, Metam. 12, 410, Ars am. 3, 690), und wurde als Kranzpflanze benutzt. Dem praktischen COLUMELLA ist er ein gutes Bienenfutter. Später verwandte man den

---

[1]) CGL III: samsuco . i . leundola 577, 22; leuindola samsucus 592, 27; 595. 13; sansucus idest liuendola 629, 5. — Samsucus, lauendel (Sum. 40, 52).

[2]) In der älteren Medicin hiess der Rosmarin auch *Anthos.*

Rosmarin als Ersatz für den Weihrauch und dadurch erhielt er den Namen *dendrolibanon*,[1]) den er in Griechenland noch jetzt führt.

Der Rosmarin ist in Deutschland eine sehr geschätzte Pflanze gewesen, aber als eigentliche Gartenpflanze gedeiht er an den meisten Stellen nicht; man zieht ihn deshalb in Töpfen. In Griechenland und Italien kommt er wild vor, wird aber auch viel in Gärten gezogen.

*Melissa officinalis* L., Melisse, Citronenmelisse. Citronenkraut. Μελισσόφυλλον Diosk. 3, 108.

*Apiastrum, melissophyllum* Colum. 9, 8, 13; 9, 9, 8; *melissophyllum, melittaena* Plin. 21, 20, 86; it. *melissa, cedronella*; fr. *mélisse*.

Die Melisse war bei den Alten ein sehr geschätztes Bienenfutter; auch war nach ihrer Meinung der Geruch der Melisse den Bienen angenehm und deshalb rieb man die Bienenstöcke, in die ein neuer Bienenschwarm hineinsollte, mit den Blättern der Melisse aus. Als Arznei gebrauchte man sie auch.

In Norddeutschland wird die Melisse, die in Süddeutschland und Norditalien heimisch ist, in Gärten als Würzkraut oder auch nur ihres Geruches wegen gebaut.

Endlich mag noch

*Hyssopus officinalis* L., der Ysop, angeführt werden. Da er in Italien, wo er wild vorkommt und auch in Gärten gezogen wird, *isopo* heisst, so wird er wohl identisch mit dem *hyssopus* des COLUMELLA (12, 35), der als Weinwürze benutzt wird, und dem gebauten ὕσσωπος des DIOSKORIDES (3, 27) sein. Die heilige HILDEGARD (1, 65) nennt ihn *ysopus* und *hyssopus*, ALBERTUS MAGNUS (6, 477) *ysopus*, KONRAD VON MEGENBERG *isp* (5, 45). Wurde früher in Norddeutschland viel in Gärten gebaut und findet sich dort auch noch, allerdings seltener.

## Zwiebeln und Lauch.

Zwiebeln und Lauch sind sehr alte Kulturgewächse. Sie sind auf egyptischen Wandgemälden dargestellt und werden in der Bibel (4. Buch Mose 11, 5), bei HOMER (Il. 11, 360; Od. 19, 232), HERODOT etc. erwähnt. Pflanzen, die so lange der Züchtung unterworfen gewesen sind, pflegen stark zu variieren, und in der That zeigen unsere Küchengärten auf diesem Gebiet eine ungeheure Mannigfaltigkeit. Sehr bezeichnend nennt DIOSKORIDES deshalb auch die Zwiebel πολύειδος, Vielgestalt (2, 180); von ihm wissen wir, dass die griechischen Namen πράσον, κρόμμυον und σκόροδον der Reihe nach gleichbedeutend sind

---

[1]) CGL III: λιβανωτός rosmarinus et tus 264, 64; lentrolibanum rosmarinum 568, 3; 575, 31; 613, 36; das leutro ist durch einen Lesefehler entstanden: Δ wurde für Λ gehalten, was bei geschriebenen Buchstaben gewiss leicht möglich ist. — Ein anderes Surrogat für den Weihrauch war das Abrotanum, wie aus den Glossaren des CGL III hervorgeht; dendro . abrotano 545, 27; dentrolibanus abrotanus 589, 44; 610, 50.

mit den römischen *porrum*, *cepa* und *allium*, Namen, die sich im späteren
Latein und im Italienischen mit geringfügigen Änderungen erhalten
haben. Was wir über diese drei Pflanzen wissen, ist deshalb als ziemlich sicher zu betrachten. Für die übrigen Arten müssen wir aber
vielfach bei Vermutungen stehen bleiben; ein Grund hierfür ist ausser
in anderem auch in dem Umstande zu suchen, dass die Zwiebelarten
unserer Küchengärten eine eingehende wissenschaftliche Untersuchung
noch nicht erfahren haben.

*Allium ascalonicum* L., Schalotte, Aschlauch.

Ital. *scalogna*; fr. *échalotte*.

Die Schalotte wird gegenwärtig als feine Küchenzwiebel sehr geschätzt und in vielen Spielarten kultiviert. Sie wird nicht gesät, denn
sie trägt in der Regel keinen Samen. Schneidet man aber eine Schalotte
quer durch, so erblickt man bei den edleren Sorten auf dem Querschnitt
3—7 feine blaue Ringe mit zart gelblichgrünem Mittelpunkt; jede Schalottenzwiebel besteht aus einer grösseren oder kleineren Zahl unentwickelter
Individuen, die, wenn man die Mutterzwiebel in die Erde steckt, die ge-
meinsame Hülle sprengen und sich zu Schalotten von normaler Grösse
entwickeln. Im 16. Jahrhundert, z. B. bei CASPAR BAUHIN, heisst sie
deshalb fruchtbare Zwiebel (cepa fertilis).

THEOPHRAST (7, 4, 7 und 8) spricht von einer askalonischen Zwiebel.
Diese kann aber unsere Schalotte nicht sein, denn sie wird gesät, spaltet
sich nicht und setzt auch keine Brutzwiebeln an. Wir müssen sie deshalb für eine Art Sommerzwiebel halten, ebenso wie die askalonische
Zwiebel bei COLUMELLA (12, 10, 1),[1]) die in ihrer Eigenschaft mit der
bei THEOPHRAST genannten genau übereinstimmt. Da nun zu Karls
des Grossen Zeit andere als die von den Benedictinern aus Italien mit-
gebrachten Zwiebeln wahrscheinlich nicht bekannt waren, so können
wir die *ascalonicas* oder *ascalonicas cepas* des Capitulare auch nicht als
unsere Schalotte deuten.

Dazu kommt, dass sich in den älteren Pflanzenglossaren nichts
findet, was sich als Schalotte deuten liesse, nur an einer Stelle im CGL III,
nämlich 573, 15, findet sich die Glosse *palacalon . i . scalonia*; hier darf
man das erste Wort wohl als verschrieben ansehen für *pallacana*, das
bei PLINIUS einmal vorkommt (19, 6, 32) und von ihm als gleichbedeutend mit *getion* (γήθυον) genannt wird. Das *getion* der Griechen
war aber, wenn wir überhaupt noch etwas Ähnliches kultivieren, unsere
Winterzwiebel.

---

[1]) „Pompejanam, vel Ascaloniam cepam, vel etiam Marsicam simplicem, quam
vocant unionem rustici, eligito: ea est autem, quae non fruticavit, nec habuit soboles
adhaerentes"; danach sind die drei genannten Zwiebeln als Spielarten oder Rassen
einer und derselben Art zu betrachten, die, da sie sich nicht spaltet (verzweigt) oder
keine Brutzwiebeln ansetzt, nur die Sommerzwiebel sein kann.

Das Wort *aschlovch* kommt frühestens im 11. Jahrhundert vor (Vlt. S. 368: ascolonium aschlovch), im 12. Jahrhundert ist es häufiger. Die heilige HILDEGARD (1, 80) hat *aschalonia* und *alslauch*, in den althochdeutschen Glossen Hoffmanns finden wir *ascolinum* und *asclovch* (7, 18 und 26, 21), und hier wird an der ersten Stelle ausdrücklich hinzugefügt, dass *ascolinum* oder *asolinum* von der Stadt Ascalon kommen. In den Sumerlaten wird *asclonium* durch *aschlovch* übersetzt (1, 26), das schon stark entstellte *astonium* durch *aschloch*. Später werden die Entstellungen des Wortes immer grösser.

Ob diejenige Zwiebel, die *aschlovch* genannt wurde, unsere Schalotte ist, wissen wir nicht sicher. ALBERTUS MAGNUS hat leider nichts mitgeteilt, was sich als Schalotte deuten liesse, ebensowenig KONRAD VON MEGENBERG. Käme das Wort *aschlovch* nicht schon in einer Handschrift des 11. Jahrhunderts vor (Vlt. ZfdA 3, S. 368 ff.), so würde man annehmen dürfen, dass heimkehrende Kreuzfahrer die Zwiebel mitgebracht hätten, und dann befände sich alles in der schönsten Klarheit; so aber sind wir noch sehr im Unsicheren.

Abbildungen und Beschreibungen, die zu der gegenwärtigen Schalotte leidlich stimmen, finden wir erst im 16. Jahrhundert. MATTIOLI lässt die einzelnen Zwiebeln seiner *Caepa Ascalonia* haselnussgross sein; die Abbildung, die er (Comm. S. 420) giebt, könnte ein sehr junges Exemplar unserer Schalotte vorstellen, aber die Abbildungen, die MORISON (Plantarum Historiae universalis Oxoniensis Pars secunda, Oxonii 1680, Sect. 4, Tab. 14, Fig. 3) und WEINMANN (Phytanthozaiconographia, Bd. 2, Regensburg 1739, Taf. 349, b) von derselben Pflanze geben, sind auch nicht anders. Die Kultur müsste demnach während der letzten 150 Jahre einen bedeutenden Einfluss auf die Vergrösserung der Schalottenzwiebel gehabt haben.

ALPH. DE CANDOLLE (Kulturpflanzen, S. 86—89) hält die Schalotte nicht für eine besondere Art, sondern für eine durch Kultur entstandene Rasse der Sommerzwiebel *(Allium Cepa L.)*. Das wäre keineswegs unmöglich, denn wenn die Sommerzwiebel auch im allgemeinen aus einem einzigen Individuum besteht, so giebt es doch Fälle, wo neben einer grösseren Zwiebel eine oder mehrere kleinere sich vorfinden; und durchmustert man anderseits die verschiedenen Sorten der Schalotte, so findet man unter diesen solche, die der Sommerzwiebel sehr gleichen und nur aus sehr wenigen Teilzwiebeln bestehen.

Ist die Schalotte wirklich aus der Sommerzwiebel durch Züchtung entstanden, so bleibt es immerhin bemerkenswert, dass die neue Rasse den Namen der Stammart behalten hat.

Uniones Capitulare 70, 58; *ascalonicas cepas* Capitulare 70, 62 u. 63; *scalonias cepas* Invent. I, 16, 17; *cepas scalonias* Invent. II, 24, 25; *Allium Cepa L.*, Zwiebel, Sommerzwiebel; Bolle, Zipolle.

Κρόμμυον Theophr., Diosk.; neugr. κρομμύδι.

*Cepa* Colum. und Plin. mit vielen Beinamen; it. *cipolla*; fr. *oignon*.

Das Wort *unio* kommt bei COLUMELLA (12, 10, 1) vor und hat sich im Französischen *(oignon)* und Englischen *(onion)* erhalten; auch HENRIK HARPESTRENG (Dansk Lægebog, Kopenhagen 1826, S. 57), der die Zwiebel sonst *cypul* oder *cipul* nennt, sagt zu Anfang des Kapitels: „*cepa* thæt ær *uniæn*“, und ebenso gab es früher im Niederdeutschen ein Wort *uniun* (Mittelniederdeutsches Pflanzenglossar im Jahrb. d. Ver. f. nd. Sprachforschung, XVII, S. 81—84; cepe uniun 22). Unsere sämtlichen, jetzt gebrauchten deutschen Namen sind jedoch dem italienischen *cipolla,* einem Diminutivum von *cepa,* nachgebildet.

Da von der *unio* bei COLUMELLA (12, 10, 1) ausdrücklich gesagt wird, dass sie sich nicht spaltet und keine Brutzwiebeln ansetzt, so ist es falsch, wenn man sie als Winterzwiebel deuten will, wie es von KERNER und MEYER geschehen ist. Nach dem, was bei der Schalotte gesagt ist. muss *ascalonias cepas* etc. auch eine Rasse der Sommerzwiebel sein; es ist dabei ziemlich gleichgültig ob man *ascalonias* oder *scalonias* mit *cepa* verbinden will oder nicht. Die Sommerzwiebel wurde früher ebenso wie jetzt in zahlreichen Spielarten kultiviert.

Für *uniones* kommt im späteren Griechisch das Wort κουκουβαί (DU CANGE) und κακουβαι (CGL III, 359, 36) vor, das sich nicht weiter erhalten hat.

*Allium fistulosum* L., Winterzwiebel.

Neugr. πικρά κρομμύδια (Fraas); fr. *ciboule.*

Ihre röhrigen Blätter werden im Frühjahr abgeschnitten und ersetzen dann frische Zwiebeln. Gegenwärtig wird sie viel weniger gebaut als die Sommerzwiebel. Sie kann in dem *cepa* des Capitulare mit einbegriffen sein, aber sicher ist es nicht.

Vielleicht kannte man sie schon im Altertum.[1] Das κρόμμυον σχιστόν des THEOPHRAST (7, 4, 7) liesse sich so deuten, mit mehr Recht vielleicht noch das γήτειον oder γήθυον (7, 1 u. 7, 4), von dem THEOPHRAST sagt, dass es hohlblättrig sei (1, 10, 8) und dass es mehrfach geschoren werde (7, 4, 10). PLINIUS wiederholt ziemlich genau das von THEO-PHRAST Gesagte und bemerkt, dass diejenige Zwiebel, die bei den Griechen *getion* heisse, bei den Römern *pallacana* genannt werde (19, 6, 32). Bei COLUMELLA giebt es nichts, was sich auf die Winterzwiebel beziehen liesse.

Der Anbau der Winterzwiebel lässt sich im Mittelalter nicht mit Sicherheit nachweisen, aber auch im 16. Jahrhundert hat es noch

---

[1] ALPH. DE CANDOLLE bemerkt (Kulturpflanzen S. 86), dass die Alten die Winterzwiebel nicht kannten, und beruft sich dafür auf das Zeugnis von LENZ. Dieser führt aber an der angezogenen Stelle (Botanik der Griechen und Römer S. 295) die Winterzwiebel unter denjenigen Alliumarten auf, die den Alten bekannt waren oder bekannt gewesen sein konnten.

Schwierigkeiten; indessen lassen sich die von MATTIOLI im Commentar
S. 420 abgebildeten *Caepa sectilis* und *Caepa fissilis* recht wohl als Winterzwiebel deuten.

**Britlas** Capitulare 70, 59; *brittolas* Invent. II, 26; *Allium Schoenoprasum* L., Schnittlauch; Brisslauch.

*Porrum sectivum, alterum genus* Plin. 19, 6, 33.

Fehlt in Griechenland, heisst in Italien *allio di serpe, cipollina, erba
cipollina, porro settile:* fr. *ciboulette, civette.*

Ist in Italien noch heutigen Tages sehr beliebt. Obgleich die
Pflanze in Deutschland an verschiedenen Stellen vorkommt und daselbst
als inländisch betrachtet wird, ist ihre Kultur doch erst von Italien aus
zu uns gekommen. Sie heisst bei den Vätern der Pflanzenkunde *porrum
sectivum, sectile* oder *tonsile,* was unserem Schnittlauch genau entspricht.

In den Glossaren des CGL III wird *brittola* [1]) erklärt durch *cepa
(cipa* oder *ciba) minuta* (587, 49; 608, 40) und *cibula* oder *cibulla*; beides
bedeutet eine kleine Zwiebel; *sniteloch* und *snitelouch* kommen schon im
11. Jahrhundert als Übersetzung von *pretula* und *brittula* vor. Das *prieslauch* bei der heiligen HILDEGARD (1, 82) wird wohl als Schnittlauch zu
deuten sein, der später, z. B. bei TABERNAEMONTANUS, Brifzlauch heisst.

Der Schnittlauch gehört im nördlichen Deutschland zu den beliebtesten Laucharten und wird auch in Bauerngärten in Reihen und in
Büscheln kultiviert.

**Porros** Capitulare 70, 60; *porrum* Invent. I, 11 und II. 23. *Allium
Porrum* L. Porree, Lauch.

Πράσον Theophr. 7, 1; 7, 2; 7, 4 mehrfach; Diosk. 2, 178; neugr.
τὰ πράσα.

*Porrum* Colum. 6, 4, 2; 11, 3, 30; Plin. 19, 6, 33; it. *porro, porretta:*
fr. *poirau, porreau.*

Die Alten unterschieden zwei Arten: πράσον κεφαλωτόν und πράσον
καρτόν, oder *porrum capitatum* und *porrum sectivum.* Die erste entspricht
unserm gewöhnlichen Porree, der wegen seiner Zwiebel (κεφαλή, *caput)*
ebenso wie jetzt gebaut wurde. Über die zweite Art wissen wir nicht
sehr viel; sie wurde mehrmals geschoren. Ähnliches geschieht bei uns
auch: man schneidet dem Porree die Blätter dann und wann ab in dem
Glauben, dadurch grössere Zwiebeln zu erzielen. So ist aber das Ab-
schneiden bei den Römern und Griechen nicht zu verstehen, sondern sie
scheinen die abgeschnittenen Blätter als Gemüse gegessen zu haben.

Unter den Gemüsen des CGL III wird auch ἀμπελόπρασον [2]) aufgeführt, das lateinisch *aretillum* genannt wird. In den Glossaren daselbst

---

[1]) Ausser *brittola* kommt auch der Name *percula* für Schnittlauch vor: Sumerlaten: percula snitloich (58,21); Königsb. Gloss.: percola sniteloc; Colm. Gloss: percula snélóch (559).

[2]) ἀμπελόπρασον aretillum 266, 14; ebenso 186, 17 und 317, 48; ampeloparsion .
porrum agreste 549, 36; 535, 27.

wird dieselbe Pflanze *porrum agreste*, also wilder Porree, genannt. Es ist dies das

*Allium Ampeloprasum* L., ἀμπελόπρασον Diosk. 2, 179. Ob diese Pflanze in Deutschland Heimatsrecht hat, ist zweifelhaft; in Italien kommt sie in Weinbergen etc. häufig vor, wird dort *porrandello* genannt und wie Knoblauch benutzt (BERTOLONI).

Schon LINNÉ hielt den Porree für eine Varietät seines *Allium Ampeloprason* (Spec. plant. ed. 2. Holmiae 1762, S. 423); J. GAY hat in einer Arbeit über Alliumarten, die vorzugsweise aus Algier stammten (Ann. d. sciences natur., botanique, 3. sér., t. 8, Paris 1847, S. 195—223), sich dieser Ansicht mit Bestimmtheit angeschlossen (a. a. O. S. 218). Unser Porree treibt gar nicht selten Brutzwiebeln, wie man bei sorgfältiger Beobachtung finden wird, namentlich wenn die Porreepflanzen längere Zeit in der Erde stehen bleiben; das Fehlen der Brutzwiebeln lässt sich also gegen diese Auffassung nicht als Grund anführen.

Alia Capitulare 70, 64; Invent. I, 12 und II. 27; *Allium sativum* L., Knoblauch.

Σκόροδον Theophr. 7, 4, 11 und 12; Diosk. 2. 181; neugr. σκόρδον. *Allium* Colum. 6, 4, 2; 10, 112 und 113: 11, 3, 20 und 21; Plin: 19, 6, 34; it. *aglio, aglio sativo;* fr. *ail*.

THEOPHRAST unterscheidet mehrere Rassen des Knoblauchs, frühen und späten, kleinen und grossen; eine besonders grosse Rasse, der kyprische Knoblauch, wurde nicht gekocht, sondern zum Knoblauchbrei (μυττωτός) benutzt und schäumte beim Reiben stark auf. COLUMELLA stellt jedesmal *allium* zusammen mit einem anderen Lauch, dem *ulpicum* oder *allium punicum*, den die Griechen ἀφροσκόροδον, d. h. Schaumlauch, nennen. Die Zwiebel des *ulpicum* besteht ebenso wie die des Knoblauchs aus einzelnen Teilzwiebeln (Knoblauchzehen, *spicae*, 6, 4, 2; 11, 3, 21); das *ulpicum* macht sich weithin durch den Geruch bemerkbar (10, 112 und 113) und wird ebenso behandelt wie der Knoblauch (11, 3, 21). Hiernach ist das *ulpicum* entweder als eine Rasse des Knoblauchs, oder als eine ihm sehr nahestehende Art zu betrachten. Wir unterscheiden heute (nach Engler und Prantl, Pflanzenfamilien) beim Knoblauch zwei verschiedene Rassen, den eigentlichen Knoblauch (*Allium sativum* L., *a. vulgare* Don) und die Perlzwiebel, *rocambole* (*A. sativum* L., *b. Ophioscorodon* Don), die auch noch andere Namen trägt; häufig heisst sie Schlangenlauch (*ophioscorodon*; dieses Wort kommt schon bei DIOSKORIDES als Name des wilden Knoblauchs vor). Es liegt also nichts Gewagtes in der Annahme, dass die Alten neben dem eigentlichen Knoblauch auch noch die Perlzwiebel gekannt haben.

Ob die beiden genannten Rassen des Knoblauchs [1]) zu allen Zeiten

---

[1]) Das Wort Knoblauch ist entstellt aus *clobelouch, chlobeloch,* das einen Lauch mit spaltbarer Zwiebel bedeutet: Sum.: allium clobelouch 1, 25; 60, 11; chlobeloch

unterschieden worden sind, ist sehr ungewiss. In den Hermeneumata des CGL III finden wir das *ulpicum* unter den Gemüsen angegeben; [1]) ob es sich in den daselbst mitgeteilten Glossaren findet, ist zweifelhaft; [2]) dagegen wird hier der Knoblauch sehr häufig erwähnt unter den Namen *allium, alius, alius ortulanus, alleus, scordon* und *scordion*. Bei der heiligen HILDEGARD, bei ALBERTUS MAGNUS und KONRAD VON MEGENBERG scheint nur der Knoblauch allein genannt zu werden; später, eigentlich wohl erst nach dem 16. Jahrhundert, wird die Perlzwiebel wieder berücksichtigt.

## Der Nachtschatten.

*Solanum nigrum* L. (die Abänderungen oder nahestehenden Formen, wie *S. humile* Bernhard, *S. villosum* Lam. etc. mit eingeschlossen), Nachtschatten, schwarzer Nachtschatten.

Στρύχνος ἐδώδιμος Theophr. 7, 7, 2; 7, 15, 4; στρύχνος κηπαῖος Diosk. 4, 71; neugr. μαυρόχορτον, ἀγρία ντομάτα (wilde Tomaten); auf Kreta στύφνος.

*Solanum* Plin. 27, 13, 108; it. *morella, solano, solano nero, solano ortense, solatro, solatro ortulano, strigio, uva lupina;* fr. *morelle.*

DIOSKORIDES beschreibt seinen Gartenstrychnos (στρύχνος κηπαῖος) so genau, dass alle Ausleger darin den Nachtschatten erkannt haben; nur wunderte man sich darüber, dass DIOSKORIDES ihn als Gartenpflanze und als essbar bezeichnete. Das letztere hielt man, da der Nachtschatten als giftig angesehen wird, für einen Irrtum, und das Wort κηπαῖος, das sonst nur von einer Pflanze gebraucht wird, die zu den im Garten kultivierten Gewächsen gehört, glaubte man hier als Bezeichnung eines Gartenunkrauts nehmen zu dürfen. Nun berichtet aber V. HELD-REICH (Die Nutzpflanzen Griechenlands, Athen 1862, S. 79), dass nicht nur das Kraut des Nachtschattens in Griechenland als Gemüse gegessen wird, sondern dass sogar die roten oder schwarzen Beeren roh als Naschwerk verzehrt werden. Dieser Gebrauch muss sehr alt sein, denn da der Nachtschatten nicht sehr angenehm riecht, so würde die Mehrzahl heute geneigt sein, ihn für giftig zu halten, und ein solches Vorurteil lässt sich nur sehr schwer überwinden.

Der essbare Strychnos des THEOPHRAST, der auch roh gegessen wird, ist gleichfalls als Nachtschatten zu deuten, denn seine Frucht wird weinbeerenartig oder weintraubenartig (ῥαγώδης) genannt; hätte THEOPHRAST das *Solanum Melongena* L. gekannt, das wir heute essbaren Nachtschatten (Eierpflanze) nennen, und das sowohl in Griechenland wie

---

39, 63; clobeloich 53, 49; cluiloc 65, 5; allium, scordium, wilde clobeloch 53, 37; Cohn. Gloss.: allium clûflôch 27, scordion clûflôch 666; marabatrum kuûflôches bladere 465; tiriaca rusticorum knûflôch 735; Königsb. Gloss.: allium knoflok, ebenso bei Mone 22.

[1]) Afroscordon ulficu 185, 56; αφροσκοραον ulpium 430, 44.

[2]) Asroscorde idest bulbicum 535, 9; aroscoudon bubicum 549, 19.

in Italien jetzt viel gebaut wird, so hätte seine Beschreibung wesentlich anders gelautet.

Der Nachtschatten ist also ursprünglich eine Gartenpflanze gewesen; im Laufe der Zeiten hat man seine Verwendbarkeit als Speisepflanze vergessen, hat ihn als Unkraut, darauf als Giftpflanze betrachtet und schliesslich aus dem Garten hinausgeworfen, so dass er jetzt Ruderalpflanze und Unkraut geworden ist. Als Heilpflanze ist er aber noch längere Zeit in Ansehen geblieben.

An spätlateinischen Namen ist der Nachtschatten reich. Das griechische *strychnos* wurde als *strignus* oder *strignum* übernommen, kam aber nachher in Vergessenheit. *Uva lupina*, Wolfstraube, ist ein häufiger lateinischer Name, ebenso *maura*, *maurella* und *morella*, mit dem wir jetzt eine dunkle Kirschenrasse bezeichnen, Schatten-Morellen; ferner finden sich *solata*, *solatrum*, *millemorbia* und *erba ficaria*. Bei der heiligen HILDE-GARD heisst die Pflanze *solatrum* und *nachtschade* (1, 121) bei ALBERTUS MAGNUS (6, 442) *solatrum* und *uva lupi*; hier werden zwei Arten unterschieden, eine mit citrongelben Beeren *(uva citrina)*, und eine mit schwarzen *(uva nigra)*. Deutsche Namen sind nicht so zahlreich, was damit zusammenhängen mag, dass man der Pflanze im Laufe der Zeit allen Wert absprach. Ausser *nahtscate*, *nachtscate*, dem jetzigen Nachtschatten, findet sich *huntespere*, dem lateinischen *uva canina* entsprechend, und vielfach das ganz vergessene *druswurz.* [1]

Als Heimat des Nachtschattens werden wir das südöstliche Europa und den Orient zu betrachten haben.

# 5. Obstbäume.

## Apfel, Birne und Quitte.

**Pomarios** *diversi generis* Capitulare 70, 74; Invent. II, 29; *pomarios* Invent. I, 22; *Pirus Malus* L., Apfelbaum.

Μηλέα der Apfelbaum, μῆλον der Apfel bei den Griechen; neugr. μηληά und τὰ μῆλα (Äpfel).

---

[1] CGL III: istrigno uua lupina 632, 29; 539, 69; istriguus uua lupina 547, 18; 565, 56; das vorgeschriebene i ist als der griechische Artikel ἡ zu deuten (Dr. A. Funck); solata strignus 576, 54; solata uua lupina 577, 21; strugno uua canina 586, 8); millemorbia . i . maurella 560, 67; maurella erba ficaria 592, 52; maurella milmorica erba ficaria 592, 78. — Sum.: strignum nahtscate 63, 70; solatrum uachtscate 50, 61; solatrum huntespere 23, 63; maura drufsworz 62, 65; maura drufswurz 22, 70; morella druswrz 63, 4; millemorbia drufswurz 63, 10 etc. — Es wäre möglich, dass *maura* auch zur Bezeichnung der Tollkirsche (*Atropa Belladonna* L.) gedient hätte.

*Malus* und *malum*[1]) bei den Römern; it. *melo* und *mela*, in der Lombardei *pomar* und *pomo:* fr. *pommier* und *pomme.*

THEOPHRAST giebt an (3, 3, 2), dass Birn- und Apfelbaum in der Ebene bessere Früchte und besseres Holz liefern, als auf den Bergen; auf den Bergen wären sie klein, knotig und dornig; auch hat er die Erfahrung gemacht (2, 2, 5), dass aus den Kernen der edlen Birnen, Äpfel und Quitten Bäume erwachsen, die Früchte von sehr geringer Güte tragen. Heute gedeihen Birnen und Äpfel in Griechenland nicht besonders, im Gebirge findet man aber den wilden Apfelbaum und nach FRAAS (S. 73) auch einen verwilderten, der die Sommeräpfel, Honigäpfel (μελίμηλα DIOSKORIDES 1, 161; *melimela* PLINIUS 15, 14, 15) trägt. In Italien, wenigstens im nördlichen Teil, hat der Apfelbaum besseres Gedeihen gehabt und hat es zum Teil noch jetzt; auch hier giebt es wilde Apfelbäume (*meluggino, melo salvatico*). Die Römer kultivierten eine grosse Zahl von Rassen. COLUMELLA (5, 10, 19) zählt sieben auf, aber noch mehr finden wir bei PLINIUS (15, 14, 14 u. 15). Apfelwein zu bereiten wussten die Römer auch (PLINIUS 14, 16, 19), und ebenso verstanden sie das Pfropfen (inserere, insitio), auch geben sie verschiedene Unterlagen an, namentlich härtere für zarte Edelreiser; bei der Angabe der Unterlagen sind sie aber nicht immer zuverlässig, denn bisweilen sollen als solche Stämme von Bäumen dienen, die den Obstarten verwandtschaftlich sehr fern stehen. Beispielsweise giebt PLINIUS (15, 14, 15) an, dass eine Apfelrasse ihre blutrote Farbe dadurch erhalten habe, dass sie auf schwarzen Maulbeerbaum gepfropft worden sei.

Zur Zeit Karls des Grossen sind verschiedene Apfelrassen kultiviert worden, von denen uns sogar die Namen überliefert sind, aber leider sind wir nicht in der Lage, sie mit den heute gezogenen Rassen zu identificieren (vergl. Anhang I, 3).

Im Althochdeutschen heisst der Apfelbaum *apholtra, affaltra*, bei der heiligen HILDEGARD (3, 1) *affaldra;* der Apfel heisst im Althochdeutschen *apfil.*

**Pirarios** *diversi generis* Capitulare 70, 75; Invent. II, 28; *pirarios* Invent. I, 21; *Pirus communis* L., Birnbaum.

"Ογχνη Homer und Theophr.; ἄπος der Birnbaum, ἄπιον die Birne bei den Griechen: ἀχράς der wilde Birnbaum einschliesslich *Pirus salicifolia M. B.*, der in Griechenland sehr häufig ist und als Unterlage für edlere Birn- und Apfelrassen benutzt wird; neugr. ἀπιδηά, ἀχλαδηά und τὰ ἀπίδια, ἀχλάδια.

---

[1]) Das lateinische Wort *malum* bedeutet ursprünglich eine fleischige Frucht überhaupt, die im Innern Kerne hat, insbesondere den Apfel; *pomum*, das Stammwort des französischen *pomme*, bedeutet wie das griechische ὀπώρα Obst; im späteren Latein ist es allmählich auf die Apfelfrucht allein übertragen worden, so dass *pomarius* Apfelbaum und nicht das allgemeine „Obstbaum“ bedeutet.

*Pirus* und *pirum* der Römer; it. *pero* und *pera*, der wilde Birn-baum *peruggino;* fr. *poirier* und *poire.*

Der Birnbaum gedeiht in Griechenland nicht besonders gut, wenig-stens nicht in der Ebene. Die Römer kultivierten viele Rassen und schon CATO (7, 4) führt deren eine ganze Menge an. Nach DIOSKORIDES (5, 32) wurde aus Birnen ein Wein (ἀπίτης οἶνος) gemacht, ähnlich wie aus Quitten, aus Johannisbrot (κεράτιον, *siliqua* und *siliqua graeca* der Römer, *Ceratonia Siliqua* L.), aus Mispeln und Speierlingen.

*Pirbaum*, *birboum* (bei der heiligen HILDEGARD 3, 2) und *bira* sind die althochdeutschen Namen für den Birnbaum und seine Frucht, beide dem Lateinischen entsprechend. KONRAD VON MEGENBERG (4 A, 39) spricht von *pirpaum* und *pirn* (Birnen). Im 16. Jahrhundert heissen die Früchte, z. B. bei TABERNAEMONTANUS, *Byren* und *Byrn*, der Baum *Byrnbaum*, dem unser jetziges Birnbaum entspricht.

Birnen und Äpfel werden bei uns in viel mehr Rassen kultiviert, als jemals im Altertum. Das Bestreben der Züchter ist gegenwärtig darauf gerichtet, Rassen hervorzubringen, die den verschiedenen Klimaten angepasst sind, also auch solche, die imstande sind selbst ein rauhes Klima zu ertragen. Als ein Beispiel hierfür möge auf den Äckeröapfel hingewiesen werden, der in Schweden gezüchtet wurde, alle Eigenschaften eines guten Apfels in sich vereinigt und doch in rauhen Lagen und unter ungünstigen Verhältnissen gedeiht (Dr. N e u b e r t s Deutsches Garten-magazin, Ill. Monatshefte für die Gesammt - Interessen des Gartenbaus, herausgeg. von Kolb, Lebl und Weiss, 1893, S. 65—67).

**Cotoniarios** Capitulare 70, 81; Invent. I, 28, II, 36; *Cydonia vul-garis* Persoon *(Pirus Cydonia* L.), Quitte.

Στρούθιον Theophr. 2, 2, 5, eine besonders edle Rasse, die Birn-quitte, deren Früchte στρούθια μῆλα hiessen; im übrigen hiess der Quitten-baum bei den Griechen ἡ κυδωνία, die Quitte selbst κυδώνιον μῆλον; neugr. ἡ κυδωνηά und τὰ κυδώνια.

*Malum cotoneum* Cato, Varro, Plinius; *malum cydonium* Columella; it. der Baum *cotogno, melo cotogno,* die Frucht *cotogna, mela cotogna, pera cotogna;* fr. der Baum *cognassier*, die Frucht *coin.*

Die Kultur der Quitte reicht bis in sehr frühe Zeit zurück. Ihre Farbe trug ihr den Namen „goldener Apfel“ ein; ebenso wird ihr Duft vielfach gerühmt. Ganz besonders wurde sie aber als Genussmittel ge-schützt: man ass sie gekocht, bereitete daraus Wein (DIOSK. 5, 28) und Quittenhonig (DIOSK. 5, 29; μηλόμελι, κυδωνόμελι); zur Bereitung des letzteren übergoss man entkernte Quitten mit sehr viel Honig und liess die Masse ein Jahr lang stehen: dann glich sie dem Meth (οἰνόμελι). Die Alten kultivierten verschiedene Rassen, unter denen die Birnquitte (στρούθιον μῆλον, *malum strutheum*, wörtlich: Sperlingsapfel) eine der gesuchtesten war.

In der späteren Zeit, vom 9. Jahrhundert unserer Zeitrechnung an oder auch schon früher, heisst der Quittenbaum *cotanus, coctanus, cidonius* etc. Sonderbarerweise heisst um diese Zeit seine Frucht „Krähenfuss", κορωνόπους, *coronopus* [1]), vielleicht wegen der auf der Frucht sitzenbleibenden Kelchzipfel; dieser Name ist aber ganz in Vergessenheit geraten. ALBERTUS MAGNUS (6, 89 u. 90) nennt den Quittenbaum *coctanus* oder *citonius* und unterscheidet zwei Rassen, von denen die eine birnförmige, die andere mehr kugelige Früchte trägt, Rassen, die noch heute bei uns kultiviert werden. Ganz ähnlich ist es bei KONRAD VON MEGENBERG (4 A, 13); dieser nennt den Baum *cytonius* oder *cottanus*, deutsch *kütenpaum*, die Früchte *pirn küten* und *gemain küten*.

Der althochdeutsche Name der Quitte ist *kutina*, die heilige HILDEGARD spricht aber schon vom *quittenbaum* (3, 4; *quotanus*); später heisst die Frucht Quitte, Quede, Kütte.

Nach den griechischen Schriftstellern stammt die Quitte von der Insel Kreta aus dem Gebiete der Kydonen; wir werden ihre Heimat wohl in den Orient verlegen dürfen. Während im südlichen Tirol der Quittenbaum die Grösse unserer Apfelbäume erreicht, bleibt er bei uns meist nur strauchartig; seine Früchte wurden früher auch hier im Norden sehr geschätzt, kommen aber neuerdings etwas seltener auf den Markt.

### Speierling und Mispel.

**Sorbarios** Capitulare 70, 77; *Sorbus domestica* L., Speierling, Spierling. Όα Theophr. 3, 12, 6—9; auch οία und οὔα geschrieben; die Frucht ουον, Diosk. 1, 173; neugr. σουρβηά, die Früchte σοῦρβα.

*Sorbus* bei den Römern, die Frucht *sorbum*: it. *sorbo* und *sorba*: fr. *cormier* und *corme*,[2]) *sorbier* und *sorbe*.

Der Speierling hat es in Deutschland kaum jemals zu grossem Ansehen gebracht, nach Norddeutschland ist er überhaupt nur wenig oder gar nicht gekommen. Trotz seiner geringen Verwendung hat er doch eine Menge von Namen. Im späteren Latein wird er *aesculus*[3]) und *esculus* genannt, doch nennt ALBERTUS MAGNUS (6, 224) ihn schon wieder *sorbus*. Deutsche Namen sind *sperebaum, spirbaum,* woraus später

---

[1]) CGL III: cronopos . idest milicidonia 588, 15; coronopus maledonia 631, 52. beide aus Handschriften des 9. Jahrh.; cronopus mala cedonia 544, 24; coronopodia . i . malacidonia 558, 34 und sonst vielfach.

[2]) Diese Worte sind wahrscheinlich gebildet nach *curnus*, das bei Marcellus Empiricus (de medic. 16, 33) denselben Baum bezeichnet (nach P. Geyer, Spuren gallischen Lateins bei Marcellus Empiricus, im Archiv f. lat. Lexicographie, Jahrgang 8, S. 471).

[3]) Sperebovm-Aesculus, ahd. Gl. 5, 36; esculus spirbovm, Sum. 45, 67; ebenso bei der heiligen HILDEGARD 3, 8. — ALBERTUS MAGNUS bemerkt (6, 133), dass der Mispelbaum fälschlich *esculus* genannt wurde. — Das Wort *aesculus* bezeichnet bei PLINIUS (16, 6, 6) eine Eiche mit essbaren Früchten; das entsprechende griechische Wort φηγός (Theophr. 3, 8, 2) bedeutet nach v. HELDREICH *Quercus Aegilops* L.,

Sperberbaum. Sperwerbaum geworden ist. Von den Schriftstellern des 16. Jahrhunderts wird unser Vogelbeerbaum (*Sorbus aucuparia* L.) als wilder Speierling bezeichnet.

**Mespilarios** Capitulare 70, 78; *mispilarios* Invent. I, 23; II, 30; *Mespilus germanica* L., Mispel.

Μέσπιλον (μεσπίλου ἕτερον εἶδος ἐν Ἰταλίᾳ γεννώμενον) Diosk. 1, 170; neugr. μεσπιλῃά, die Früchte μέσπουλα und μούσμουλα. *Mespilus setania* Plin. 15, 20, 22; 23, 7, 73; die Frucht *mespilum*; it. *nespolo* und *nespola*; fr. *nèflier* und *nèfle*.

Die Mispel muss früher in grösserem Ansehen gestanden haben als jetzt, wo sie, wenigstens in Norddeutschland, ihrer Früchte wegen kaum noch Beachtung findet, sondern meist als Zierstrauch gezogen wird. Sie ist sehr hart und trägt auch in rauhen Lagen Früchte; zu einer Zeit, wo das Obst seltener war, mag sie deshalb mit Recht geschätzt worden sein. ALBERTUS MAGNUS (6, 133) nennt den Baum *mespilus*. Der älteste deutsche Name ist *nespelbaum*[1]) (z. B. heilige HILDEGARD 3, 13); auch bei den Schriftstellern des 16. Jahrhunderts finden wir denselben Namen wieder. Heute heisst er Mispelbaum. — Im eigentlichen Griechenland kommt die Mispel nur kultiviert und überdies selten vor. In Italien und Südtirol wächst sie scheinbar wild; in diesem Zustande ist sie strauchig und stark dornig.

## Kirsche und Pflaume.

**Ceresarios** *diversi generis* Capitulare 70, 89; *cerisarios* Invent. II, 37; *Prunus avium* L., Süsskirsche; *P. Cerasus* L., Sauerkirsche, Baumweichsel; *P. acida* Dumortier, Strauchweichsel.

Κέρασος Theophr. 3, 13, 1—3; 4, 15, 1; 9, 1, 2; κεράσιον die Kirsche, Diosk. 1, 157; neugr. κερασῃά und τὰ κεράσια, Süsskirsche; βυσσινῃά und τὰ βύσσινα, Sauerkirsche.

*Cerasus* der Römer, zuerst bei VARRO 1, 39, 2; it. *ciregio, ciregiolo*, Süsskirsche; *amarasco, visciolo*, Sauerkirsche; fr. *cerisier, cerise* und *guignier, guigne*.

Die Untersuchung über die Kirsche und ihre Verbreitung wird einigermassen dadurch erschwert, dass man über die Zahl der Arten und ihr natürliches Wohngebiet nicht vollkommen sicher orientiert ist.

---

deren Früchte heute βελανίδια, dem alten βάλανος entsprechend, heissen. Da *Quercus Aegilops* in Italien nicht vorkommt, so muss unter *aesculus* eine andere Eiche verstanden sein, und zwar eine Form von *Quercus Robur* L. (E. H. L. KRAUSE, Die indogermanischen Namen der Birke und Buche etc., Globus Bd. 62, 1892, No. 11, S. 162).

[1]) Merkwürdigerweise scheint eine Verwechselung zwischen Mispel und Haselnuss vorgekommen zu sein: nespilun-Pontica gr., lat. avellana ahd. Gl. 5, 39; nespelun-Abellana ahd. Gl. 6, 17; apellena mispilboim Sum. 53, 88; auch sonst mehrfach.

Im Folgenden ist angenommen, dass *Prunus acida* eine selbständige Art und von *P. Cerasus*, der Sauerkirsche, verschieden sei; [1] sie gilt als die einzige der drei oben genannten Arten, welche Ausläufer treibt, und ist eben daran leicht zu erkennen. Für unseren Zweck kommt von dieser Art nur die Varietät *Marasca* Host in Betracht, die zur Bereitung des „Maraschino" dient und in Dalmatien und den Nachbargebieten wild vorkommt.

Nach der Erzählung des PLINIUS (15, 25, 30) soll Lucullus die Kirsche nach Rom gebracht haben; diese Nachricht ist aber unsicher, und es lässt sich aus ihr höchstens die Zeit der Einführung entnehmen, etwas vor der Mitte des ersten Jahrhunderts v. Chr. Dazu stimmt, dass die Kirsche zuerst bei VARRO erwähnt wird; die neue Obstsorte fand dann sehr günstige Aufnahme und wurde zugleich sehr rasch weiter verbreitet, so dass schon PLINIUS berichten konnte, sie gedeihe in Britannien, in Belgien und am Rhein. Der Oberrhein (Elsass und Baden) ist auch wenigstens ein Centrum für die Verbreitung der Kirschen in Deutschland gewesen und gehört gegenwärtig noch zu unseren reichsten Kirschenländern.

Weiter nach Osten muss man edlere Kirschenrassen früher gekannt haben als in Rom. THEOPHRAST beschreibt den Baum, den er κέρασος (kerasos) nennt, nicht so, dass wir daraus mit absoluter Sicherheit die Kirsche erkennen könnten, aber da Diphilos von Siphnos (bei Athen. 2, 51 b), der vor 281 v. Chr. gelebt hat, also ein Zeitgenosse von THEOPHRAST war, schon mehrere Kirschen (κεράσια) unterschied, so wird man das κέρασος bei THEOPHRAST wohl als Kirschbaum deuten müssen. Aus der Beschreibung folgt dann aber, da der Baum schlank und hoch genannt wird, dass die Süsskirsche gemeint ist.

Dann würde also wohl die Süsskirsche nach Rom gebracht worden sein. Nach dem Namen müsste man es annehmen, denn die Namen der Süsskirsche sind in allen lebenden europäischen Sprachen direkt oder indirekt aus κέρασος oder *cerasus* abgeleitet, und weiter hin nach Osten heisst die Süsskirsche armenisch *keraseni*, kurdisch *keras, ghelàs* (harte und weiche Form desselben Wortes) tatarisch (in der Krim) *kiràs*, (im Kaukasus) *kiljas* (F. TH. KÖPPEN, Geographische Verbreitung der Holzgewächse des europäischen Russlands etc., Bd. 1, St. Petersburg 1888, S. 281, 282). Wenn man aber diese Reihe von Namen ansieht, so kommt man unwillkürlich auf den Gedanken, ob denn κέρασος wirklich ein griechisches, und nicht vielmehr ein einer asiatischen Sprache, dem Eranischen oder Kurdischen, entlehntes Wort sei, wie KÖPPEN andeutet (a. a. O. S. 282). Besondere Gründe sprechen nicht dagegen, im Gegenteil erscheint KÖPPENS Annahme viel natürlicher als diejenige

---

[1] Nach K. Koch, Dendrologie, Bd. 1, Erlangen 1869, S. 110 ff, S. 112 ff und E. Koehne, Deutsche Dendrologie, Stuttgart 1893, S. 308.

von HEHN, der, gestützt auf das Zeugniss des Grammatikers SERVIUS,[1]) behauptet, die Alten hätten den Kirschbaum und den Kornelkirschbaum miteinander verwechselt, und der dann κέρασος als die kleinasiatische Form des „eigentlich griechischen" κράνεια (kraneia), lateinisch *cornus*, auffassen will, so dass κέρασος (von κέρας, das Horn, abgeleitet) dasselbe bedeuten soll wie das lateinische *cornus* (von *cornu*, das Horn); beide Namen sollen dann die hornartige Beschaffenheit des Holzes der beiden Bäume zum Ausdruck bringen. Nun hat der Kirschbaum zwar schönes Werkholz, aber hornartig wird es niemand nennen wollen, und ausserdem lässt sich aus denjenigen Stellen, wo κράνεια oder *cornus* erwähnt werden, eine Verwechselung zwischen diesem und dem Kirschbaum nicht konstatieren. Vielmehr beschreibt THEOPHRAST seine männliche und weibliche κράνεια (3, 12, 1 und 2) hinreichend genau, damit wir in der ersten unsere Kornelkirsche, *Cornus mas* L., in der zweiten unseren Hartriegel, *Cornus sanguinea* L., erkennen können; die Namen männlich und weiblich sind diesen beiden Pflanzen durch lange Zeiten verblieben. Auch dasjenige, was DIOSKORIDES (κρανία, 1, 172), COLUMELLA (*cornus*, 12, 10, 2 und 3) und PLINIUS (*cornus* 15, 22, 31 und sonst vielfach) über die Kornelkirsche sagen, lässt nicht darauf schliessen, dass sie diese mit der eigentlichen Kirsche verwechselt hätten.

Aber nicht der Name allein spricht dafür, dass die Römer die Süsskirsche kultivierten, auch die von PLINIUS (15, 25, 30) gegebene Beschreibung von Kirschenrassen lässt Süsskirschen erkennen, die noch heute kultiviert werden: „von den Kirschen sind die Apronianischen am rötesten, am dunkelsten sind die Lutatischen, die Caecilianischen aber auch rund. (?) Die Junianischen haben einen guten Geschmack, aber fast nur unter ihrem Baum, denn sie sind so zart, dass sie den Transport nicht vertragen können. Der Vorrang gebührt den härtlichen (Knorpelkirschen, duracina), die Campanien die Plinianischen nennt, in Belgien (?) aber den Lusitanischen (portugiesischen), ebenso an den Ufern des Rheins; diese haben eine dritte Farbe aus schwarz (dunkel, nigro) und rot und grün, so dass sie aussehen, als ob sie immer im Reifen wären (similis maturescentibus semper). Vor weniger als 5 Jahren kamen diejenigen auf, die man Lorbeerkirschen (laurea) nennt, von nicht unangenehmer Bitterkeit, wie sie dem Lorbeer eigentümlich ist. Es giebt auch Macedonische von einem kleinen Baum, der selten über drei Ellen hinausgeht, und Zwergkirschen mit einem noch kleineren Strauch." Das wäre schon eine nicht geringe Mannichfaltigkeit! Die Knorpelkirschen und die bunten lassen sich ohne Bedenken als Süsskirschen ansprechen, aber unter den übrigen giebt es auch solche, die man als Sauerkirschen deuten könnte, z. B. die Apronianischen, die Caecilianischen und die Lorbeerkirschen. Giebt es denn sonst kein Zeugnis dafür, dass die

---

[1]) Man vergleiche die folgende Anmerkung.

Römer die Sauerkirsche gekannt haben? Allerdings, und zwar bei VERGIL, Georg. 2, 17: hier erzählt der Dichter, dass einige Bäume sich durch Samen fortpflanzen; „anderen sprosst aus der Wurzel ein dichter Wald, wie den Kirschen und Ulmen".[1]) Die in Italien vorkommende Ulme, *Ulmus campestris* L., treibt in der That Wurzelausläufer. Wir müssen daher annehmen, dass VERGIL richtig beobachtet hat; dann aber ist die Kirsche, von der er spricht, eine Sauerkirsche, nämlich die in der Überschrift genannte Strauchweichsel. Da die Römer in der Kunst des Pfropfens und Okulierens wohl bewandert waren, so konnten sie Strauchweichsel als Unterlage für andere Kirschen benutzen; aber ebensowohl konnten sie Rassen dieser Kirsche gezüchtet haben.

Wenn Karl der Grosse verlangte, dass „Kirschen verschiedener Art" in seinen Gärten gebaut werden sollten, so war diesem Befehle ohne Schwierigkeit nachzukommen, und wir können mit Bestimmtheit sagen, dass daraufhin Süsskirschen gepflanzt worden seien; ob auch Sauerkirschen, lässt sich nicht mit voller Sicherheit entscheiden.

Wir wollen nun versuchen die allmähliche Verbreitung der Kirsche zu verfolgen. Im CGL III wird sie nur sehr selten erwähnt, und zwar in den Hermeneumata einmal in dem Abschnitt über den Nachtisch (κερακιον cerasium 316, 31; in den übrigen Abschnitten *de secunda mensa* steckt sie vielleicht in dem allgemeinen Begriff *poma*, Obst) und zweimal in demjenigen über die Bäume (κερασιον cerasium 26, 20; ceresium κεράσιον 358, 80); in den Glossaren kommt sie zweimal vor (cerosin . i . cerasia 556, 29; 620, 54). Häufiger findet sie sich in den lateinisch-deutschen Glossaren, woraus man wohl auf einen allmählich zunehmenden Anbau schliessen darf. Ihre älteren Namen sind *kersa*, *kirssa*, *krise* und *kirse*, *cherse*.[2])

Die heilige HILDEGARD spricht nur von *cerasus* (3, 6), so dass es nicht ganz sicher ist, was sie meint, vermutlich die Süsskirsche. ALBERTUS MAGNUS spricht auch nur von *cerasus* im 6. Buch, wo er von den Bäumen handelt, und zwar erwähnt er nur den Namen (6, 88), weil sie allen bekannt ist; auch im 7. Buch ist nur von *cerasus* die Rede. Auch

----

[1]) „Pullulat ab radice aliis densissima silva,
ut cerasis ulmisque."
An diese Stelle Vergils schliesst sich die Bemerkung des Servius: „Hoc (sc. cerasum) autem etiam ante Lucullum erat in Italia, sed durum, et cornum appellabatur" (nach Hehn, S. 326). Es ist mindestens fraglich, ob der in der zweiten Hälfte des vierten Jahrhunderts unserer Zeitrechnung lebende Grammatiker sich eingehend mit den von den Römern gebauten Obstarten beschäftigt, oder sie überhaupt nur gekannt hat. Wahrscheinlich hielt er die Kirsche für eine veredelte Rasse der Kornelkirsche. Ähnlich wie Servius drückt sich auch Isidor aus (Orig. 17, 7, 16); seine Etymologien sind als gewaltsam hinreichend bekannt und gewürdigt.

[2]) Kirsbaum-cerasus ahd. Gl. 5, 34; kirssa-cerasium ahd. Gl. 6, 15; cerasus kersboum Vlt. S. 370; cerasum kersa Vlt. S. 371; cerasus criseboum Prag. Gl. S. 470; — Sum.: cerasus chersebovm 39, 24; cerasus kersb. 45, 64; cerusa kirse 55, 64.

dieser *cerasus* muss wohl als Süsskirsche gedeutet werden, denn an einer
anderen Stelle (3, 80), wo er von sauren Früchten spricht, erwähnt er
auch saure Kirschen, die *amarena* genannt werden (im Strassburger Codex
steht *amarella); diese können nach seiner Meinung nicht süss werden,
weil die reifende (verdauende) Wärme das natürlich Feuchte in ihnen
nicht überwinden kann ("Quod enim illa non dulcescunt, nulla causa est,
nisi quia calor digestivus in eis vincere humidum naturale non potest").
Da ist denn wohl nicht daran zu zweifeln, dass hier eine saftige Sauerkirsche gemeint ist. KONRAD VON MEGENBERG erwähnt die Kirsche
überhaupt nicht. Im 16. Jahrhundert werden sehr viele Kirschen gebaut,
Monstrositäten und wirkliche Rassen; unter diesen werden *Cerasia acida*,
saure Kirschen oder Amarellen genannt.

Wir fanden also bei ALBERTUS MAGNUS die Sauerkirsche zum
ersten Male deutlich genannt und zwar unter dem Namen *amarena* oder
*amarella*. Unter ähnlichem Namen kommt sie schon in einer Handschrift
des 12. Jahrhunderts vor: *amarellus wichselb.*(oum) Sum. 46, 8, denn
Weichsel ist die älteste deutsche und noch bestehende Benennung der Sauerkirsche.[1] *Amarellus, amarella* und *amarena* können sehr wohl zusammenhängen mit *amarasco* oder *marasco*, Namen, welche die Strauchweichsel
bei Venedig, Triest und in Dalmatien noch führt. *Wichsel* aber ist ein
verhältnismässig neues Wort; stellen wir uns die Namen der eigentlichen
Sauerkirsche. *Prunus Cerasus* L., zusammen (vornehmlich nach KÖPPEN,
a. a. O. S. 283, 284), so erhalten wir von Westen nach Osten fortschreitend
folgende Reihe: französisch *guigne* (aus *guisne* für *wisne*), italienisch *visciola*,
deutsch *wichsel*, Weichsel, litauisch *wyszna*, polnisch *wiśnia*, russisch
*wischnja*, neugriechisch βύσσινα oder βίσενα (gespr. wisina), albanesisch
*ryssine*, türkisch *wischene*, wonach im Tatarischen der Krim *wischnä*,
*jschne*, imeretinisch und mingrelisch *khwischna*. Da nun die Sauerkirsche
oder Baumweichsel ihr natürliches Wohngebiet in Kleinasien und am
Kaukasus hat, so scheint sie bei der Wanderung aus ihrer asiatischen
Heimat nach Europa ebenso wie die Süsskirsche ihren asiatischen Namen
mitgenommen zu haben, der dann im Munde der verschiedenen Völkerschaften verschiedene Umgestaltungen erfahren musste. Über Italien
scheint die Sauerkirsche ihren Weg aber nicht genommen zu haben.

**Prunarios** *diversi generis* Capitulare 70, 76; *prunarios* Invent. II, 33;
*Prunus domestica* L., Pflaume, Zwetsche;[2] *P. insititia* L.. Kriechenpflaume,
Haferschlehe.

---

[1] Die duftenden Schösslinge von *Prunus Mahaleb* L., die zu Pfeifenrohren etc.
benutzt werden, werden auch „Weichsel" genannt, und dem entsprechend der ganze
Strauch und seine Früchte Weichselkirsche. Diese Benennung ist aber erst spät
entstanden.

[2] Der Name Zwetsche ist entstanden aus Quetsche, dieses aus Quecke; quecken
heisst wachsen, lebhaft und rasch wachsen, und wird namentlich von solchen Pflanzen
gebraucht, die sich durch kriechenden Wurzelstock oder durch Wurzelausläufer ver-

Κοκκυμηλέα Theophr. 1. 10, 10; 1, 13, 3; Diosk. 1, 174; προύμνη Theophr. 9, 1, 2; die Frucht heisst καρπὸς τῶν κοκκυμήλων, aber auch, namentlich in späterer Zeit, κοκκύμηλον; neugr. der Zwetschenbaum δαμασκηνᾶ, seine Früchte δαμάσκηνα; die runden Pflaumen κορομηληᾶ und πουρνελησᾶ, die Früchte κορόμηλα.

*Prunus* der Baum, *prunum* die Pflaume bei den Römern; it. *pruno, susino, susino domestico,* die Zwetsche *susina;* fr. *prunier* und *prune.*

Die Zwetsche stammt aus Vorderasien; die Kriechenpflaume ist hier im Norden, wo man sie nur an Dorfstrassen oder in unmittelbarer Nähe von Gehöften findet, verwildert, hat aber möglicherweise schon in Süddeutschland, jedenfalls in Südosteuropa, Heimatsrecht. Die Alten haben die beiden genannten Arten nicht strenge voneinander unterschieden, aber was sie damascener Pflaume oder Pflaume von Damaskus nennen (Plin. 15, 13, 12), ist unsere Zwetsche mit ihren verschiedenen Rassen. COLUMELLA unterscheidet neben der Zwetsche eine wachsgelbe Pflaume (10, 404; cereola pruna); PLINIUS (15. 13, 12) kennt schon eine grosse Menge verschieden benannter Pflaumenrassen.

Wir werden gewiss annehmen dürfen, dass in den Gärten Karls des Grossen die beiden genannten Pflaumenarten vorhanden waren, vielleicht in mehreren Rassen. Die heilige HILDEGARD (3, 7) unterscheidet *rosz-prumen, garten slehen, kriechen* und die wilde Art,[1]) unsere Schlehen. Die *roszprumen*[2]) werden wohl identisch sein mit den „Roszpflaumen" bei HIERONYMUS BOCK, TABERNAEMONTANUS und anderen, die von dunkler Farbe sind und wegen ihrer Grösse so genannt wurden; *garten slehen* und *kriechen* werden runde Pflaumen sein, von denen einige später Hafer-schlehen hiessen.

ALBERTUS MAGNUS (6, 201) zählt unter *prunus* verschiedene Pflaumen nach Grösse und Farbe auf, auch die grüne und die damascener Pflaume. Ausserdem spricht er wiederholt von einem *cinus* genannten Baum, den er meist mit *prunus* zusammen nennt; aus 3, 7 geht hervor, dass *cinus* zum Steinobst gehört und in den Glossaren[3]) wird das Wort durch „Kriechbaum" übersetzt. Wir müssen darin also die runde Pflaume sehen, die damals sehr bekannt und verbreitet gewesen sein muss, denn

---

mehren, wie die Zwetsche es thut (K. E. H. KRAUSE, Quetsche, Zwetsche, Prunus domestica L, Jahrbuch des Vereins für niederdeutsche Sprachforschung, Jahrgang 1886, Heft 12, Norden und Leipzig, 1887, S. 97—105).

[1]) „Omne autem genus *prunibaumes,* sive sit *roszprumen,* sive *garten slehen,* sive *kriechen* et silvestre genus."

[2]) *Prume* kommt für Pflaume auch sonst vor: prinus prumboom Sum. 45,66; prinus phrumbovm Sum. 39, 23; sonst ist *pfloumbovm, phlumbovm* der althochdeutsche Name des Pflaumenbaumes: prignus pfloumbovm (Vlt. S. 378); prinus phlumbovm (Prag. Gl. S. 476). — Der lateinische Name *prinus* für Pflaume ist später ganz in Vergessenheit geraten.

[3]) Ciuus chriechboum od. cribboum od. krichboum (Vlt. S. 370; Prag. Gl. S. 470; Sum. 46, 4 und sonst).

ALBERTUS MAGNUS verzichtet (6, 88) ausdrücklich auf eine Beschreibung dieser und der Kirsche; da er diese Pflaume in dem Teile des 7. Buches (7, 154—170), das dem Obstgarten gewidmet ist, überhaupt nicht erwähnt, wohl aber die Kirsche, so könnte man vermuten, dass sie zu seiner Zeit keine besondere Kultur erfahren habe, sondern wild gewachsen sei. Dagegen spricht aber das *garten slehen* der heiligen HILDEGARD. Bei den Schriftstellern des 16. Jahrhunderts finden wir schon viele Pflaumenrassen namhaft gemacht; heute werden noch viel mehr gezogen, und es giebt bis weit nach Norden hinauf kaum einen Bauerngarten, in dem nicht wenigstens ein Pflaumenbaum stünde.

## Pfirsich und Aprikose.

**Persicarios** *diversi generis* Capitulare 70, 80; *persicarios* Invent. I, 24; II, 31.

Es ist sehr wohl möglich, dass zu Karls des Grossen Zeit in Deutschland verschiedene Rassen des Pfirsichs kultiviert worden sind, und es ist zugleich wahrscheinlich, dass damals die Aprikose mit zu den Pfirsichen gerechnet wurde, ebenso wie es im 16. Jahrhundert geschah. ALBERTUS MAGNUS (6, 199) nennt den Pfirsichbaum *persicus*, seine Frucht *persicum*: die Aprikose stellt er unter die Pflaumen und nennt sie *prunum armenum* (6, 201). Bei der heiligen HILDEGARD fehlt die Aprikose, sie führt nur den *persichbaum* an (3, 5. — HEHN (S. 345—348) hat die Geschichte des Pfirsichs und der Aprikose sehr eingehend behandelt, so dass man nichts anderes thun kann als ihm nachschreiben. Nach ihm waren beide Früchte den älteren griechischen Schriftstellern nicht bekannt; erst als das römische Kaiserreich sich über Kleinasien hinaus erstreckte, gelangten sie zur Kenntnis der Römer. Im ersten Jahrhundert unserer Zeitrechnung finden wir sie in den römischen Gärten, ja den Pfirsich sogar in den Gärten Südfrankreichs (COLUM. 10, 411; PLIN. 15, 11, 12).

*Amygdalus persica* L., Pfirsich.

Περσικὸν μῆλον Diosk. 1, 164; neugr. der Baum ῥοδακινῃά, die Früchte τὰ ῥοδάκινα (entstanden durch Umstellung aus *duracina*, das etwa „Härtling", wegen des festen Fleisches, bedeutet; vergl. HEHN S. 347).

*Persicus* Colum. 5, 10, 19 u. 20; 9, 4, 3; *persica arbor* Plin. 12, 3, 7; 15, 13, 13; *persicum malum* Colum. 10, 409—412; Plin. 15, 11, 12 u. 13 und sonst mehrfach; it. *persico, pesco* und *persica, pesca*; fr. *pêche*.

Die ältesten deutschen Namen sind *pfersic, persic*; bei den Vätern der Botanik Pfersing, später Pfirsch und Pfirsich. HIERONYMUS BOCK unterscheidet schon drei Rassen: „gemein weiß saftig, gantz gäl, gantz blütroht durch aufz"; ähnlich bei den übrigen Schriftstellern des 16. Jahrhunderts.

*Prunus armeniaca* L., Aprikose.

Ἀρμενιακὸν μῆλον Diosk. 1, 165; neugr. βερικοκκηά, die Früchte τὰ βερίκοκκα.

*Armeniaca arbor* Colum. 11, 2, 96; Plin. 16, 25, 42; *armeniacum malum* Colum. 5, 10, 19; *prunum armeniacum* Plin. 15, 13, 12; it. der Baum *albicocco, arbricocco, armeniaco, armellino, meliaco* etc., die Frucht *albicocca, arbricocca, armeniaca;* fr. *abricot.*

DIOSKORIDES unterscheidet neben den eigentlichen Pfirsichen, den persischen Äpfeln (1, 164), kleinere, die armenischen Äpfel, die auf römisch frühreife (praecocia) genannt werden;[1] er rechnet also die Aprikose zu den Pfirsichen. Dasselbe thun die meisten Botaniker des 16. Jahrhunderts, die ihre frühere Reifezeit durch den Namen St. Johanns Pfersing ausdrücken; um Johanni reift die Aprikose aber höchstens in Süddeutschland. An anderen Namen sind zu bemerken: Möllelein,[2] Molleten bei HIERONYMUS BOCK, der hinzufügt: „der kleine gäle Sommer oder Johanns Pfersing". Marillen ist im 16. Jahrhundert der gewöhnliche Name der Aprikose, auch noch im 18., und ist es in Ungarn stellenweise noch jetzt.

Der Name Aprikose ist durch eine Reihe von Wandlungen aus dem lateinischen *praecox* entstanden. Statt *mala praecocia* wurde kurz *praecocia* gesagt, und dieses Wort verwandelte sich bei den Griechen aus πραικόκια durch eine Reihe von Formen in βερίκουκα, βερίκοκα. Daraus wurde im Munde der Araber mit dem vorgesetzten Artikel *albarqûq.* Als die Araber sich auf den Inseln des Mittelmeeres, in Süditalien und Spanien ansiedelten, da ging dies Wort in seiner arabischen Form in die Sprachen der besiedelten Länder über. So kam es, dass es nach Italien in der Form *albercocco, albicocco* etc. zurückkehrte. In Spanien verwandelte es sich in *albaricoque.* daraus wurde im Französischen *abricot,* und aus diesem Worte haben wir Deutschen Aprikose gemacht (nach HEHN, S. 347). Zu Anfang des vorigen Jahrhunderts (WEINMANN, Phytanthozaiconographie, Bd. 3, Regensburg 1742, S. 332) schrieb man noch Abricose, und meinte damit die Rasse mit süssem Kern.

Pfirsich und Aprikose werden in Deutschland viel gezogen, auch ein Bastard aus beiden, die Pfirschaprikose. In Süddeutschland bilden sie freistehende Bäume, in Norddeutschland lassen sie sich nur an Mauern und an Bretterwänden ziehen und bedürfen während der kalten Frühjahrsnächte sehr häufig eines besonderen Schutzes. Viel müheloser reifen sie den Südeuropäern; Italien und Griechenland sind wegen ihrer vielen und schönen Rassen, namentlich von Pfirsichen, berühmt und bekannt.

---

[1] Τὰ δὲ μικρότερα, καλούμενα δὲ ἀρμενιακά, ῥωμαϊστὶ δὲ πραικόκια.

[2] „Mölleleiu" ist ein Diminutivum von Morelle, das eine Kirschenart und ausserdem, in Süddeutschland und Schlesien, die Aprikose bedeutet. Das Diminutivum wird nur für Aprikose gebraucht (nach GRIMM Wörterbuch).

## Maulbeere und Feige.

**Morarios** Capitulare 70, 84; Invent. I, 27; II. 35; *Morus nigra* L.. Maulbeerbaum.

Συκάμινος Theophr. 1, 6, 1; 1, 13, 1; 4, 2, 1: 5. 4, 2; μορέα oder συκαμινέα Diosk. 1, 180; neugr. μορηά, μουρηά, συκαμηνηά, die Früchte ξινόμουρα (die weissen Maulbeeren heissen μούρα).

*Morus* der Römer, die Frucht *morum; it. moro nero; fr. mûrier, mûre.*

Der Maulbeerbaum stammt aus den Ländern südlich vom Kaukasus und ist, wie es scheint, schon ziemlich früh nach Griechenland gebracht worden. Da er mit der Sykomore, dem egyptischen Maulbeerbaum (ἡ συκάμινος ἐν Αἰγύπτῳ Theophr. 4, 2, 1; συκόμορος Diosk. 1, 181), *Ficus Sycomorus* L., verwechselt wurde, und seine Frucht mit derjenigen von Brombeeren und Himbeeren, so ist es nicht immer leicht zu entscheiden, welche Pflanze bei einem alten Schriftsteller jedesmal gemeint ist, wenn er *morus* oder *morum* nennt. Dass bei den Römern der schwarzfrüchtige Maulbeerbaum gebaut wurde, geht mit Sicherheit daraus hervor, dass die Frucht bei HORAZ (Sat. 2, 4, 22) und MARTIAL (1, 72, 5; 8, 64, 7) schwarz genannt wird, bei VERGIL (Ecl. 6. 22) und COLUMELLA (10, 402) blutig (*sanguineus*). Der weissfrüchtige Maulbeerbaum, *Morus alba* L., ist erst spät nach Italien gekommen und noch viel später nach Deutschland. HIERONYMUS BOCK kennt beide Arten von Maulbeeren, die nach ihm beide im Etschland wachsen; am Rheinstrome kam aber zu seiner Zeit allein die schwarze Maulbeere vor.

Das Wort *morum* wurde nicht nur, wie schon bemerkt, bei den alten Schriftstellern, sondern auch noch viel später, selbst noch bei ALBERTUS MAGNUS (6, 143), ausser für die Maulbeere auch noch für Brombeere und Himbeere gebraucht: häufig wird aber, um die Maulbeere sicher zu bezeichnen, der Zusatz *celsi* gemacht: *mora celsi*, während *mora bati* die Frucht des einheimischen Strauchs bedeutet.[1]) In den Glossaren des CGL III [2]) werden jedoch gleich oft *celsa* und *batus (batos)* als *mora domestica*, also „gebaute Maulbeere" gedeutet. Da unsere Brombeerbüsche sich für die Kultur nicht besonders eignen, so könnte man hier wohl an eine Kultur der Himbeere (*Rubus idaeus* L.) denken, namentlich da die Himbeeren im heutigen Griechenland nach FRAAS ἥμερα βάτα genannt werden; übrigens nennt C. BAUHIN noch die roten Früchte des Erdbeerspinats *morum* (vergl. oben S. 131).

---

[1]) Mora mulberen Königsb. Gloss.; ahd. Gl. 6, 19; mora celsi mûrberen Königsb. Gloss.; Colm. Gloss. 492, wo sich auch noch die Glosse „celsus mûrbôm" findet (217). Diese ist deshalb von Interesse, weil danach das Wort *celsa* des CGL III (vergl. die folgende Anm.) als Plural von *celsum* die Früchte des Baumes *celsus* bedeuten kann. — Morobati bramberen Königsb. Gloss.

[2]) Celsa mora domestica 631, 53; 538, 17; 581, 39 etc. etc.; batus mora domestica 631, 31; 513. 60; 580, 48 etc. etc.

ALBERTUS MAGNUS (6, 143) erwähnt, dass die Blätter des Maulbeerbaums als Futter für die Seidenraupe benutzt werden und fügt hinzu, dass die als Surrogat benutzten frischen und jungen Salatblätter[1]) (lactucae recentes et juvenes) keine besondere Seide lieferten. Nach Norden hin hat sich der Maulbeerbaum weit über die Grenzen von Deutschland hinaus verbreitet, wenn auch nur in einzelnen Exemplaren; diese gedeihen aber meistens recht gut und bringen in warmen Jahren reife und süsse Früchte, freilich nie in solch überschwänglicher Fülle, wie man es beispielsweise im südlichen Tirol sieht.

Ficus Capitulare 70, 87: *Ficus carica* L., Feigenbaum.

Συκῆ der Griechen; neugr. σukηά, die Früchte τά σῦκα ebenso wie im Altertum.

*Ficus* der Römer; it. *fico*; fr. *figue*.

Das natürliche Wohngebiet des Feigenbaumes erstreckt sich über die Küsten des Mittelmeeres bis nach Syrien und Südarabien. Seine Domesticierung ist zuerst in Südarabien und Syrien gelungen; die domesticierte Form erreichte dann im südlichen Syrien die Mittelmeerküste und wurde von dort aus durch die Phönicier verbreitet.[2]) Bei den Griechen wird der Feigenbaum zuerst etwa 700 v. Chr. erwähnt. In Italien spricht die Sage schon von einem Feigenbaum bei der Gründung Roms; sicher gehört aber die Feige zu den ältesten Kulturpflanzen der Römer.

Ein eigentlich deutscher Obstbaum ist die Feige nie geworden, dazu ist Deutschlands Klima zu kühl. Indessen sieht man hier im Norden den Feigenbaum im Freien ausdauern. Meist bleibt er niedrig und buschig wie in Kiel (alter Kirchhof) und Husum (am Schloss), und trägt dann auch nur kleine und nicht reifende Früchte. Bei besonderer Pflege wird er stärker. Im Schlossgarten von Gelting, Kreis Flensburg, wo er am Spalier gezogen wird, bringt er zuweilen reife und süsse Früchte, ebenso in Augustenburg (Briefl. Mitteilung von Regierungsrat Petersen in Schleswig).

### Der Weinstock.

*Vitis vinifera* L.

Ἄμπελος der Griechen; neugr. τὸ κλῆμα oder ἡ ἄμπελος. *Vitis* der Römer; it. *vite*; fr. *vigne*.

---

[1]) Dass Seidenraupen mit Lattichblättern gefüttert werden können, wird jetzt (Ende Januar 1894) in den Zeitungen als neueste Entdeckung gefeiert.

[2]) Sehr genaue Auskunft über den Feigenbaum findet man bei H. GRAF zu SOLMS-LAUBACH, Die Herkunft, Domestication und Verbreitung des gewöhnlichen Feigenbaums (*Ficus Carica* L.), in Abhandlungen der Königl. Ges. d. Wiss. zu Göttingen, Phys. Klasse, Bd. 28 vom Jahre 1881, Göttingen 1882; H. GRAF zu SOLMS-LAUBACH, Die Geschlechtsdifferenzierung bei den Feigenbäumen, in Botanische Zeitung, 43. Jahrg. 1885, S. 513 ff.

HEHN hat dem Weinstock eine sehr eingehende Studie gewidmet (Kulturpflanzen etc. S. 59—79) und dabei dessen Verbreitung bis in die Gegenwart verfolgt. Über den Streifzug, den der Weinstock früher einmal nach Norden unternommen hat, besitzen wir eine sorgfältige Schilderung von J. B. NORDHOFF (Der vormalige Weinbau in Norddeutschland. Zweite Ausgabe mit Nachträgen und Zusätzen, Münster 1883). Hier ist also kaum etwas anderes zu thun, als schon einmal gesagtes noch einmal sagen; dadurch würde man aber dem Leser den Genuss an den oben genannten Abhandlungen verderben.

Karl der Grosse muss schon einen entwickelten Weinbau vorgefunden haben, denn in seinen Erlassen kommen Bemerkungen über das Pflanzen des Weinstocks nicht vor, wohl aber Verordnungen über die Behandlung der Weinberge und des Weines (Capitulare 8 und 62). Ganz besonders sorgfältig beschäftigt sich ALBERTUS MAGNUS mit dem Weinstock. Er widmet ihm eine sehr eingehende Beschreibung (6, 236—256) und vergleicht ihn dabei mit einer grossen Zahl anderer Pflanzen; ausserdem giebt er aber (7, 171—182) sehr genaue Vorschriften über seine Behandlung im Weingarten.

Auch in der Provinz Schleswig-Holstein hat es früher Weinberge gegeben, von denen noch die Namen erhalten sind: je einen bei den Klöstern Ütersen und Preetz und einen im Lande Oldenburg. Bei J. B. NORDHOFF (a. a. O. S. 30) hat eine Zeitungsnotiz aus dem Jahre 1843 Aufnahme gefunden, wonach bei dem Bau der Altona-Kieler Eisenbahn im Esinger Moor wohlerhaltene Weinreben ausgegraben wurden; es handelt sich hier aber um entrindete Eichenzweige. Dass damals die gefundenen Zweige falsch bestimmt worden waren, wurde sofort von J. F. SCHOUW erkannt, aber leider nicht in Deutschland publiciert.

## Mandel, Kastanie, Walnuss und Haselnuss.

Amandalarios Capitulare 70, 83; *Amygdalus communis* L.. Mandelbaum.

Ἀμυγδαλῆ der Baum, die Frucht ἀμυγδάλη Theophr.; ἀμυγδαλέα und ἀμύγδαλον Diosk. 1, 176; neugr. ἀμυγδαλῃά und τὰ ἀμύγδαλα; der Bittermandelbaum πικρομυγδαλῃά.

*Amygdala* der Baum Colum. 5, 10, 20; 9, 4, 3; Plin. 15, 22, 24 und sonst vielfach; die Frucht heisst *nux Graeca* Colum. 5, 10, 12; Plin. 23, 8, 76; die bittere Mandel *nux amara* Colum. 7, 13, 1; Plin. 15, 7, 7; 20, 17, 72 u. 73; sonst unterscheidet Plinius süsse und bittere Mandeln als *amygdalae dulces* und *amarae*; it. *mandorlo, mandolo*, die Frucht *mandorla*; fr. *amandier* und *amande*.

CATO (8, 2) führt die Mandel als griechische Nuss *(nux Graeca)* auf; da derselbe Name auch bei verschiedenen anderen Schriftstellern vorkommt, so darf man ihn wohl als Beweis dafür annehmen, dass die Römer den Mandelbaum von den Griechen erhalten haben. Die Griechen selbst hatten ihn aus Asien bezogen; heute ist er in Italien und Griechenland verwildert.

In späteren Jahrhunderten schrieb man *amandola* statt *amygdala;* [1]) aus *amandola* sind das deutsche Mandel, sowie das französische *amande* und das italienische *mandola* hervorgegangen. Die heilige HILDEGARD (3, 10) hat aber schon wieder *amygdalus*, ALBERTUS MAGNUS (6, 16—18) *amigdalus*, ebenso wie die Kräuterbücher des 16. Jahrhunderts.

Am Rhein und in der bayrischen Rheinpfalz sieht man Mandelbäume genug und hier reifen auch ihre Früchte leidlich; nach Norddeutschland sind sie wenig gelangt, denn sie scheinen noch empfindlicher als der Pfirsich zu sein.

**Castanearios** Capitulare 70, 79; *Castanea vesca* Gaertner (*Fagus Castanea* L.), echte Kastanie.

Κάρυον τὸ πλατύ Xenophon Anab. 5, 4, 29; Διὸς βάλανος Theophr. 1, 12, 1; 3, 3, 1 und 8; 3, 10, 1; 4, 8, 11; σαρδιαναὶ βάλανοι, λόπιμα, κάστανα, Διὸς βάλανοι (die Früchte) Diosk. 1, 145; neugr. καστανηά und τὰ κάστανα.

*Castanea* der römischen Schriftsteller; die Frucht heisst *castanea nux;* it. *castagno, marone;* fr. *châtaignier, maronnier* und *châtaigne, marron.*

Die Heimat der echten Kastanie haben wir auf der Balkanhalbinsel und in Asien zu suchen; THEOPHRAST giebt an (3, 3. 1), dass sie auf den Bergen Macedoniens wachse. Im Laufe der Jahrhunderte hat sie sich weiter nach Westen hin so gut akklimatisiert, dass man schon im südlichen Tirol glauben könnte, natürliche Kastanienwälder zu sehen; indessen müssen hier diejenigen Bäume, welche essbare Früchte liefern sollen, besonders gepfropft werden. Auch hier im Norden sieht man stattliche Kastanienbäume, sogar an Chausséen werden sie gepflanzt; ihre Früchte reifen aber nur ausnahmsweise.

Die heilige HILDEGARD (3, 12) führt für die Kastanie den Namen *kestenbaum.* der sich noch in verschiedenen deutschen Mundarten findet; bei ALBERTUS MAGNUS (6, 47) heisst sie *castanea*, bei KONRAD VON MEGENBERG (4 A, 10) ausserdem *kestenpaum.*

Die Rosskastanie, *Aesculus Hippocastanum* L., stammt aus Asien; sie gelangte am Ende des 16. Jahrhunderts von Konstantinopel nach Wien, und hat sich von da aus rasch fast über ganz Europa verbreitet.

**Nucarios** Capitulare 70, 88; Invent. I, 26; II, 32; *Juglans regia* L., Walnuss, Nuss.

Κάρυον εὐβοϊκόν Theophr. 1, 11, 3 und sonst; κάρυον βασιλικόν, κάρυον περσικόν Diosk. 1, 178; neugr. der Baum καρυδηά, die Nüsse τὰ καρύδια.

*Nux juglans* oder einfach *juglans* der Römer; it. *noce;* fr. *noix.*

---

[1]) CGL III: tasia . i . amandula 578, 2; amigdola . i . amandola 586, 24 unten; 607, 16; — tasia ist wohl die *nux Thasia* bei PLINIUS 15, 22, 24.

Bei den Griechen hiess der Nussbaum überhaupt καρύα, die Nuss κάρυον; durch ein hinzugesetztes Adjectivum konnte man dann genauer angeben, welche Nuss man meinte; die jetzt in Griechenland für Walnussbaum und Walnuss gebrauchten Ausdrücke entsprechen dem Worte καρύδιον, das ehemals „kleiner Nussbaum" und „kleine Nuss" bedeutete. Um die Zeit des 9. Jahrhunderts unserer Zeitrechnung, vielleicht aber schon früher, wurde der Nussbaum auf Griechisch καρυοδένδρον, auf lateinisch *arbor nucarius, noquarius,* auch einfach *nux* genannt; die Nuss selbst hiess καρύα, καρύα μεγάλη (grosse Nuss), lateinisch *nux gallica* (wälsche Nuss, unsere Walnuss), *nux grandis* (grosse Nuss), auch einfach *nux.*[1])

Althochdeutsch heisst die Walnuss *nuz,* der Baum *nuzbaum;* die heilige HILDEGARD (3, 3) schreibt aber schon *nuszbaum,* wie wir es jetzt noch thun.

Der Nussbaum, den wir Asien zu verdanken haben, gedeiht in Süddeutschland vortrefflich, ähnlich in Mitteldeutschland. Bei uns im Norden sieht man ihn seltener, und doch scheint er den Anbau lohnen zu können, denn es giebt auch hier Nussbäume, die an Grösse und Fruchtbarkeit hinter denen des Rheinlandes kaum zurückstehen.

**Avellanarios** Capitulare 70, 82; *avelanarios* Invent. I, 25; II, 34; *Corylus Avellana* L., Haselnuss, und *C. tubulosa* Willd., Lambertsnuss.

Ἡρακλεωτικὴ καρύα Theophr. 3, 15, 1 und 2; κάρυον ποντικόν, λεπτοκάρυον Diosk. 1, 179; neugr. der Strauch φουντουκηά, die Nüsse τὰ φουντούκια oder λεπτοκάρυα.

*Corylus* Colum. 7, 9, 6; Plin. 16, 18, 30; 17, 10, 13 und sonst; die Haselnuss heisst ganz allgemein *nux avellana,* bei PLINIUS *nux abellana;* it. *nocciolo, nocciuolo, avellano;* fr. *coudrier, noisetier,* die Nuss *noisette, aveline.*

Ob diejenige Nuss, welche Karl der Grosse in seinen Gärten anzupflanzen befahl, und die nach den Inventarien in mehreren Gärten schon angepflanzt war, unsere gewöhnliche Haselnuss oder die lambertsche Nuss war, lässt sich kaum mit Sicherheit entscheiden. Da aber die Haselnuss in den meisten Gegenden Deutschlands, wenigstens in den bergigen, nicht selten ist, so könnte wohl die lambertsche Nuss gemeint sein. Man unterschied früher die einzelnen Arten von *Corylus* nicht genau oder überhaupt nicht, so dass es nicht der Mühe lohnt, eine Trennung der Arten vornehmen zu wollen. Beliebt ist die Haselnuss von jeher gewesen und vielfach ist sie auch angepflanzt worden. In den Gärten der Pastorate bildet sie hier in der Provinz hin und wieder, namentlich aber in Dänemark, schattige Laubgänge, die eine oder mehrere Seiten des Gartens umfassen.

---

[1]) CGL III: cariodendo arbore nucario 555, 14; cariadendron . i . noquarius 580, 50; cariadentron nucis gallica 588, 8; ähnlich 609, 4; cariame gallin idest nuce grande 620, 52; carias idest nuces 555, 20; 619, 48; — cariamagalin . i . nuce glande 556, 18 und lptocaria (statt λεπτοκάρυα) idest nucis gallica 625, 55.

Die Namen der Haselnuss sind zahlreich. In der Zeit vom 3. bis
5. Jahrhundert und vielleicht etwas länger brauchte man die alten
griechischen Bezeichnungen λεπτοκάρυον und κάρυον ποντικόν, später
καρύδιον; im Lateinischen brauchte man ausser *avellana* noch *nucella* und
*nucilla*, sowie *nux minor*.[1]) Dass die Haselnüsse im ältesten Deutsch
als *nespelun* oder *nespilun* bezeichnet wurden, oder dass Hasel und Mispel
mit einander verwechselt worden sind, ist schon bei der Mispel bemerkt.
Sonst kommt *hasel* vor, meist als Übersetzung von *corylus*.[2]) Die
heilige HILDEGARD (3, 11) sagt *haselbaum*; ALBERTUS MAGNUS (6, 150
und 151) nennt den Baum *corilus*, die Nuss *avellana*. Ob *auesperina*
und *avesperma*, die beide mit *haselbere* oder *haselbir* übersetzt werden,[3])
wirklich zur Haselnuss gehören, erscheint zweifelhaft.

## Die Pinie.

Pinos Capitulare 70, 86; *Pinus Pinea* L.

Πεύκη ἡ κωνοφόρος Theophr. 2, 2, 6; πεύκη ἥμερος Theophr. 3. 9, 1;
πίτυς Diosk. 1, 86; πιτυΐδες, die Samen oder Nüsse Diosk. 1, 87; neugr.
κουκκουναρῃά, die Zapfen κουκκουνάραις, die Nüsse κουκκουνάρια.

*Pinus* (in hortis pulcherrima) Vergil Ecl. 7, 65; *pinus culta* Ovid
Ars. am. 3, 692; *pinus* Colum. 7, 9, 6; 9, 5, 6; Plin. an vielen Stellen;
*pinea nux* Colum. 5, 10, 14; Plin. 15, 10, 9 und sonst vielfach; it. *pino,
pino domestico*; die Nüsse *pinocchi, pignoli*; fr. *pignon, pin cultivé*.

Die Pinie lässt sich bei den griechischen Schriftstellern erst in
verhältnismässig später Zeit mit Deutlichkeit erkennen. Man darf daraus
schliesen, dass sie Griechenland ursprünglich fremd war; etwa 400 Jahre
vor Chr. mag sie aus Asien nach Griechenland gebracht sein. Nach
Italien kam sie dann naturgemäss noch später, wie auch aus ihrer Erwähnung bei den lateinischen Schriftstellern hervorgeht. In Italien wird
sie mehrfach als Baum der Gärten genannt; derjenige Baum, der bei den
Römern *pinaster*, wilde Pinie, heisst, ist wahrscheinlich *Pinus Pinaster* L.
oder eine verwandte Art, und nicht, wenigstens nicht ausschliesslich, die
Kiefer (J. F. SCHOUW, Italiens Nadelhölzer etc. in Hornsch. Arch. II, 1,
S. 25); es ist sehr wohl möglich, dass unter den *pinos* des Capitulare
*Pinus Pinaster* L. oder *P. Laricio* Poiret zu verstehen ist.

In Deutschland hat die Pinie, ebensowenig wie der Lorbeer und
die Feige, festen Fuss fassen und sich heimisch fühlen können. Selbst

---

[1]) CGL III: λεπτοκαροια nucellae 316, 15; λεπτοκαροια abellanae 316, 16; καροιο-
ποντικα nucille 316, 17; carudias nuces auel (lanae) 544, 2; corodias . i . nucis auel-
lanae arbor uel auellana 581, 49; auellana nux minor 587, 2; 607, 24; carucia nucis
minor 588, 56; 609, 32; pontica . i . auellana 572, 49.

[2]) Sum: Corilus hasel 39, 42; corilus haselboum 45, 40 und sonst; Colm. Gloss.:
nux pontica avellana hazelnoth 518.

[3]) Königsb. Gloss.: avesperma haselbere, elchencuti; Colm. Gloss.: auesperina
haselberen 86; Sum.: auesperina haselbir 54, 1.

in Südtirol, wo doch sonst manche Pflanze aus südlicheren Breiten und wärmeren Klimaten nicht nur ein erträgliches, sondern sogar ein gutes Auskommen findet, gedeiht die Pinie nur mangelhaft. ALBERTUS MAGNUS, der die Pinie auf seinen Reisen nach Rom kennen gelernt hatte, beschreibt sie unter dem Namen *pinus* (6, 5) sehr genau; die Väter der Botanik nennen sie lateinisch *pinus domestica*, deutsch Fiechtenbaum, Hartzbaum etc.

# 6. Bemerkungen über unsere Getreidearten.

Die ältesten Getreidearten sind die Gerste und der Weizen; sie werden bei HOMER und HERODOT mehrfach erwähnt. THEOPHRAST kennt von beiden schon eine ganze Menge von Rassen, die wiederum ein Beweis für eine alte und lange dauernde Kultur sind. Ausser den genannten Getreidearten werden bei Griechen und Römern noch gebaut: der Spelt in mehreren Rassen, Hirse und Kolbenhirse. Roggen kommt erst bei PLINIUS und GALEN vor. Hafer wurde früher in Griechenland und Italien wenig gebaut und kommt auch im heutigen Griechenland nur wenig vor; als Hauptpferdefutter wurde im Altertum die Gerste, daneben der Spelt, gelegentlich der Weizen benutzt. Der Windhafer und der Taumellolch waren den Alten wohl bekannt und wurden als lästiges Unkraut von ihnen gefürchtet, ebenso wie der bei uns nicht vorkommende Walch *(Aegilops ovata* L.); alle drei gelten bei ihnen als Entartungen von Gerste und Weizen und von Getreide überhaupt. Es mögen nun zunächst, um eine Übersicht über die verschiedenen Namen zu gewinnen, die einzelnen Getreidearten mit ihren griechischen und lateinischen, neugriechischen, italienischen und französischen, sowie mit ihren botanischen Namen folgen; das griechische σῖτος und das lateinische *frumentum* sind ebenso wie unser Getreide oder Korn unbestimmte Ausdrücke, deren Bedeutung sich nach der hauptsächlich angebauten Getreideart einer Gegend richtet und also nicht immer mit absoluter Sicherheit festzustellen ist.

W e i z e n, *Triticum vulgare* Villars.

πυρός Homer Il. 8, 187; 10, 569 etc.; Od. 19, 536: Herodot 1, 193; Theophr. 8, 4, 3: 8, 7, 4 und 5; Diosk. 2, 107; neugr. σῖτος oder σιτάρι. *Triticum* Cato 34 und 35; Varro 1, 2, 6; Colum. 2, 6, 1 und 2; 2, 8; 2, 9, 1—13; Plin. 18, 7, 12 und sonst vielfach; it. *frumento, formento;* fr. *froment.*

Eine geringere Weizenrasse heisst bei den Römern *siligo*; Cato 35; Colum. 2, 9, 3 u. 5 u. 13; Plin. 8, 8, 20; 8, 9, 20; 8, 10, 20 und sonst. Dieser Siligo-Weizen zeichnete sich durch Weisse, aber geringes Gewicht aus. Colum. 2, 9, 13, lieferte aber gutes Brot (in pane praecipua Colum. 2, 6, 1); COLUMELLA hält ihn deshalb für eine Entartung des Weizens (vitium tritici), die jedoch für einen nassen Boden und ein feuchtes Klima passend sei; man brauche diesen Weizen nicht aus der Ferne zu holen, denn aller Weizen verwandle sich auf sumpfigem Boden nach der dritten Saat in Siligo-Weizen.[1])

Der Name *siligo* hat sich in der italienischen Bezeichnung für Winterweizen, *siligine*, erhalten.

### Spelt, Dinkel, *Triticum Spelta* L.

Der Begriff Spelt ist hier aus praktischen Gründen etwas weit gefasst und umschliesst mehrere Triticumarten, wie den Emmer, *T. dicoccum* Schrank, und das Einkorn, *T. monococcum* L., die beide neben dem eigentlichen Spelt erwähnt, aber auch oft untereinander verwechselt werden.

Ζειά Homer, neben Gerste als Pferdefutter erwähnt Od. 4, 41, neben Weizen und Gerste Od. 4, 604; Theophr. 2, 4, 1; 8, 1, 3; Diosk. 2, 111. DIOSKORIDES sagt, dass Ζειά von doppelter Art sei (διττή); die eine sei einfach (ἀπλῆ), die andere werde zweikörnig (δίκοκκος) genannt; die beiden Arten lassen sich ohne Zwang als Einkorn und Emmer deuten.

Ὄλυρα Homer neben Gerste als Pferdefutter Il. 5, 196 und 8, 564; Theophr. 8, 1, 3; Diosk. 2, 113. HERODOT (2, 36) wundert sich darüber, dass die Egypter, während andere Menschen sich von Weizen und Gerste nähren, sich aus ὄλυρα Brot bereiten, und bemerkt dabei, dass ὄλυρα von einigen Ζειά genannt werde; auch HESYCH identificiert Ζειά mit ὄλυρα.

Τίφη Theophr. 1, 6, 5; 8, 1, 3, wird von SPRENGEL als Einkorn gedeutet.

*Far* Verro 1, 2, 6; Vergil Georg. 1, 219; Colum. 2, 6, 3; *semen adoreum* Colum. 2, 6, 1 u. 3; *adoreum* Colum. 2, 8, 1; 2, 9, 1; *far adoreum* Colum. 2, 9, 3. COLUMELLA betrachtet *adoreum* als Gattungsnamen und unterscheidet von ihm vier Arten (2, 6, 3); PLINIUS (18, 8, 19) nennt als die gewöhnlichsten (volgatissima) Getreidearten *far*, das die Alten *adoreum* nannten, *siligo* und *triticum*; als für Egypten, Syrien, Cilicien, Kleinasien und Griechenland eigentümlich führt er *zea*, *olyra* und *tiphe* an; da er sagt, dass diejenigen, welche *zea* benutzen, kein *far* haben, so hält er beide für verschieden von einander; er führt noch eine Art von Getreide an, *arinca*, die beiden Gallien eigentümlich, aber auch in Italien häufig ist (18, 8, 19; arinca Galliarum propria copiosa et Italiae est). aus der sich ein sehr schmackhaftes Brot (dulcissimus panis) backen

---

[1]) „Nam omne triticum solo uliginoso post tertiam sationem convertitur in siliginem", Colum. 2, 9, 13.

lässt (18, 10, 20, § 92); später (22, 25, 57) teilt er mit, dass *olyra* auch *arinca* genannt werde; endlich erwähnt er noch (18, 7, 11), dass es in Gallien eine Art von *far* gebe, die dort *brace*, von den Römern *sandala* genannt werde; vielleicht gehört hierher *scandula* im Edictum Diocletiani 1, 8 (Edictum Diocletiani etc., anni p. Chr. CCCI, ed TH. MOMMSEN, Berlin 1893, 4°; mit Erläuterungen von H. BLÜMNER; daselbst S. 9 und 64).

*Spelta* kommt, wie es scheint, nicht vor dem 3. Jahrhundert unserer Zeitrechnung vor; CGL III: spelta ὄλυρα 357, 2; Edict. Diocl.: spelta 1, 7; scandula sive spelta 1, 8; Glossare des CGL III: triticus . i . spelta 579, 8; 630, 10; tredecus spelta 596, 8; it. *spelta*, *farro*, *scandella*; fr. *épeautre*.

Gerste, *Hordeum vulgare* L., vierzeilige, *H. hexastichum* L., sechszeilige und *H. distichum* L., zweizeilige.

Κρῖ λευκόν Homer Il. 20, 496; Homer nennt die Gerste auch εὐρυφυές, breitwachsend, was auf die zweizeilige Gerste bezogen worden ist; κριθή Herodot 2, 36 u. 77; Theophr. 8, 4, 1 u. 2; hier werden mehrere Arten, zwei- und mehrzeilige, unterschieden; Diosk. 2, 108; neugr. κριθάρι; im heutigen Griechenland werden vier- und sechszeilige Gerste gebaut und sind unter allen Getreidearten die verbreitetsten; ihre Körner sind das gewöhnliche Pferdefutter. Die dicht gesäte Gerste mit kaum entwickelten Ähren dient frisch gemäht als Grünfutter, getrocknet als Heu (v. Heldreich).

*Hordeum* der Römer; COLUMELLA (2, 9, 14) unterscheidet sechszeilige Gerste *(hexastichum)* und (2, 9, 15) zweizeilige *(distichum)*, die auch galatische genannt wird; die letztere rühmt er besonders. Das Samenkorn der Gerste wird von den Kornspelzen meist fest umschlossen, fällt also beim Dreschen nicht aus diesen Spelzen heraus, wie beispielsweise der Weizen. Die Alten fassten die Sache so auf, als ob die Gerste überhaupt keine Spelzen habe; THEOPHRAST nennt das Gerstenkorn nackt (γυμνός, 8, 4, 1), COLUMELLA sagt (2, 9, 14), es sei von keiner Spelze umkleidet (nulla vestitum palea granum). Dass die Gerste das älteste Nahrungsmittel unter den Getreidearten sei, versichert Plinius (18, 7, 14; antiquissimum in cibis hordeum); zwei- und mehrzeilige Gerstenarten erwähnt er 18, 7, 18. — It. Die vierzeilige Gerste heisst *orzo*, die sechszeilige *orzo maschio*, die zweizeilige *orzola*; fr. *orge*.

Roggen, *Secale cereale* L.

Roggen war den alten Griechen unbekannt. GALEN (de alim. facult. 1, 13) erwähnt ihn zuerst; auf den Äckern Thraciens und Macedoniens hatte er eine Getreideart gesehen, die in allen Stücken der asiatischen τίφη ähnlich war; als Namen dieser Pflanze wurde ihm βρίζα genannt; das aus dem Mehl gefertigte Brot war schwarz und roch unangenehm. Im heutigen Griechenland wird Roggen nur wenig und meist nur des langen Strohes wegen kultiviert; er heisst σήκαλι oder βρίζα.

*Secale* Plin. 18, 16, 40; die Tauriner am Fusse der Alpen nennen dieses Getreide, das von sehr geringem Werte ist (deterrimum) und zur blossen Abwehr des Hungers dient, *asia*; PLINIUS sagt, dass es ertragreich (nascitur qualicumque solo cum centesimo grano), von schlankem Hálm und dunkelfarbig sei, aber schwer wiege; um den herben Geschmack (amaritudinem) zu mildern, mische man Spelt (*far*) hinzu, aber auch so bekomme es dem Magen nicht gut. Edict. Diocl.: centenum sive sicale 1, 3; CGL III: βρίζα secale 430, 7. — In Norditalien wird der Roggen gelegentlich gebaut und *segale* oder *segala* genannt; fr. *seigle*.

Hirse, *Panicum miliaceum* L. und Kolbenhirse, *P. italicum* L.

1. Hirse; κέγχρος Theophr. 8, 1, 1 u. 4; Diosk. 2, 119; neugr. κεχρί. *Milium* Cato 6, 1; Varro 1, 57, 2; Colum. 2, 7, 1; 2, 9, 17; Plin. 18, 10, 24; it. *miglio*, je nach der Farbe der Körner mit dem Zusatz *bianco, giallo, nero, rosso*; fr. *millet, mil*.

2. Kolbenhirse; ἔλυμος Theophr. 8, 1, 1 u. 4; Diosk. 2, 120; fehlt im heutigen Griechenland.

*Panicum* Cato 6, 1; Colum. 2, 7, 1; 2, 9, 17; Plin. 18, 10, 25; it. *panigo*; fr. *panic*.

Es giebt noch ein griechisches Wort für Hirse, μελίνη, das schon bei HERODOT (3, 117) und XENOPHON vorkommt; DIOSKORIDES (2, 120) und GALEN (de aliment. facult. 1, 15) identificieren es mit der Kolbenhirse. Da bei XENOPHON (Anab. 1, 2, 22) μελίνη neben κέγχρος vorkommt, so kann es auch hier die Kolbenhirse bedeuten.

Hafer, *Avena sativa* L.

Βρῶμος Diosk. 2, 116; 4, 138; βρόμος Galen, de alim. fac. 1, 14; neugr. βρώμη.

*Avena* Colum. 2, 11, 1 u. 9; it. *avena*; fr., *avoine*.

DIOSKORIDES behandelt den Hafer durchaus als Arzneimittel. Nach COLUMELLA wird der Hafer gesät, um grün oder als Heu verfüttert zu werden. Da COLUMELLA einen Teil stehen lässt, um Saat zu gewinnen, so hat man hier wohl an den Saathafer und nicht an den Windhafer zu denken. GALEN hat den Hafer in Kleinasien in grossen Mengen gebaut gesehen; dort wurde er als Futter für das Zugvieh benutzt, diente aber auch zur Bereitung von Nahrung. Dass der Hafer allmählich an Verbreitung zunahm, folgt aus seiner Erwähnung im Edictum Diocletiani 1,17. In Griechenland wird der Hafer sehr wenig gebaut, weil die Pferde mit Gerste gefüttert werden; in Italien dagegen wird er als Pferdefutter gesät.

An sehr vielen Stellen, wo Hafer bei den Alten erwähnt wird, haben wir zu denken an den

Windhafer, *Avena fatua* L.

Möglicherweise gehört hierher βρόμος bei Theophr. 8, 9, 2; THEO-
PHRAST zählt an dieser Stelle Pflanzen auf, die dem Weizen oder der
Gerste ähnlich sind: ζειά, ὄλυρα, τίφη, βρόμος, αἰγίλωψ, und sagt, dass
von diesen ζειά am kräftigsten sei, aber den Boden am meisten aussauge
wegen der vielen tiefgehenden Wurzeln und wegen der vielen Halme;
ebenso sagt er von βρόμος und (8, 9, 3) von αἰγίλωψ, dass sie den Boden
wegen ihrer vielen Wurzeln und Halme aussaugen. Aber während er
die Samen von ζειά als leichtverdaulich und angenehm zu essen rühmt.
sagt er ähnliches von βρόμος und αἰγίλωψ nicht, sondern bemerkt. dass
diese beiden als wild und nicht als Kulturpflanzen zu betrachten seien
(„ὥσπερ ἄγρι' ἄττα καὶ ἀνήμερα"). Da wird man denn kaum an den
Saathafer denken können. — Der Windhafer wird im heutigen Griechenland ἀγριογέννημα oder ἀγριόβρομος genannt (FRAAS).

CATO empfiehlt (37, 5) den Hafer, *avena*, auszurupfen, wird also
wohl den Windhafer meinen. Sicher wird man diesen zu nehmen haben
bei VERGIL, wenn er Ecl. 5,37 von *avenae steriles* (unfruchtbarem Hafer)
und Georg. 1, 226 von *vanae avenae* (leerem oder taubem Hafer) spricht;
auch an anderen Stellen mag der Windhafer gemeint sein. In Italien
heisst er *avena salvatica;* fr. *avoine sauvage, folle avoine.*

Endlich möge noch ein Getreideunkraut erwähnt werden, das als
Medicinalpflanze bei den Alten in Ansehen stand und vielfach für giftig
gehalten wurde, der

Taumellolch, *Lolium temulentum* L.

Αἶρα Theophr. 2, 4, 1; 8, 8, 3; THEOPHRAST glaubt, dass Weizen
und auch Gerste in Taumelloch ausarten; Diosk. 2, 122; später (Geopon.
2, 43) wird er ζιζάνιον genannt; neugr. ἦρα.

*Lolium* der Römer; die Römer fürchteten den Lolch sehr (*infelix
lolium,* Verg. Ecl. 5, 37, Georg. 1, 154) und durch ein besonderes Sieb
wurde sein Same vom Getreide gesondert (Colum. 8, 5, 16); VARRO aber
(3, 9, 20) und COLUMELLA (8, 4, 1) empfehlen den Lolch als Hühner-
futter; it. *loglio* und *loglio inebbriante;* fr. *ivraie.*

Von den hier vorgenommenen Deutungen könnte diejenige, welche
ἔλυμος mit der Kolbenhirse identificiert, vielleicht etwas gewagt erscheinen. Die Alten haben aber bestimmt zwei Hirsearten unterschieden,
von denen die eine, κέγχρος, ganz allgemein als die gewöhnliche Hirse
betrachtet wird; die Kolbenhirse gehört in China zu den ältesten Kulturpflanzen (ALPH. DE CANDOLLE, S. 478) und wird in Nordchina, am
Amur, in Persien, am Kaukasus und an manchen Stellen Europas im
Grossen gebaut, in Asien offenbar seit alten Zeiten; es liegt also nichts
Gewagtes in der Annahme, dass die Alten schon die Kolbenhirse gekannt
und auch gelegentlich gebaut haben, umsoweniger als Schouw (Die

Erde, die Pflanzen und der Mensch etc. Leipzig 1851, S. 43) sie auf einem Wandgemälde in Pompeji erkannt hat.

Eine Deutung der Namen, welche die Alten für die Getreidearten gebraucht haben, wird durch zwei Umstände wesentlich erschwert; einmal dadurch, dass die uns überlieferten Beschreibungen ausserordentlich kurz und nach unseren Begriffen ziemlich inhaltsleer sind, und zweitens dadurch, dass in Griechenland und Italien für dieselben Getreidearten stets verschiedene Namen benutzt werden, Namen zwischen denen sich, mit Ausnahme vielleicht von μελίνη und *milium*, ein sprachlicher Zusammenhang überhaupt nicht nachweisen lässt. Da ist es denn von ganz besonderem Werte, dass in den Hermeneumata des CGL III in den Abschnitten über Landwirtschaft (de agricultura), über Feldfrüchte (de leguminibus) etc. die Getreidearten mit ihren griechischen und lateinischen Namen einander gegenübergestellt werden, denn die Abfassung dieser Hermeneumata reicht bis ins dritte Jahrhundert unserer Zeitrechnung zurück. Die oben vorgenommenen Deutungen stimmen durchaus zu denen, welche uns die Hermeneumata bieten, und zu den heute noch gebräuchlichen Vulgärnamen.[1]

Die oben gegebene Zusammenstellung lehrt, dass die allgemeinen Bezeichnungen σῖτος und *frumentum* in Griechenland und Italien an der am häufigsten gebauten Getreideart, dem Weizen, haften geblieben sind, ebenso wie Korn in vielen Gegenden Deutschlands ausschliesslich den Roggen bedeutet. Eine Änderung in der Bedeutung hat auch das Wort ζειά, Spelt, erfahren. HERODOT hält den Spelt für ein minderwertiges Getreide, aber bei HOMER und HESIOD führt das Gefilde oder der Erdboden das Epitheton ζείδωρος, ζειά spendend. Es ist schon frühzeitig versucht worden, dies Wort als „lebenspendend" zu deuten, aber

---

[1] Hermeneumata Leidensia, de agricultura: πυρος frumentum 26, 51; σῖτος triticum 26, 52; κριτη ordeum 26, 53; κενχρος milium 27, 1.

Hermeneumata Monacensia, de leguminibus: pyros frumentum 193, 36; sitos triticum 193, 47; criti ordeum 193, 48; cenchros milium 193, 56; olura far 193, 57; erazizamon lolium 193, 59.

Hermeneumata Einsidlensia, de leguminibus, eine spätere Bearbeitung der Monacensia: πυρός frumentum 266, 52; σῖτος triticum 266, 53; κριθή ordeum 266, 54; ἔλυμος milium 266, 55; κέγχρος panicum 266, 56; τὰ ὄλυρα far 266, 57; ζειά far, mola, ailor 266, 58; ἡ αἶρα, τὸ ζιζάνιον lolium 266, 70; ὁ αἰγίλωψ auena 266, 71; hier sind die griechischen Namen für milium und panicum miteinander verwechselt.

Hermeneumata Stephani, de agricultura: frumentum πυρός 356, 19; triticum σῖτος 356, 20; ordeum κριθή 356, 21; frumentum σῖτος 356, 78; ordeum κριθάριον 357, 1; spelta ὄλυρα 357, 2; milium κέγχρος 357, 10; auena βρόμος 357, 13.

Hermeneumata Vaticana, de floribus (dieser Abschnitt ist verschmolzen mit demjenigen de agricultura): ζιζανιονερα lolium 429, 52; βοτανηχλον herbaauena 429, 54; πυροιν frumentum 429, 56; σελλος triticum 429, 58; κριθη hordeum 429, 60; κινκρινζεα milium 430, 4; ελεμος panicium 430, 6; βριζα secale 430, 7; in diesem Abschnitt sind die Namen zum Teil stark entstellt; besonders interessant ist die Erwähnung des Roggens.

damit thut man der Sprache Gewalt an. Wenn Ζειά, wie von Sprach-
forschern angegeben wird, mit dem sanskritischen *yara* zusammenhängt,
das Getreide, Gerste bedeutet, und wenn Gerste das älteste Getreide
ist, so muss man annehmen, dass Ζειά die Bedeutung Gerste, Getreide
noch hatte, als es in die Verbindung Ζειδωρος eintrat; später, als voll-
kommenere Gerstenrassen als die ursprüngliche hinzukamen, und als der
Weizen bekannt wurde, verlor Ζειά seine Bedeutung und wurde dann
auf ein minderwertiges Getreide übertragen.

----

Was uns die Römer über den Getreidebau in Deutschland überliefert haben, ist nicht sehr viel. CAESAR (Bell. Gall. 4, 1) sagt, dass
die Germanen „nicht viel von Getreide, sondern grösstenteils von Milch
und Fleisch leben"; [1] welches Getreide gebaut wurde, führt er nicht an.
Bei PLINIUS, (18, 17, 44) finden wir aber den Hafer angegeben: „Eine
Hauptentartung des Getreides ist der Hafer, und die Gerste artet in ihn
aus, so dass er selbst als Getreide dient, da ja die Völker Germaniens
ihn säen und von keinem anderen Brei leben (als von Haferbrei)". [2]
Da PLINIUS den Hafer (Windhafer) im wesentlichen nur als lästiges
Ackerunkraut kannte, so musste es auf ihn Eindruck machen, wenn er
in Germanien ganze Haferfelder sah und erfuhr, dass Hafersamen eine
Hauptnahrung der Bewohner ausmachten. Von TACITUS erfahren wir,
dass auch Gerste vorkam und ausserdem noch ein Getreide, das ebenso
wie die Gerste zur Bierbereitung diente,[3] also wahrscheinlich Weizen,
der schon früh in Gallien gebaut wurde und von da mit den Römern
nach Deutschland kam oder kommen musste. In Gallien wurde aber
ausser Weizen (*siligo*, Plin. 18, 8, 20) auch Spelt *(arinca)* und Kolbenhirse *(panicum* Plin. 18, 10, 25) gebaut, die von da aus gleichfalls in
Deutschland eindrangen. Die Einwanderung der Getreidearten brauchte
aber nicht allein von Westen her zu erfolgen, denn auch im Osten
wurden, wie aus der oben gegebenen Übersicht folgt, Weizen, Spelt und
Hirse gebaut. Der Hafer hat seinen Weg nach Mittel- und Nordeuropa
genommen, ohne vorher Italien oder Griechenland zu berühren, vielleicht
auch die Gerste; für den Roggen wird man eine ähnliche Wanderung
gleichfalls annehmen müssen, aber da das Wort *siligo*, das ursprünglich
eine Weizenrasse bezeichnete, allmählich für Roggen gebraucht wurde,
und wir nicht genau wissen, wann dies Wort seine Bedeutung änderte,
so lässt sich der Roggen auf seiner Wanderung nur schwer verfolgen.

----

[1] „Neque multum frumento, sed maximum partem lacte atque pecore vivunt."

[2] „Primum omnium frumenti vitium avena est, et hordeum in eam degenerat
sic ut ipsa frumenti sit instar, quippe cum Germaniae populi serant eam neque alia
pulte vivant."

[3] „Potui humor ex hordeo aut frumento, in quandam similitudinem vini
corruptus;" Germ. 23.

Im Breviarium und im Capitulare Karls des Grossen finden wir eine ganze Menge von Getreidearten angegeben. Um die Übersicht zu erleichtern und die Darstellung etwas abzukürzen, mögen die bei der heiligen HILDEGARD (heil. Hild.), bei ALBERTUS MAGNUS (Alb. M.) und KONRAD VON MEGENBERG (Konr. v. M.) genannten Getreidearten gleich hinzugefügt werden, ebenso die althochdeutschen und mittelhochdeutschen Namen; die Seitenzahlen beim „Breviarium" beziehen sich auf P e r t z, Monumenta etc., Bd. 3.

**Annona** Breviarium S. 177, entspricht unserem Getreide oder Korn, wird auch für Abgaben gebraucht, die in Korn geleistet wurden; ist unbestimmt, aber wahrscheinlich Weizen.

**Frumentum** Breviarium S. 178; da *triticum* nicht vorkommt, so wird man *frumentum* als Weizen deuten dürfen.

*Triticum vulgare* Vill.; *triticum* heil. Hild. 1, 1; Alb. M. 7. 127 u. 128; *frumentum* Alb. M. 6, 348–350; *wize* ahd. Gl. 7, 30; *weice* Sum. 44, 45. ALBERTUS MAGNUS braucht *triticum* und *frumentum* als ganz gleichbedeutend. KONRAD VON MEGENBERG (5, 40) übersetzt *frumentum* mit *korn*, von dem er dreierlei unterscheidet: *rokkenkorn*, *waizenkorn* und *tinkl*.

**Spelta** Breviarium S. 178. *Triticum Spelta* L., im weiteren Sinne: *spelta* heil. Hild. 1, 5; Alb. M. 6. 351; *spelza* ahd. Gl. 7, 30; *dinchil* Vlt. S. 379; *dinchel* Sum. 34. 37; — *far* Alb. M. 7, 127 u. 128; *spelza* ahd. Gl. 24, 18; *amer* Sum. 34, 38; — *adoreum* Alb. M. 7, 58 u. 127 u. 128.

**Sigilis** Breviarium S. 178, 180; verschrieben für *siliginis*: *Secale cereale* L.; *siligo* heil. Hild. 1, 2; Alb. M. 6, 127 u. 128 und sonst.; *rocco* Vlt. S. 379; *roggo* ahd. Gl. 23, 34; *rokke* Sum. 44, 46; *rogke* Sum. 34, 36; (sigale vel sigalo vel magudaris, rogke).

Wann *siligo* zuerst als Bezeichnung des Roggens genommen ist, lässt sich nicht ganz genau feststellen; schwankend war der Gebrauch noch ziemlich spät, denn in den von HOFFMANN herausgegebenen althochdeutschen Glossen (7, 31) wird *dinkil* noch mit *siligo* glossiert und (15, 16) *dinchelinbrot* mit *siligineus* (sc. *panis*). Man nimmt jedoch allgemein an, dass der Gebrauch zu Karls des Grossen Zeit oder jedenfalls zu Anfang des 9. Jahrhunderts konstant war. ALBERTUS MAGNUS spricht wiederholt davon, dass *siligo* sich in *frumentum* oder *triticum* verwandle (2, 26; 4, 92; 5, 55) oder umgekehrt. Er wird bei PLINIUS oder GALEN hierüber gelesen haben und hat dann vertrauensvoll das Gelesene wiederholt. Zu seiner Zeit aber war *siligo* ausschliesslich für Roggen in Gebrauch; wenn man jedoch an solche Verwandlungen glaubt, und der Glaube daran ist auch jetzt noch keineswegs ganz verschwunden, so ist es am Ende gleichgültig, ob Weizen in Roggen oder in eine geringere Weizenrasse ausartet.

**Ordeum** Breviarium S. 178, *Hordeum vulgare* L; *hordeum* heil. Hild. 1, 4; *ordeum* Alb. M. 6, 399 u. 400 und sonst;

*ordeum* und *geist* Konr. v. M. 5, 54; *gersta* ahd. Gl. 7, 31; *gerste* Sum. 34. 42; 44, 47.

Avena Breviarium S. 178; *lvena sativa* L; *avena* heil. Hild. 1, 3; Alb. M. 6, 420; 7, 127 u. 128; *habero* Vlt. S. 368; *haber* Sum. 44. 48.

Bei der heiligen HILDEGARD und bei ALBERTUS MAGNUS wird der Hafer noch als Brotkorn genannt: die heilige HILDEGARD kennt auch Haferbier (3, 27).

Milium Capitulare 44 u. 62; *Panicum miliaceum* L; *hirs* heil. Hild. 1, 9: Konr. v. M. 5, 41; *milium* Alb. M. 6. 357; Konr. v. M. 5, 41: *hirse* Vlt. S. 376; *herse* ahd. Gl. 22, 1; *hirse* vel *grivze* Sum. 34, 39.

Panicium Capitulare 44; *panigum* Capitulare 62; *Panicum italicum* L; *venich* heil. Hild. 1, 10; Konr. v. M. 15, 41; *panicum* Alb. M. 6, 357; Konr. v. M. 5, 41: *venich* Sum. 63, 30; *penih* Sum. 49, 56; *jenich* Sum. 34. 40; 23. 32.[1])

ALBERTUS MAGNUS fasst die Hirsearten zusammen unter dem Namen *gerguers*, KONRAD VON MEGENBERG unter *gegrues*.

Seit Karls des Grossen Zeit haben sich in Deutschland die Rassen des Getreides sehr vermehrt, die Arten aber nicht. Der aus Amerika stammende Mais ist nach Norddeutschland nicht vorgedrungen und ist in Süddeutschland keineswegs häufig. Ein wichtiges Getreide ist für Norddeutschland aber der Buchweizen (*Polygonum Fagopyrum* L.) geworden, der seit dem 15. Jahrhundert in Urkunden vorkommt (E. H. L. K r a u s e, Pflanzengeographische Übersicht der Flora von Mecklenburg, Güstrow 1884, S. 124). Eine in früherer Zeit gebaute, jetzt aber unbeachtete Getreideart ist aber noch zu erwähnen, die Bluthirse (*Panicum sanguinale* L.), die jetzt, namentlich im östlichen Deutschland, als Acker- und Gartenunkraut vorkommt: sie ist früher von den Wenden gebaut worden und hat sich mit ihnen verbreitet (E. H. L. K r a u s e, a. a. O. S. 120). Endlich sei noch auf eine inländische Getreideart aufmerksam gemacht, die anfängt in Vergessenheit zu geraten, das Manna- oder Schwadengras (*Glyceria fluitans* R. Br.). Dieses Gras ist nie gebaut worden; es wächst aber an Wassergräben und Teichrändern und wurde zur Zeit der Reife gesammelt.

[1]) Das Wort „Fenchelhirse" ist willkürlich und falsch gebildet.

# Anhang I.

1) Aus den „Hermeneumata" des Corpus Glossariorum Latinorum, Bd. 3, Leipzig 1892. A. De floribus, über Blumen;
B. De oleribus, über Gemüse.

2) Zwei Inventare Kaiserlicher Gärten aus dem Jahre 812.

3) Kapitel 70 des „Capitulare de villis".

4) Entwurf zu einem Klostergarten aus dem 9. Jahrhundert.

5) Der „Hortulus" des Walafridus Strabus; Inhaltsübersicht.

6) Glossae Theotiscae.

# 1. Aus den „Hermeneumata"

des Corpus Glossariorum Latinorum, Bd. 3, Leipzig 1892.

Der Text der Hermeneumata ist zum Teil reich an Entstellungen und Veränderungen, so dass eine Deutung der überlieferten Namen nicht immer ohne weiteres möglich ist; diese Namen mussten deshalb in den nachfolgenden Abschnitten, die von Blumen und Gemüsen handeln, vorher auf eine Form gebracht werden, die sich als die ursprüngliche und richtige betrachten lässt. Da DIOSKORIDES und PLINIUS, vielleicht auch COLUMELLA dem Schreiber der Hermeneumata direkt oder indirekt bekannt gewesen zu sein scheinen, so war die Herstellung der richtigen Schreibung meist nicht schwierig; nur bei Ausdrücken allgemeineren Inhalts, wie Spross etc., war es nicht immer leicht, das ursprüngliche Wort zu finden, und ebenso war es schwierig, unter den möglichen sprachlichen Formen diejenige zu ermitteln, die der Abfassungszeit der Hermeneumata entsprach. Hier hat die stets bereite Hülfe meines Kollegen Dr. A. FUNCK wiederholt eingreifen müssen. Um dem Leser einen Einblick in die vorgenommenen Änderungen zu verschaffen, sind im Nachfolgenden der überlieferte und der verbesserte Text einander gegenüber gestellt, der erstere links, der letztere rechts. Die Abschnitte „de oleribus" sind aus den ältesten drei Hermeneumata entnommen und selbst wieder nach ihrem Alter geordnet, so dass das älteste voransteht.

Das Edictum Diocletiani (ed. TH. MOMMSEN, Berlin 1893, 4°; mit Erläuterungen von H. BLÜMNER) aus dem Jahre 301 n. Chr., ein Maximaltarif für Getreide- und Lebensmittelpreise etc., Arbeitslöhne etc., liefert uns sehr wichtige Aufschlüsse über das Leben der damaligen Zeit. Die den einzelnen Gegenständen hinzugefügten Preise sind namentlich deshalb von Wichtigkeit, weil sie uns ein Urteil erlauben über die Wertschätzung, die man damals einzelnen Pflanzen, Gemüsen etc., zuteil werden liess. Im Folgenden ist gelegentlich auf das Edict verwiesen.

Bei den folgenden Pflanzenverzeichnissen ist bei solchen Pflanzen, die schon im Vorhergehenden behandelt sind, durch eine neben den

Namen gesetzte Zahl auf die betreffende Seite des Textes verwiesen;
Namen, die ihre Deutung noch nicht im Vorhergehenden gefunden haben,
sind durch eine bezifferte Anmerkung berücksichtigt.

## A. De floribus, über Blumen.

### Hermeneumata Monacensia, CGL III, S. 192, 23—35.

Die Hermeneumata Einsidlensia, die eine Überarbeitung der Monacensia darstellen, enthalten auch einen Abschnitt „de floribus", S. 266,
21—46. In diesem kommt jedoch nichts vor, was zur Erklärung der
in den Monacensia angegebenen Blumennamen dienen könnte, vielmehr
scheint der Überarbeiter sich in einiger Verlegenheit befunden zu haben;
ἑκατόνφυλλον ist in einen anderen Abschnitt versetzt, κρίνον und λυχνίς
sind gar nicht berücksichtigt. In den Hermeneumata Montepessulana
finden sich im Verzeichnis der Bäume 6 Blumennamen (S. 301, 14—19),
zu denen „ανθος flos" gleichsam die Überschrift bildet. Diese 6 Blumennamen, die im folgenden ihre Erklärung und Rechtschreibung mit finden,
sind der Reihe nach: ροδον rosa, κρινον lilium, κλευκοιον uiolum album,
ιον το ανθος uiolum, ναρκισσος narcissus, αμαραντος inmarciscibilis
(d. h. unverwelklich). Endlich enthalten die Hermeneumata Vaticana
S. 429, 14 ff. einen Abschnitt „de floribus"; dieser ist jedoch mit denjenigen „de leguminibus" verschmolzen und enthält ausser Rose, Lilie
und Leucoium nur griechische Namen ohne lateinische Übersetzung.

| | |
|---|---|
| 23 Pereanthon de floribus | περὶ ἀνθῶν de floribus |
| authi flores | ἄνθη flores |
| 25 anthos flos | ἄνθος flos |
| centifolium centifolium | ἑκατόνφυλλον centifolium [1]) |
| rosa rosa | ῥόδον rosa 34 |
| erinon lilium | κρίνον lilium 33 |
| iuchinis rosa greca | λυχνίς rosa graeca [2]) |
| 30 Ion uiola purpurea | ἴον viola purpurea 40 |
| amaranton amarantum | ἀμάραντος amarantus [3]) |

[1]) Diese Lesart findet sich in den Hermeneumata Einsidlensia 265, 58 in dem
Abschnitt „de oleribus"; bei Theophrast heisst das Wort ἑκατοντάφυλλος; welche
Pflanze hier gemeint sein kann, ist zweifelhaft; es könnte die gefüllte Gartenrose sein,
aber auch die gefüllte Blume des Granatapfels; vergl. oben S. 35.

[2]) Ausser iuchinis kommt auch die Lesart luchinis vor; man darf also λυχνίς
lesen; wahrscheinlich ist die Gegenüberstellung von lychnis und rosa graeca entnommen
aus Plinius 21, 4, 10, § 18; vergl. S. 43.

[3]) Die Deutung dieses Namens ist unsicher. Plinius erwähnt 21, 8, 23 u. 39 eine
Pflanze amarantus, die aus südlicheren Gegenden stammt und sich durch Farbenpracht
und Unverwelklichkeit auszeichnet. Dieser amarantus ist schon im 16. Jahrhundert
als der Hahnenkamm, Celosia cristata L., gedeutet worden, dessen schöngefärbter
Blütenstand seine Farbe beim Trocknen behält; die von Plinius angegebene Fabel,
dass die getrocknete Blüte im Winter, nachdem sie mit Wasser befeuchtet worden ist,

| 32 narcissus narcissus | νάρκισσος narcissus 37 |
| micon papauer | μήκων papaver 64 |
| melilotum melilotum | μελίλωτον melilotum ¹) |
| 35 leucoion niola | λευκόϊον viola 40. |

## B. De oleribus, über Gemüse.

a) Hermeneumata Leidensia, CGL III, S. 16, 13—47.

| 13 Περιλαχανων Deoleribus | Περὶ λαχάνων De oleribus |
| λαχανα olera | λάχανα olera |
| 15 καυλια colicula | καυλία colicula ²) |
| μαλαχε malbe | μαλάχαι malvae 127 |
| σευτλα beta | σεῦτλα betae 129 |
| ελιον asparagum | ἔλειος asparagus 124 |
| κιναραι cardi | κινάραι cardi od. cardui 121 |
| 20 λωβια fasioli | λόβια fasioli 98 |
| απωρινον lappa | ἀπαρίνη lappa ³) |
| κολοκινθαι cucurbitae | κολοκύνθαι cucurbitae 89 |
| σικιδια cucumeres | σικύδια cucumeres 92 |
| πεπων pepo | πέπων pepo ⁴) |

wieder auflebt, wird auch getreulich reproduciert; das Ganze reduciert sich vielleicht darauf, dass die getrockneten Stengel im Wasser erweicht werden mussten, damit sie sich in Kränze einfügen liessen. Indessen erwähnt DIOSKORIDES (4, 47) ein *helichrysum*, das nach ihm auch *amarantus* genannt wird; dieses hält man für *Gnaphalium Stoechas* L., eine Strohblume oder Ewigkeitsblume, die in Südeuropa und Nordafrika wildwächst. aber auch als Gartenzierpflanze dient; wahrscheinlicher ist es, dass diese gemeint ist, da sie nach DIOSKORIDES zum Bekränzen der Götterbilder diente und noch heute in Griechenland ἀμάρανθον heisst. Die „immortales amaranti" bei COLUMELLA (10, 175) gehören wohl auch hierher.

¹) Wahrscheinlich der gelbblühende und wohlriechende Melilotus des DIOSKU-RIDES (3, 41, μελίλωτος, κροκίζων καὶ εὐώδης), unser *Melilotus officinalis* Desrousseaux, der heute in Italien *meliloto* und *meliloto odoroso* genannt wird, und dessen blühende Zweigspitzen in den Apotheken als *Summitates s. Flores Meliloti* geführt wurden.

²) Hier wird καυλία, ebenso wie in den Herm. Monacensia (185, 34), wo καυλία. κράμβαι und coliculi als gleichbedeutend genommen werden, den Kohl bedeuten sollen: vergl. S. 108.

³) Die hier genannte Pflanze ist unser Labkraut oder Klebkraut, *Galium Aparine* L., das ein lästiges Getreideunkraut werden kann; als solches wird es oft erwähnt, z. B. Verg. Georg. 1, 153. Es erscheint uns etwas eigentümlich, das Labkraut unter die Gemüse aufgenommen zu sehen; aber PLINIUS sagt (21, 17, 64) von ihm: „Circa Opuntem est herba etiam homini dulcis", was vielleicht auf seine Essbarkeit zu beziehen ist. Man kann sich übrigens leicht überzeugen, dass die jungen Sprossen unserem Spinat sehr ähnlich schmecken.

⁴) Ob hier die Melone oder die Wassermelone gemeint ist, lässt sich wohl nicht entscheiden. In den Herm. Montepessulana (317, 49 u. 50) werden *pepo* und *melopepo* nebeneinander erwähnt. Da im Edict. Diocl. (6, 30—32) ein *pepo* ebensoviel wie ein geringerer und halbsoviel wie ein besserer *melopepo* kostet, so scheint *pepo* dort die Wassermelone zu sein, und wahrscheinlich überall, wo *pepo* neben *melopepo* vorkommt.

| | |
|---|---|
| 25 θριδακες lactucae | θρίδακες lactucae 104 |
| σθερις intiba | σέρις intybus od. intubus 105 |
| ραφανοι radices | ῥάφανοι radices 114 |
| ραφανιδες armoratia | ῥαφανῖδες armoratia 114 |
| βουνιαδες napi | βουνιάδες napi 112 |
| 30 γονγιλαι rape | γογγύλαι rapae 113 |
| σταφυλινοι pastinace | σταφυλῖνοι pastinacae 116 |
| μαραθρον apetillum | μάραθρον aretillum ¹) |
| πρασα porri | πράσα porri 141 |
| κρομια cepe | κρόμμυα cepae 140 |
| 35 σκορδα aleum | σκόροδον allium 142 |
| αναραφαξ atriplex | ἀνδράφαξις atriplex 127 |
| θρωΞιμα escariole | τρώΞιμα escariola 105 |
| ευζωμα eruca | εὔζωμον eruca 107 |
| πεγανον ruta | πήγανον ruta 69 |
| 40 εδυοσμον menta | ἡδύοσμος menta 70 |
| σελινον apium | σέλινον apium 119 |
| μινθε nepete | μίνθη nepeta 73 Anm. 1 |
| ιπποσελινον olysatrum | ἱπποσέλινον olus atrum 120 |
| ανινθον anethum | ἄνηθον anethum 132 |
| 45 γλεχων poleium | γλήχων poleium 72 |
| θρυμβα satureia | θύμβρα satureia 135 |
| κνιδες urticae | κνίδες urticae 88. |

b) Hermeneumata Monacensia, CGL III, S. 185, 32—67.

| | |
|---|---|
| 32 perilachanon de oleribus | Περὶ λαχάνων de oleribus |
| lachana holera | λάχανα olera |
| caulia crambia coliculi | καυλία κράμβαι coliculi 111 |
| 35 molochia malbe | μολόχαι malvae 127 |
| crambus grassica | κράμβη brassica 108 |
| scutla beta | σεῦτλα betae 129 |
| colochinte cucurbite | κολοκύνθαι cucurbitae 89 |
| sycidia cucumeres | σικύδια cucumeres 92 |
| 40 lobia faciola | λόβια fasioli 98 |
| rafunu radices | ῥάφανοι radices 114 |
| gongulas rapas | γογγύλαι rapae 113 |
| bumades napos | βουνιάδες napi 112 |
| stafilini pastinace | σταφυλῖνοι pastinacae 116 |
| 45 simbron sisinbrun | σισύμβριον sisimbrium ²) |

¹) An dieser Stelle sind zwei Worte ausgefallen. Es muss heissen:
μάραθρον feniculum 132, und
ἀμπελόπρασον aretillum 141.

²) Im Edict. Diocl. 6, 24 wird *sisimbriorum fascis*, also ein Bündel oder Bund von Sisymbrium erwähnt, das 20 Stück enthält; BLÜMNER deutet *sisimbria* als Brunnen-

| | |
|---|---|
| 46 camodafni laurocina | χαμαιδάφνη laurocina [1]) |
| talassocrambis magacia | θαλασσοκράμβη magacia [2]) |
| lohia suriace | λόβια suriacae 98 |
| ormenon cyma | ὅρμενος cyma [3]) |
| 50 elion sparagun | ἕλειος asparagus 124 |
| prason porrum | πράσον porrum 141 |
| prasocarton porruseptibin | πράσον καρτόν porrum sectivum 141 |
| prasacefalon porro capitatum | πρασοκέφαλον porrum capitatum 141 |
| cromia cepe | κρόμμυα cepae 140 |
| 55 scordon aleu | σκόροδον allium 142 |
| afroscordon ulficu | ἀφροσκόροδον ulpicum 142 |
| cnides urtice | κνίδες urticae 88 |
| petroselinon oleastrum | πετροσέλινον olusatrum [4]) |

kresse. Vielfach bedeutet aber *sisimbrium* eine Art der Minze, die auch als Gewürz au Speisen gethan wurde. Da aber im Edict. Diocl. 6, 48 ein Bund gemischter Würzkräuter von 8 Stück (condimentorum praemisquorum fascis n. octo) ausserdem genannt wird, und da hier iu den Herm. Monac. weiter unten Minze (186, 2) und Würzkräuter (condimenta, 186, 4) aufgeführt werden, so ist es möglich, dass *sisimbrium* hier als Brunnenkresse zu deuten ist. Die Römer kannten nach DIOSKORIDES 2, 155 die Brunnenkresse und assen sie; die Stengel konnten also sehr wohl gesammelt und zum Kauf angeboten werden. Der Umstand, dass ein Bund von *sisimbrium* 20 Stück, ein solches von Würzkräutern 8 Stück enthält, spricht auch für die Deutung als Brunnenkresse.

[1]) An dieser Stelle wird χαμαιδάφνη eine Art der Gattung *Ruscus* zu bedeuten haben, deren junge Sprossen als Spargel gegessen wurden und noch werden. Am gebräuchlichsten waren die Sprossen von *Ruscus aculeatus* L., dem Mäusedorn, wilde Myrte (μυρσίνη ἀγρία) bei DIOSKORIDES (4, 144); benutzt wurden aber auch diejenigen von *Ruscus Hypoglossum* L. und *R. Hypophyllum* L., die von den Alten Zwerglorbeer (χαμαιδάφνη) und alexandrinischer Lorbeer (δάφνη ἀλεξάνδρεια) genannt wurden (DIOSKORIDES 4, 145 u. 147), und in Italien noch heute *lauro alessandrino* heissen. -- Als Zwerglorbeer wurde auch unser Immergrün (*Vinca minor* L. und *V. major* L.) bezeichnet, das in Südeuropa wild wächst; es wurde früher *vinca pervinca* genannt (bica peruica . i . camedafne CGL III 554, 29; 618, 57 und sonst vielfach) und hiess bis auf die Gegenwart in den Apotheken *Vinca* oder *Pervinca*.

[2]) Das Wort *magacia* scheint sonst nicht vorzukommen; da das griechische Wort Meerkohl bedeutet und mit *olus marinum*, Meergemüse, übersetzt wird, (θαλασσοκράμβη olus marinum CGL III 265, 26), so ist wohl eine Art von Meeresalgen gemeint, vielleicht *Ulva Lactuca* L.

[3]) Im Edict. Diocl. 6, 11 folgt *cuma*, ὅρμενος, unmittelbar auf *coliculus*, das daselbst für Kohl gebraucht wird; die *cumae* werden bundweise verkauft, und sind wahrscheinlich dort, ebenso wie hier, die Frühlingstriebe des Kohls.

[4]) Welche Pflanze hier gemeint sei, ist nicht leicht zu bestimmen; aber wahrscheinlich ist es doch das schwarze Gemüse, *olus atrum*. (*Smyrnium Olusatrum* L.), das früher in sehr grossem Ansehen stand; eine sehr nahe verwandte Pflanze (*Smyrnium perfoliatum* Mill.) wurde in ähnlicher Weise, aber seltener benutzt. Verwechselt wurden beide Pflanzen miteinander. DIOSKORIDES führt als Namen des schwarzen Gemüses ἱπποσέλινον, ἀγριοσέλινον und σμύρνιον an (3, 71), als solche von *Smyrnium perfoliatum* Mill. aber σμύρνιον und πετροσέλινον.

| 59 maratron feniclu | μάραθρον feniculum 132 |
|---|---|
| 60 lapatou rumice | λάπαθον rumex [1]) |
| andrachin portulaca | ἀνδράχνη portulaca 108 |
| crusolaxana atriplice | χρυσολάχανον atriplex 127 |
| troxima scaria | τρώἔιμα escaria 105 |
| thydracas lactuce | θρίδακες lactucae 104 |
| 65 ocimon ocimon | ὤκιμον ocimum 134 |
| serides intubi | σέριδες intubi 105 |
| cardamon nasturcium. | κάρδαμον nasturcium 102. |

## CGL III, S. 186, 1—24.

| 1 euzomon eruca | εὔζωμον eruca 107 |
|---|---|
| iduosmos menta | ἡδύοσμος mentha 70 |
| origanon cunela | ὀρίγανον cunela [2]) |
| archymata condimenta | ἀρτύματα condimenta [3]) |
| 5 thymba saturiae | θύμβρα satureia 135 |
| thymon timon | θύμον thymum 135 |
| selimon apium | σέλινον apium 119 . |
| piganon ruta | πήγανον ruta 69 |
| cyminon cyminum | κύμινον cyminum 131 |
| 10 cinaras cardum | κινάραι cardi 121 |
| andraplexia atriplex | ἀνδράφαξις atriplex 127 |
| acrimonia tariones | ἀκρεμόνες turiones [4]) |
| pepon melo | πέπων melo 93 |
| erpulon serpillum | ἔρπυλλος serpyllum 135 |
| 15 minthi nepeta | μίνθη nepeta 73 Anm. 1 |

[1]) Von deu Arten der heutigen Gattung *Rumex* wurden die Blätter früher sehr viel gegessen, nicht nur diejenigen der verschiedenen Sauerampferarten, sondern auch die jungen Blätter von *R. aquaticus* L., *R. Hydrolapathum* Huds. etc. und namentlich von *R. Patientia* L. (englischer Spinat), der sehr viel in Klostergärten gezogen wurde; die letztgenannte Pflanze, deren bittere Wurzel statt des Rhabarbers als Abführungsmittel gebraucht wurde, hiess früher *Rhabarbarum monachorum verum*, echter Mönchsrhabarber.

[2]) *Origanum vulgare* L., Dosten, und verwandte Arten. Dioskorides (3, 29) erwähnt verschiedene Arten von ὀρίγανος, die auch κονίλη genannt werden. Die Origanumarten werden noch heute in Griechenland und Italien als Würze an Speisen gethan und heissen daselbst ῥίγανη (auf Kreta ἀρίγανος) und *origano* oder *rigamo*.

[3]) Gewürzkräuter verschiedener Art.

[4]) Nach dem zweiten Teil des CGL, 223, 57, bedeutet ἀκρόδρυον dasselbe wie cacumen rami, also eine Zweigspitze oder einen jungen Trieb, die auch *turio* heissen. Das Wort *turio* kommt schon bei Columella vor (12, 48, 5: lauri turiones), der sonst statt dessen *cacumen* benutzt, wie 12, 9, 3, wo er die *cacumina rubi*, die jungen Zweigspitzen der Brombeersträucher und Endiviensalat ebenso einzumachen empfiehlt wie den gewöhnlichen Salat *(lactuca)*; an derselben Stelle wird die *cyma* von Thymian, Satureia, Origanum und einer wilden Senfart *(armoracia*, pl.) für dieselbe Behandlung namhaft gemacht; vergl. oben S. 109 und Herm. Montep. 317, 26 u. 27.

| | |
|---|---|
| 16 agriolaxanou holos rusticum | ἀγριολάχανον olus rusticum [1]) |
| amboloprasou aretillum | ἀμπελόπρασον aretillum 141 |
| anithou anetum | ἄνηθον anethum 132 |
| corion coriandrum | κόριον coriandrum 133 |
| 20 gliscou puleum | γλήχων poleium 72 |
| filla folia | φύλλα folia [2]) |
| arodria tiriones | ἀκρόδρυα turiones [3]) |
| leptolachanon fabataria | λεπτολάχανον fabataria [4]) |
| tili fenu grecum. | τῆλις foenum graecum 82. |

c) Hermeneumata Montepessulana, CGL III, S. 316, 67—74.

| | |
|---|---|
| 67 Περι· λαχανων De oleribus | Περὶ λαχάνων de oleribus |
| λαχανα holera | λάχανα olera |
| καυλος cauliculus | καυλός cauliculus 111 |
| 70 κραμβη brassica | κράμβη brassica 108 |
| τευτλα beta | τεῦτλα betae, Plural von |
| τευτλον beta | τεῦτλον beta 129 |
| κολοκυνθια cucurbitas | κολοκύνθαι cucurbitae, Plural von |
| κολοκυνθη cucurbita | κολοκύνθη cucurbita 89. |

CGL III, S. 317, 1—51.

| | |
|---|---|
| 1 ραφανον radix | ῥάφανος radix 114 |
| γονγυλη | γογγύλη rapa 113 |
| βουνιαδαις napi | βουνιάδες napi 112 |
| σταφυλινος pastinaca | σταφυλῖνος pastinaca 116 |
| 5 πρασσον porrum | πράσον porrum 141 |
| κεφαλωτον capitatum | κεφαλωτόν capitatum 141 |

[1]) Vielleicht darf man aus der Art und Weise, wie im heutigen Griechenland die „wilden essbaren Kräuter" (ἄγρια λάχανα oder λάχανα überhaupt; ἥμερα λάχανα sind die kultivierten Küchenkräuter) geschätzt werden, einen Schluss auf alte Zeiten machen; man hat jedoch zu bedenken, dass die vielen und strengen Fasten der griechisch-orthodoxen Kirche den Genuss von Gemüsen sehr gefördert haben. Bei v. HELDREICH, Die Nutzpflanzen Griechenlands, Athen 1862, ist ein Anhang, S. 74—83, den λάχανα allein gewidmet, auf den hier verwiesen werden muss.

[2]) Das Wort folium allein (PLIN. 12, 12, 25) bedeutet ebenso wie malabathron (μαλάβαθρον DIOSK. 1, 11) das Blatt einer gewürzreichen Pflanze (wahrscheinlich aus der Lorbeerfamilie) aus Südasien, das an Speisen gethan und auch zu Salben benutzt wurde. APICIUS benutzt oft folium und malabatron nebeneinander.

[3]) Siehe Anmerkung [4] auf S. 178.

[4]) Der Sinn dieser Glosse hat sich nicht ermitteln lassen; λεπτολάχανον bedeutet ein kleines oder dünnes Gemüse; fabatarium scheint an der Stelle, wo es allein vorkommt (Scriptores Hist. Augustae; Lampridius Heliog. 20, 7) eine Schüssel zu bedeuten; beides stimmt nicht zusammen. — In Norddeutschland werden den grossen Bohnen (faba), wenn sie abgeblüht haben, meistens die Stengelspitzen ausgebrochen; man glaubt dadurch eine bessere Bohnenernte zu bekommen. Die ausgebrochenen Spitzen, die ein oder zwei Blätter tragen, werden vielfach als Gemüse gekocht und gegessen. Dieser Gebrauch muss sehr alt sein; vielleicht hängt die Glosse hiermit zusammen.

| | |
|---|---|
| 7 καρτον sectiuum | καρτόν sectivum 141 |
| κρομμυα cepae | κρόμμυα cepae 140 |
| σκορδον aleum | σκόροδον allium 142 |
| 10 κνιδη urtica | κνίδη urtica 88 |
| μαλαχη malua | μαλάχη malva 127 |
| μολοχος malua | μολόχη malva 127 |
| ελεντιον inula | ἐλένιον inula 63 |
| ανδραφαξις at riplex | ἀνδράφαξις atriplex 127 |
| 15 χρυσολαχανον atriplex | χρυσολάχανον atriplex 127 |
| θριδαξ lactuca | θρῖδαξ lactuca 104 |
| λαφατον rumex | λάπαθον rumex 178 Anm. 1 |
| σερις intuba | σέρις intubus 105 |
| κιναρα cardus | κινάρα cardus 121 |
| 20 βλιτον blitum | βλίτον blitum 129 |
| σιναπια sinapis | σίναπι sinapis 108 |
| τροξιμα acetaria | τρώξιμα acetaria [1]) |
| ωκιμον ocimum | ὤκιμον ocimum 134 |
| μισοδοιλον ocimum | μισόδουλον ocimum [2]) |
| 25 καρδαμον nasturcium | κάρδαμον nasturcium 102 |
| ασπαραγος cyima | ἀσπάραγος cyma [3]) |
| κραμβασπαραγος cuimaculicli | κραμβασπάραγος cyma cauliculi [3]) |
| λωβια fasioli | λόβια fasioli 98 |
| λαμψανη lampsanum | λαμψάνη lampsana [4]) |
| 30 αιλαιοσασπαραγος asparagus | ἔλειος ἀσπάραγος asparagus 124 |
| οριγανον origanum | ὀρίγανον origanum 178 Anm. 2 |
| οριγανις | ὀριγανίς [5]) |
| γληχων puleium | γλήχων poleium 72 |
| γαλαμιντα nepeta | καλαμίνθη nepeta 73 Anm. 1 |
| 35 πηγανον ruta | πήγανον ruta 69 |
| ηδυοσμον menta | ἡδύοσμον mentha 70 |

[1]) Im zweiten Bande des CGL finden wir auch acetaria τρώξιμα (13, 41) und daneben τρωξιματολαχανον (460, 59).

[2]) Dass μισόδουλον und ὤκιμον gleichbedeutend gebraucht wurden, geht auch aus Geopon. 11, 28 hervor. Das ὤκιμον, uuser Basilie oder Basilienkraut, führte auch den Beinamen das königliche, βασιλικόν, der als Basilicum ins Lateinische und von da ins Deutsche übergegangen ist.

[3]) Man vergl. S. 125 und S. 177 Anm. 3, S. 178 Anm. 4.

[4]) Bei DIOSKORIDES (2, 142) ist λαμψάνη ein wildes essbares Kraut (λάχανον ἄγριον), das nahrhafter und dem Magen nützlicher ist als Ampfer (λάπαθον), und dessen Blätter und Stengel gekocht gegessen werden. Da der weisse Senf (Sinapis alba L.) nach v. HELDREICH in Griechenland häufig wild wächst und in der angegebenen Weise benutzt wird, ausserdem ἡ λαψάνα heisst, so könnte er an dieser Stelle gemeint sein.

[5]) Dieses Wort ist nach Note 8, S. 317, von zweiter Hand hinzugefügt; entnommen ist es vielleicht aus DIOSKORIDES 3, 42, wo von einem Kraut μόρον die Rede ist, das auch ὀριγανίς genannt wird; welche Pflanze hier gemeint ist, hat sich nicht genau ermitteln lassen.

| | |
|---|---|
| 37 θυμβρα satureia | θύμβρα satureia 135 |
| ευζωμα eruca | εὔζωμον eruca 107 |
| αψινθιον absinthium | ἀψίνθιον absinthium 75 |
| 40 αρτιματα condimenta | ἀρτύματα condimenta ¹) |
| καρωτα pastinaca | καρωτόν pastinaca 116 |
| δαυκος pastinaca | δαῦκος pastinaca 116 |
| σταφυλινος pastinaca | σταφυλῖνος pastinaca 116 |
| κοριανδρον coriandrum | κορίανδρον coriandrum 133 |
| 45 ανδραχνι porcacla | ἀνδράχνη porcacla 108 |
| σικυοι cucumeres | σικύοι cucumeres 92 |
| ανηθον anethum | ἄνηθον anethum 132 |
| αμηελοπρασον aretillum | ἀμπελόπρασον aretillum 141 |
| πεπων pepo | πέπων pepo 175 Anm. 4 |
| 50 μηλοπεπον melopepo | μηλοπέπων melopepo 93 |
| μαραθρον faniculum | μάραθρον feniculum 132. |

## 2. Zwei Inventare Kaiserlicher Gärten

aus dem Jahr 812.

Abgedruckt aus „Beneficiorum fiscorumque regalium describendorum formulae", G. H. PERTZ, Monumenta Germaniae historica etc., Bd. 3, Hannover 1835, S. 175 ff. Dieses Document enthält Anordnungen, wie Inventare über Meierhöfe etc. aufzunehmen seien; man kann es deshalb, wie auch von GAREIS geschehen, Berichtsformulare nennen; früher hiess es „Breviarium".

Bei jedem lateinischen Pflanzennamen ist hier und im folgenden Abschnitt durch eine Zahl auf die Seite verwiesen, wo er eingehender behandelt ist. Vor die Namen sind Nummern gesetzt, einmal um ein sicheres Citieren zu ermöglichen, zweitens um den Vergleich mit der Übersetzung zu erleichtern.

### Inventar I,

vom Garten des Hofgutes (fiscus dominicus) A s n a p i u m ²) (Pertz, a. a. O. S. 179).

De herbis hortulanis quas repperimus, id est 1) lilium 33, 2) costum 73. 3) mentam 70, 4) petresilum 120, 5) rutam 69, 6) apium 119, 7) libesticum 66, 8) salviam 133, 9) satureiam 135, 10) savinam 80, 11) porrum 141, 12) alia 142, 13) tanazitam 74, 14) mentastrum 72, 15) coliandrum

¹) Gewürz und Würzkräuter.
²) Die ehemalige Lage dieses Gutes ist nicht bekannt.

133, 16) scalonias 139, 17) cepas 139, 18) caules 108, 19) ravacaules 110, 20) vittonicam 77.

De arboribus: 21) pirarios 145, 22) pomarios 144, 23) mispilarios 148, 24) persicarios 154, 25) avelanarios 160, 26) nucarios 159, 27) morarios 156, 28) cotoniarios 146.

### Bericht

über die Gartenpflanzen, die wir gefunden haben, nämlich 1) Lilie, 2) Frauenminze, 3) Krauseminze, 4) Petersilie, 5) Raute, 6) Sellerie, 7) Liebstöckel, 8) Salbei, 9) Bohnenkraut, 10) Sadebaum, 11) Porree, 12) Knoblauch, 13) Rainfarn, 14) wilde Minze, 15) Koriander, 16 u. 17) Zwiebeln, 18) Kohl, 19) Kohlrabi, 20) Betonika.

Über die Bäume: 21) Birnbäume, 22) Apfelbäume, 23) Mispelbäume, 24) Pfirsichbäume, 25) Haselnusssträucher, 26) Nussbäume, 27) Maulbeerbäume, 28) Quittenbäume.

### Inventar II,

vom Garten des Hofgutes T r e o l a [1]) (Pertz, a. a. O. S. 180).

De herbis hortulanis, id est 1) costum 73, 2) mentam 70, 3) livesticum 66, 4) apium 119, 5) betas 129, 6) lilium 33, 7) abrotanum 74, 8) tanezatum 74, 9) salviam 133, 10) satureiam 135, 11) neptam 72, 12) savinam 80, 13) sclareiam 134, 14) solsequia 106, 15) mentastrum 72, 16) vittonicam 77, 17) acrimonia 76, 18) malvas 127, 19) mismalvas 63 (glossa: id est altea quod dicitur ibischa), 20) caulas 108, 21) cerfolium 126, 22) coriandrum 133, 23) porrum 141, 24) cepas 139, 25) scalonias 139, 26) brittolas 141, 27) alia 142.

De arboribus: 28) pirarios diversi generis 145, 29) pomarios div. gen. 144, 30) mispilarios 148, 31) persicarios 154, 32) nucarios 159, 33) prunarios 152, 34) avelanarios 160, 35) morarios 156, 36) cotoniarios 146, 37) cerisarios 148.

### Bericht

über die Gartenpflanzen, nämlich 1) Frauenminze, 2) Krauseminze, 3) Liebstöckel, 4) Sellerie, 5) Mangolt, 6) Lilie, 7) Eberraute, 8) Rainfarn, 9) Salbei, 10) Bohnenkraut, 11) Katzenminze, 12) Sadebaum, 13) Muskatellersalbei, 14) Cichorie, 15) wilde Minze, 16) Betonika, 17) Odermennig, 18) Malve, 19) Eibisch, 20) Kohl, 21) Kerbel, 22) Koriander, 23) Porree, 24 und 25) Zwiebeln, 26) Schnittlauch, 27) Knoblauch.

Über die Bäume: 28) Birnbäume verschiedener Art, 29) Apfelbäume verschiedener Art, 30) Mispelbäume, 31) Pfirsichbäume, 32) Nussbäume, 33) Pflaumenbäume, 34) Haselnusssträucher, 35) Maulbeerbäume, 36) Quittenbäume, 37) Kirschbäume.

---

[1]) Die ehemalige Lage dieses Gutes ist nicht bekannt.

# 3. Kapitel 70 des „Capitulare de villis (vel curtis) imperialibus".

G. H. Pertz, Monumenta Germaniae historica etc. Bd. 3 S. 186, 187.

**70.** „Volumus quod in horto omnes herbas habeant, id est 1) lilium 33, 2) rosas 34, 3) fenigrecum 81, 4) costum 73, 5) salviam 133, 6) rutam 69, 7) abrotanum 74, 8) cucumeres 92, 9) pepones 93, 10) cucurbitas 89, 11) fasiolum 98, 12) ciminum 131, 13) rosmarinum 136, 14) careium 131, 15) cicerum Italicum 101, 16) squillam 81, 17) gladiolum 43, 18) dragantea 51, 19) anesum 133, 20) coloquentidas 54, 21) solsequium 106, 22) ameum 66, 23) silum 65, 24) lactucas 104, 25) git 132, 26) eruca alba 107, 27) nasturtium 102, 28) parduna 59, 29) puledium 72, 30) olisatum 120, 31) petresilinum 120, 32) apium 119, 33) leuisticum[1]) 66, 34) savinam 80, 35) anetum 132, 36) fenicolum 132, 37) intubas 105, 38) diptamnum 67, 39) sinape 108, 40) satureiam 135, 41) sisimbrium 70, 42) mentam 70, 43) mentastrum 72, 44) tanazitam 74, 45) neptam 72, 46) febrefugiam 62, 47) papaper 64, 48) betas 129, 49) vulgigina 56, 50) mismalvas (ibischa id est alteas)[2]) 63, 51) malvas 127, 52) carvitas 116, 53) pastinacas 117, 54) adripias 127, 55) blidas 129, 56) ravacaulos 110, 57) caulos 108, 58) uniones 139, 59) britlas 141, 60) porros 141, 61) radices 113, 62) ascalonicas 139, 63) cepas 139, 64) alia 142, 65) warentiam 82, 66) carduoes 121, 67) fabas majores 100, 68) pisos Mauriscos 95, 69) coriandrum 133, 70) cerfolium 126, 71) lacteridas 58, 72) sclareiam 134.

Et ille hortulanus habeat super domum suum 73) Jovis barbam 79.

De arboribus volumus quod habeant 74) pomarios diversi generis 144, 75) pirarios div. gen. 145, 76) prunarios div. gen. 152, 77) sorbarios 147, 78) mespilarios 148, 79) castanearios 159, 80) persicarios div. gen. 154, 81) cotoniarios 146, 82) avellanarios 160, 83) amandalarios 158, 84) morarios 156, 85) lauros 47, 86) pinos 161, 87) ficus 157, 88) nucarios 159, 89) ceresarios div. gen. 148. Malorum nomina: gozmaringa, geroldinga, crevedella, spirauca, dulcia. acriores, omnia servitoria, et subito comessura, primitiva. Perariciis servatoria trium et quartum genus, dulciores et cocciores et serotina."

**70.** „Wir wollen, dass man im Garten alle Kräuter habe, nämlich 1) Lilie, 2) Rosen, 3) Griechisch Heu, 4) Frauenminze, 5) Salbei, 6) Raute, 7) Eberraute, 8) Gurken, 9) Melonen, 10) Flaschenkürbisse,

---

[1]) Die Lesart *leiusticum*, die nur dadurch entstanden ist, dass der Schreiber den Punkt fälschlich über den ersten statt über den dritten Strich gesetzt hat, ist zu verwerfen, da sich sonst immer leuisticum findet.

[2]) Zusatz von späterer Hand.

11) Stangenbohnen, 12) Kreuzkümmel, 13) Rosmarin, 14) Kümmel, 15) Kichererbsen, 16) Meerzwiebel, 17) Schwertlilie, 18) Drachenwurz, 19) Anis, 20) Koloquinten, 21) Cichorie, 22) Ammi, 23) Laserkraut, 24) Salat, 25) Schwarzkümmel, 26) Rauke, 27) Kresse, 28) Klette (oder Pestwurz), 29) Polei, 30) Schwarzes Gemüse, 31) Petersilie, 32) Sellerie, 33) Liebstöckel, 34) Sadebaum, 35) Dill, 36) Fenchel, 37) Endivien, 38) Diptam, 39) Senf, 40) Bohnenkraut, 41) Krauseminze, 42) Bachminze, 43) wilde Minze, 44) Rainfarn, 45) Katzenminze, 46) Mutterkraut, 47) Mohn, 48) Mangolt, 49) Haselwurz, 50) Eibisch, 51) Malven. 52) Möhren, 53) Pastinakwurzel, 54) Gartenmelde, 55) Amarant, 56) Kohlrabi, 57) Kohl, 58) Sommerzwiebeln, 59) Schnittlauch, 60) Porree, 61) Rettich, 62 u. 63) Zwiebeln, 64) Knoblauch, 65) Krapp, 66) Artischocken (oder Weberkarden), 67) grosse Bohnen, 68) Kapuzinererbsen, 68) Koriander, 70) Kerbel, 71) Springkraut, 72) Muskatellersalbei. Und der Gärtner soll auf seinem Hause 73) Hauslauch haben. Von Bäumen wollen wir, dass man habe 74) Apfelbäume verschiedener Art, 75) Birnbäume versch. Art, 76) Pflaumenbäume versch. Art, 77) Speierlinge, 78) Mispelbäume, 79) Edelkastanien, 80) Pfirsichbäume versch. Art, 81) Quittenbäume, 82) Haselnusssträucher, 83) Mandelbäume, 84) Maulbeerbäume, 85) Lorbeerbäume, 86) Pinien, 87) Feigenbäume, 88) Nussbäume, 89) Kirschbäume versch. Art. Namen der Äpfel: Gozmaringer, Geroldinger, Crevedeller, Spirauker, süsse, säuerliche, alle Daueräpfel und solche, die rasch gegessen werden müssen, die Frühreifen.

Der letzte Satz ist so arg entstellt, dass er sich nicht übersetzen lässt. PERTZ meint, dass nach Aufzählung der Apfelrassen, die gebaut werden sollten, nun auch die Birnen hätten dran kommen müssen, und dass der Sinn des Satzes etwa folgender sein könne: Von den Birnbäumen, die haltbare Birnen (servatoria) tragen, soll man drei oder vier Sorten haben, süssere und reifere (?) und spätreife.

# 4. Entwurf zu einem Klostergarten
## aus dem 9. Jahrhundert.

Im „Bauriss des Klosters St. Gallen vom Jahr 820" [1]) befindet sich auf der östlichen Seite oben neben der Wohnung der Ärzte ein Garten mit Heilpflanzen, unten neben der Wohnung des Gärtners und

---

[1]) Im Facsimile herausgegeben und erläutert von Ferdinand Keller, Zürich, bei Meier und Zeller, 1844, 4°; mit einer lithographierten Tafel. — Dierauer, Über die Gartenanlagen im St. Gallischen Klosterplan vom Jahre 830 (mit einer Tafel); Bericht über die Thätigkeit der St. Gallischen natw. Ges. während d. Vereinsjahres 1872—73, St. Gallen 1874, S. 434—446.

seiner Gehülfeu ein Garteu mit Gemüsepflanzen. Jedes Beet dieser beiden Gärten trägt einen Pflanzennamen. Nördlich vom Gemüsegarten liegt der Friedhof, zwischen dessen Gräbern neben eine stetig wiederkehrende, arabeskenartige Figur die Namen von Obstbäumen hineingeschrieben sind.

Der Garten der Heilpflanzen hat seinen Eingang am Westende der Südseite; an jeder Seite befinden sich je zwei Beete, die zusammen eine Art Einfriedigung bilden. Beginnen wir an der Südwestecke und schreiten nach Norden und dementsprechend weiter fort, bis wir wieder an den Eingang gelangen, so passieren wir folgende Pflanzen:

1) lilium 33,[1]) Lilie; 2) rosas 34, Rosen; 3) fasiolo 98, eine Art Bohnen; 4) sataregia 135, Bohnenkraut; 5) costo 73, Frauenminze; 6) fena graeca 81, Griechisch Heu; 7) rosmarino 136, Rosmarin; 8) menta 70, Minze.

Der innere Teil des Gartens ist durch einen Mittelgang mit der Aufschrift „herbularius" in eine nördliche und südliche Hälfte mit je vier Beeten geteilt. Beginnen wir wieder im Westen, so trägt die südliche Reihe folgende Pflanzen:

9) salvia 133, Salbei; 10) ruta 69, Raute; 11) gladiola 43, Schwertlilie; 12) pulegium 72, Polei: die nördliche Reihe folgende:

13) sisimbria 70, Krauseminze; 14) cumino 131, Kreuzkümmel; 15) lubestico 67, Liebstöckel; 16) feniculum 132, Fenchel.

Der Gemüsegarten, „hortus", ist mit einer Einfriedigung versehen: in der Mitte der Westseite befindet sich der Eingang. Durch einen Mittelgang mit der Aufschrift „hic plantata holerum pulchre nascentia vernant" (hier spriessen die hübsch aufwachsenden Gemüsepflanzen) wird der von einem breiten Wege umschlossene Garten ebenso wie oben in eine nördliche und südliche Hälfte geteilt: jede von dieser besteht aus 9 Beeten. Verfahren wir wie oben angegeben, so erhalten wir folgende Pflanzen:

1) cepas 140, Zwiebeln; 2) porros 141, Porree; 3) apium 119, Sellerie; 4) coliandrum 133, Koriander; 5) anetum 132, Dill; 6) papaver 64, Mohn; 7) radices 113, Rettiche; 8) magones [2]) 64, Mohn; 9) betas 129, rote Beet oder Mangolt; 10) alius 142, Knoblauch; 11) ascolonias 138, eine Art Zwiebeln; 12) petrosilium 120, Petersilie; 13) cerefolium 126, Kerbel; 14) lactuca 104, Salat; 15) sataregia 135, Bohnen-

---

[1]) Die beigefügten Zahlen verweisen auf die Seiten dieses Buches.

[2]) Der Herausgeber, Ferdinand Keller, will magones unter Anlehnung an das italienische majugole als Mohrrübe deuten; indessen ist es fraglich, ob zwischen den beiden genannten Worten ein sprachlicher Zusammenhang überhaupt besteht. Der Mohnsamen heisst machones (Sum. 40, 79), magonus (L. Diefenbach, Glossarium etc. 1857, S. 343); im CGL ııı finden sich die Formen michonus und mahunus als Namen des Mohns.

kraut: 16) pastinachus 116, Pastinakwurzeln oder Mohrrüben: 17) caulas 108, Kohl; 18) gitto 132, Schwarzkümmel.

Die Bäume des Begräbnisplatzes sind unregelmässig verteilt. Beginnen wir am Westrande und gehen jedesmal von Norden nach Süden, so erhalten wir 5 Reihen, von denen die erste 6, die zweite und dritte je 2, die vierte 3 und die fünfte 2 Bäume enthält. Die Namen des ersten, zweiten und vierten Baumes sind nur unvollständig erhalten.

1) Mal..... vielleicht malus oder malinus[1]) 144, Apfelbaum: 2) ... perarius[2]) 145, Birnbaum: 3) prunarius 152, Pflaumenbaum: 4) pinus[3]) 161, Pinie; 5) sorbarius 147, Speierling; 6) mispolarius 148, Mispelbaum: 7) laurus 47. Lorbeer; 8) castenarius 159, Edelkastanie; 9) ficus 157, Feigenbaum: 10) guduniarius 146, Quittenbaum; 11) persicus 154, Pfirsichbaum: 12) avellenarius 160, Haselnussstrauch; 13) amendelarius 158, Mandelbaum; 14) murarius 156, Maulbeerbaum; 15) nugarius 159, Nussbaum.

Ob alle hier genannten Pflanzennamen richtig gelesen sind, und ob nicht vielmehr eine erneute Prüfung der Handschrift etwas veränderte Namen ergeben würde, mag dahingestellt bleiben. Sie bieten in der hier mitgeteilten Form eine Reihe von Eigentümlichkeiten. Auffallend sind die vielen Ablative: fasiolo, costo, rosmarino, cumino, lubestico, gitto; ferner die Formen sataregia und fenagraeca für saturegia und fenigraecum oder fenograecum: endlich guduniarius für cotoniarius, nugarius für nucarius, murarius für morarius etc. Man erhält den Eindruck, als ob die verschiedenen Namen aus dem Gedächtnis in die einzelnen Beete hineingeschrieben wären; dafür spricht auch der Umstand, dass der Mohn im Küchengarten unter zwei verschiedenen Namen, papaver und magones, vorkommt, sowie dass sataregia unter den Heilpflanzen sowohl wie unter den Gemüsen genannt wird, endlich dass Eberraute, Bufbohne, Gurke und andere sehr gewöhnliche Pflanzen fehlen.

Der Herausgeber des Baurisses, FERDINAND KELLER, glaubt, dass der Bauriss direkt durch die Capitularien Karls des Grossen beeinflusst worden sei. Bei Besprechung der Obstbäume, (S. 35) bemerkt er: „Alle diese Bäume sind der Reihe nach aus dem Capitulare de villis abgeschrieben;" den ersten nimmt er jedoch aus. Wenn ein solches Abschreiben wirklich stattgefunden haben sollte, so ist nicht recht zu begreifen, weshalb das gewöhnliche Wort für Apfelbaum, pomarius, mit einem seltenen Wort vertauscht worden ist; ausserdem ist die Reihenfolge des Capitulare nicht innegehalten und statt der dort gebrauchten

---

[1]) Der Herausgeber will malarius ergänzen; diese Form kommt aber nirgendwo sonst vor; bei DIEFENBACH, Novum glossarium etc. 1867, findet sich S. 244 die Glosse malinum affoltren.

[2]) Auf dem Grundriss selbst befinden sich vor perarius einige Punkte; die Form perarius statt pirarius kommt auch sonst vor.

[3]) pinus ist Deutung des Herausgebers und fehlt bei DIERAUER.

Namen finden sich andere, veränderte, mindestens seltene. Auf S. 4 teilt der Herausgeber mit, dass mehrere auf dem Pergament fast ausgelöschte Baum- und Pflanzennamen sich mit Hülfe des Capitulare de villis hätten enträtseln lassen. Auch dies ist nicht weiter wunderbar, denn zu Anfang des 9. Jahrhunderts werden in allen Benedictinerklöstern die Nutzpflanzen ziemlich dieselben lateinischen Namen geführt haben; auf die Aussprache dieser Namen konnte allerdings die Muttersprache der Mönche Einfluss haben, und dadurch auch auf die Schreibweise.

Endlich sagt der Herausgeber (S. 11), „dass der Baumeister, der den Plan entwarf, die für die Klöster in den Capitularien Karls des Grossen aufgestellten Regeln und Vorschriften genau berücksichtigte." Auch hieraus lässt sich ein Einfluss von Karls des Grossen Capitularien auf den Verfertiger des Baurisses mit Sicherheit nicht herleiten; denn der Baumeister konnte als Benedictinermönch recht wohl in seinem Bauriss alle die Regeln und Vorschriften durch seine Zeichnungen zum Ausdruck bringen, die derjenige Benedictinermönch, der das eine oder andere Capitulare entwarf, schriftlich zum Ausdruck brachte.

Der Bauriss des Klosters St. Gallen ist niemals zur Ausführung gelangt, sondern ein Idealplan eines begüterten Klosters geblieben.

## 5. Der Hortulus,
### des Walafridus Strabus.

Walafridus Strabus, ein Schwabe, besuchte die Schule zu Fulda. Im Jahre 825 befand er sich als Mönch im Benedictinerkloster Reichenau und wurde dort 842 im Alter von 35 Jahren zum Abt erwählt. Ludwig der Deutsche schickte ihn im Jahre 849 als Gesandten an seinen Bruder Karl den Kahlen nach Frankreich; auf dieser Reise starb er, nur 42 Jahre alt (Meyer III, S. 422 ff.).

Der „Hortulus" (das Gärtchen), dessen letzte Ausgabe wir F. A. REUSS verdanken,[1]) ist ein Gedicht von 444 Hexametern. Es zerfällt in 25 Abschnitte; im ersten, der Vorrede (1—75), singt Walafridus dem ländlichen Leben und dem Acker- und Gartenbau ein Loblied; dann erzählt er, wie er ein Fleckchen vor seiner Thür von Nesseln gereinigt, gedüngt, bewässert und bepflanzt habe; im Schluss (429—444)

---

[1]) Walafridi Strabi Hortulus. Accedunt analecta ad antiquitates florae germanicae etc. auctore F. A. REUSS, M. D. Wirceburgi 1834, 8°.

widmet er sein Gedicht dem Abte Grimaldus von St. Gallen. Die besungenen Pflanzen sind der Reihe nach: 1) *Salvia*, 76—82, Salbei; 2) *ruta*, 83—90, Raute; 3) *abrotanum*, 91—98, Eberraute; 4) *cucurbita*, 99—151, Flaschenkürbis; hier wird 114 die Erle, *alnus*, erwähnt; 5) *pepones*, 152—180, Melonen; 6) *absinthium*, 181—196, Wermut; 7) *marrubium*, 197—207, Andorn; 8) *feniculum*, 208—216, Fenchel; 9) *gladiola*, 217—228, Iris, Schwertlilie; in 220 wird das Gartenveilchen, *viola nigella*, erwähnt; 10) *libysticum*, 229—234, Liebstöckel; 11) *cerefolium*, 235—247, Kerbel; 12) *lilium*, 248—261, Lilie; 13) *papaver*, 262—274, Mohn; 14) *sclarea*, 275—283, Muskatellersalbei; in 281 wird die Frauenminze, *hortensis costus*, erwähnt; 15) *mentha*, 284—299, Minze, Krauseminze; in 292 wird der Attich oder Zwergholunder, *ebulus*, erwähnt; 16) *pulegium*, 300—326, Polei; 17) *apium*. 327—336, Sellerie; 18) *betonica*, 337—358, Betonika; 19) *agrimonia*, 359—368, Odermennig; 20) *ambrosia*, 368—374; wahrscheinlich die krausblättrige Form des Rainfarns; 21) *nepeta*, 375—386, Katzenminze; 22) *raphanus*, 387—391, Rettich; 23) *rosa*, 392—428, Rose; hier wird die Lilie mehrfach erwähnt. Endlich wird noch im Schlussgedicht, 434, der Pfirsichbaum, *persicus*, genannt.

# 6. Glossae Theotiscae,

alii Codici Canonum Ecclesiasticorum, Seculo IX. adscriptae.

(Commentarii de rebus Franciae orientalis et Episcopatus Wirceburgensis etc. auctore J. G. ab Eckhart. Wirceburgi 1729 fol. . Tom. II, p. 980, 981).

Im Folgenden steht *man.* für *manipulus*, eine Handvoll; das im Codex benutzte Zeichen für Drachme: ꝝ ist durch dr. ersetzt. Die althochdeutschen Namen sind im Codex über die lateinischen geschrieben, so wie es hier nachzuahmen versucht ist; in diesen Namen entspricht das vu oder uu unserem w. Nur denjenigen Namen, die im Vorhergehenden noch keine Erklärung gefunden haben, ist eine solche in der Form von Anmerkungen hinzugefügt. — Die althochdeutschen Namen sind *cursiv* gedruckt.

„Pulvis contra omnes febres et contra omnia venena, et omnium serpentium morsus, et contra omnes augustias cordis et corporis. Recipit haec ex radicibus,

*vuizuuurz*

diptamni partes duas, et ex speciebus herbisque subscriptis tertia pars.

*rosses minza*

fiat: Salvia man. II. Mentastro man. I. Lauindulae man. II. Appio *ruizminza*

sem. dr. II. Foeniculo sem. dr. II. Nepeta man. I. Pipinella[1]) man. II.

*turnella*      *gundereba*      *tillisamo*

Tormentilla[2]) man. I. Acero[3]) man. I. Aneti seminis dr. I. Gamen-

drea[4]) man. I. Ruta unc. I. Centauria[5]) man. I. Camipiteus[6]) man. I.

*ductret*      *erdbrama*      *tosta*      *cholsamo*

Centonodia[7]) man. I. Frassafolia[8]) man. I. Origano[9]) man. I. Cauli sem.

*funneuuirpila*

dr. I. Solsequia man. I. Jua[10]) man. I. Bislingua[11]) man. I. Petro-

*uuegerich*      *chraneuuito*

selini sem. dr. I. Plantagine[12]) man. I. Aitiotidus[13]) dr. I. Sparga[14])

*fteinpreha*

man. I. Quinquefolia[15]) man. I. Saxifragae[16]) sem. dr. I. Vinca-

*reinefano*      *similiter*

tossica[17]) man. I. Hyssopi sem. dr. I. Tanaceto man. I. Benedicta[18])

*denicleta*      *gartminza*      *hanoffamo*

man. I. Agrimonia[19]) man. I. Menta nigra[20]) muu. I. Canape sem.

*madalger*      *kervola*

dr. I. Basilisca[21]) man. I. Alleluia[22]) man. I. Cerofolio sem. dr. I.

*fluina*      *cuenula*      *uuerimuota*      *pipoz*

Sauina[23]) man. I. Satureia man. I. Absinthio man. I. Artemisia

*gareuua*      *uuazaruuurz*

man. I. Millefolio[24]) man. I. Febrefugia[25]) man. I. Nimphaea[26])

man. I. Puleium[27]) man. I.

De pigmentis vero Zaduar[28]) dr. IIII. Cinuamum[29]) dr. I. Gin-

giber[30]) dr. I. Costo[31]) dr. I. Reopontico[32]) dr. (fehlt). Pipere[33])

dr. I. Gentiana[34]) dr. I. Gariofilae[35]) dr. I.

Fac pulverem subtilissimum, dabis bibere ad omnes necessitates
cum vino calido vel aqua calida, quantum cum tribus digitis capere
potest, mustum[36]) *tillessamo, dosto,* foeniculi sem. *antron,*[37]) *betenia,*[38])
*mago,*[39]) *polei,* apii semen, petroselini, *cumin,* cinnamomum,[28]) gingiber,[30])
galangan,[40]) *figa.*[41])

Infusio capitis mirra[42]), savina, marrubium, *huosuuurz,* apium, foeniculum, thus masculinum,[43]) *halasalz,*[44]) *erdebuh.*[45]

---

[1]) Pimpinella Saxifraga L., Pimpernell, Bibernell; die Apotheker führten früher
die Blätter als Herba Pimpinellae. [2]) Tormentilla erecta L.; „Herba Tormentillae".
[3]) Glechoma hederacea L., Gundermann, Gundelrebe. [4]) Teucrium Chamaedrys L.,
Gamander. [5]) Erythraea Centaurium L., Tausendgüldenkraut; altes Fiebermittel.
[6]) Ajuga Chamaepitys Schreb.; „Herba Chamaepityos". [7]) Polygonum aviculare L.,
Vogelknöterich; der übergeschriebene Name enthält einen Schreib- oder Lesefehler;
ein alter deutscher Name ist *wegetrede;* lateinische Namen giebt es viele: centum-
nodia, sanguinaria etc. [8]) Die Blätter der Erdbeere (fr. fraisier), die sonst fragefolia
heissen (Sum. 62, 18). [9]) Origanum vulgare L., Dosten. [10]) Ajuga Iva Schreb.,
dessen Blätter noch heute in manchen Gegenden den Namen „Iwakraut" führen.
[11]) Ruscus Hypoglossum L., Zäpfchen- oder Bonifaciuskraut; „Herba Bislinguae".
[12]) Plantago major L. und P. lanceolata L., Wegerich. [13]) Juniperus communis L.,
Wachholder, in Österreich „Kranewitt"; Aitiotidus ist eine Entstellung von ἄρκευθος.

[14]) sparga, *heirbesuvrz* Sum. 23, 50.   [15]) Potentilla reptans L.; „Herba Pentaphylli".
[16]) Saxifraga granulata L., Steinbrech; die Zwiebelchen nannte man früher Samen
(semen).   [17]) Vincetoxicum officinale Mnch., Schwalbenwurz.   [18]) Wahrscheinlich
Geum urbanum L., das im Volksmunde noch vielfach Benedicteukraut heisst; die
Überschrift „similiter" ist ohne Sinn.   [19]) Agrimonia Eupatorium L., Odermennig;
heisst auch „Leberklette"; der erste Teil der Überschrift ist nicht verständlich.   [20]) Hier
wird eine relativ kahle Minze gemeint sein, wahrscheinlich Mentha piperita L.   [21]) Bei
Hoffmann, ahd. Gl. 6, 36 steht: madelger-basilica; basilisca muss wohl für eine Art
von Arum genommen werden, denn bei Albertus Magnus (6, 290) wird basilicus oder
basiliscus direkt mit dracontea und serpentaria identificiert; dasselbe geschieht Sum.
54, 64: basilisca, naternworz. Auch an Ocymum basilicum L. könnte man denken,
das vielfach, allerdings in späterer Zeit, basilicon allein genannt wird (Albertus
Magnus 6, 293). Das Wort *madalger*, das nach Grimms Wörterbuch ein Eigen-
name ist, wurde später auf Gentiana cruciata L. und kleinere Enzianarten übertragen (Tab., Bock etc.).   [22]) Oxalis acetosella L., Sauerklee; alleluia, panis caculi (statt
cuculi), bisen, suramphe (Sum. 53, 17); alleluia, gotisampher (statt gouchesampher)
(Sum. 54, 35); im 16. Jahrhundert ist der Name häufig.   [23]) *Stuina* ist eine sonst
nicht vorkommende Bezeichnung des Sadebaums, vielleicht verschrieben.   [24]) Achillea
Millefolium L., Schafgarbe; die alte Bezeichnung lautet meist *garwa* (millefolium,
garwa Sum. 11, 45).   [25]) Chrysanthemum Parthenium Pers., Bertram, Mater, Mutterkraut; (febrifuga, metere Sum. 57, 5 und sonst vielfach).   [26]) Im Wasser wachsendes Kraut; vergl. unten S. 208.   [27]) Mentha Pulegium L.   [28]) Curcuma Zedoaria
Rosc., deren Wurzel als lange Zittwerwurzel (Radix Zedoariae longa) in den Handel
kommt.   [29]) Die Rinde des Zimmtbaumes, Cinnamomum zeylanicum Blume und C.
Cassia Blume.   [30]) Ingwer, die Wurzel von Zingiber officinale Rosc.   [31]) Kostwurz,
die Wurzel von Costus speciosus Sm.   [32]) Die Wurzel von Rheum Rhaponticum L.;
„Radix Rhapontici".   [33]) Die Beeren von Piper nigrum L.; die vom Fruchtfleische
befreiten weissen Samen geben den weissen Pfeffer.   [34]) Wahrscheinlich die Wurzel
von Gentiana lutea L., jedenfalls von irgend einer Enzianart.   [35]) Die vor dem Auf-
blühen gesammelten und getrockneten Blumenknospen des Gewürznelkenbaumes,
Caryophyllus aromaticus L.   [36]) Most.   [37]) Marrubium vulgare L.; der gewöhnliche
Name ist Andorn.   [38]) Betonica officinalis L., Betonika.   [39]) Mohn.   [40]) Die Wurzel
von Alpinia Galanga Sw., Galgantwurzel; „Radix Galangae".   [41]) Feige; carica,
figa Sum. 61, 9.   [42]) Das Harz, „Myrrhe", von Balsamodendron Kataf Kunth.   [43]) Thus
masculinum war ein besonders geschätzter Weihrauch (CGL III: tus masculo tusbonum
595, 69; thus masculus idest thus bono 629, 64; tus masculi idest tus quod inarabia
nascitur 577, 36; libanus arianus (statt λίβανος ἄρρην). i . tusmasculum 566, 73).
Dioskorides sagt (1, 81), dass der Weihrauch in Arabien entstehe (γεννᾶται ἐν Ἀραβίᾳ)
und dass der männliche der beste sei (πρωτεύει δὲ ὁ ἄρρην).   [44]) Kochsalz   [45])
Glechoma hederacea L., Gundelrebe, die oben acer genannt wurde (Anm. 8); man
muss dann erd-ebuh lesen, wo das zweite Wort Epheu bedeuten kann (ephov hedera
ahd. Gl. 6, 32; edero ebov Vlt. S. 372; edera, ebhov Sum. 6, 67; edera, ebehowe
Sum. 61, 53), das Ganze also Erd-Epheu, Hedera terrestris; der letzte Name dient
sehr viel zur Bezeichnung der Gundelrebe.

# Anhang II.

## Die Pflanzennamen in der „Physica"

### der heiligen Hildegard.

Die heilige HILDEGARD stammt aus ritterlichem Geschlecht und wurde im Jahre 1098 zu Bechelheim an der Nahe geboren. Seit ihrem achten Jahre lebte sie im Kloster der Benedictinerinnen zu Disibodenberg, nahm hier später den Schleier und wurde 1136 zur Äbtissin eben dieses Klosters erwählt. 1148 bezog sie mit einigen ihrer Schwestern ein auf ihren Antrieb neu erbautes Kloster auf dem St. Ruprechtsberge bei Bingen, wo sie 1179 ihr Leben beschloss (nach Meyer III. S. 517).

Die gesammelten Werke der heiligen HILDEGARD sind vor kurzem in einer neuen Ausgabe als 197. Band der Patrologie[1]) erschienen. Diejenige Schrift, welche früher den Titel „Physica"[2]) führte, heisst jetzt: „Subtilitatum diversarum naturarum creaturarum libri novem", und füllt in der neuen Ausgabe die Columnen 1117—1352. Der Text ist von Dr. C. Daremberg, Bibliothekar an der Mazarinschen Bibliothek, nach einer Handschrift der kaiserlichen Bibliothek zu Paris redigiert und mit dem Text der Strassburger Ausgabe von 1533 verglichen worden: die Vorrede und die Anmerkungen mit der Deutung der Namen stammen von Dr. F. A. REUSS, ehemals Professor der Medicin in Würzburg. Es ist fraglich, ob nicht noch allerlei zu ändern und zu verbessern gewesen wäre, denn die neue Ausgabe von 1882 enthält nicht ganz wenig Druckfehler und wahrscheinlich auch nicht wenig Lesefehler. Die deutschen Wörter, und von denen giebt es recht viele, sind an manchen Stellen verlesen oder verschrieben, z. B. *berewurtz* (1, 135) neben *berlwurtz* in demselben Kapitel, während 3, 2 *berwurcz* steht; *stembrecha* (1, 136) neben *steinbrechen* (1, 68), und *steynbrecha* und *steinbrecka* (1, 162); *pruma* als Kapitelüberschrift und Anfangswort (3, 50) neben dem richtigen *pryme* etc. Hier könnte ein Germanist, der mit unseren Nutzpflanzen leidlich vertraut ist, sich noch grosse Verdienste erwerben;

---

[1]) Patrologiae cursus completus; series latina prior, accurante I. P. Migne. Tom. 197, Sancta Hildegardis Abbatissa. Paris 1882.

[2]) Physica S. Hildegardis. Elementorum, Fluminum aliquot Germaniae, Metallorum, Leguminum, Fructuum et Herbarum: Arborum, et Arbustorum: Piscium denique, Volatilium et Animantium terrae naturas et operationes IV Libris mirabili experientia posteritati tradens. Argentorati 1533. (Nach Meyer II, S. 271).

v. FISCHER-BENZON, altd. Gartenflora. 13

denn die Physica, die allerdings ein medicinisches Werk darstellt, enthält die Anfänge einer deutschen Pflanzen- und Thierkunde, und ist für die Geschichte unserer Nutzpflanzen ebenso wichtig, wie die sieben Bücher „de vegetabilibus" von ALBERTUS MAGNUS.

Eine Deutung derjenigen Pflanzennamen, welche in der Physica der heiligen HILDEGARD vorkommen, ist schon von SPRENGEL versucht worden (KURT SPRENGEL, Geschichte der Botanik, Bd. I, Altenburg und Leipzig 1817. S. 200—202); er legte jedoch dem Werke keinen besonderen Wert bei und seine Deutungen sind sämtlich ohne Begründung, lassen sich also kaum verwerten.

Von sehr viel grösserer Wichtigkeit sind die Deutungen, welche ERNST MEYER in seiner Geschichte der Botanik, Bd. 3, S. 524—536, veröffentlicht hat. Er hat allerdings den mangelhaften Text der Strassburger Ausgabe benutzen müssen, verfügte aber schon über sehr viel mehr Hülfsmittel als SPRENGEL zu Gebote standen: er konnte die gleich zu erwähnende Arbeit von REUSS benutzen und ausserdem eine grosse Anzahl von gedruckten Glossaren. Manche seiner Deutungen sind durch den besseren Text der neuen Pariser Ausgabe bestätigt worden.

Am eingehendsten hat sich wohl F. A. REUSS, Professor der Medicin an der Universität Würzburg, mit den Pflanzennamen der heiligen HILDEGARD beschäftigt. Zuerst in den „Analecta ad antiquitates florae Germanicae", die als Anhang seiner kleinen Schrift „Walafridi Strabi Hortulus". Würzburg 1834, hinzugefügt sind: auf S. 76—80 werden die Namen der Kräuter und Bäume aufgeführt und in Form von Anmerkungen werden die Deutungen gegeben, zum grössten Teile leider auch ohne Begründung, vielfach mit Anlehnung an SPRENGEL; darauf in einer mir nicht zugänglichen Schrift „De libris physicis S. Hildegardis, commentatio historico-medica, Wirceburgi 1835", deren Inhalt aber in die neue Pariser Ausgabe der Werke der heiligen HILDEGARD übergegangen ist. Diese neue Ausgabe kündigte MEYER in der Vorrede zum 4. Bande seiner Geschichte der Botanik als im Jahr 1857 bereits erschienen an: vielleicht ist die Ausgabe von 1882 ein Neudruck, und die oben gerügten Fehler sind dann diesem Neudruck zum grössten Teile zur Last zu legen. Die Deutungen von REUSS waren für die Zeit von 1857 als erschöpfend zu betrachten, man darf sich aber nicht wundern, wenn einige von ihnen sich mittlerweile als unrichtig erwiesen haben.

Die neuesten Deutungen erschienen im Jahre 1882, und zwar an einer Stelle, wo man sie kaum suchen würde. nämlich in „Analecta sacra spicilegio Solesmensi parata edidit Joannes Baptista Card. Pitra, Episcopus Tusculanus S. E. R. Bibliothecarius. Tom. VIII. Nova S. Hildegardis opera. Parisiis 1882"; Herr Bibliothekar Dr. Wetzel hatte die Freundlichkeit, mich auf dieses Buch aufmerksam zu machen. Hier spricht der Cardinal PITRA, S. 496, 497, von der unbekannten Sprache, in der die heilige HILDEGARD etwa 1000 Wörter. teils mit lateinischer,

teils mit deutscher Übersetzung niedergeschrieben hat, und auf S. 498
bis 502 giebt er unter dem Titel „S. Hildegardis Herbarium" die Deutung von 180 darin enthaltenen Pflanzennamen, so zwar, dass jede der
in 5 Columnen geteilten Seiten in der ersten Columne die Nummer enthält, welche der betreffende Name im Codex führt; in der zweiten die
lateinischen und deutschen Namen, welche denen der fremden Sprache
hinzugefügt sind (latina Hildegardis nomina); in der dritten die Namen
der fremden Sprache (lingua ignota); in der vierten die Deutungen des
Cardinals PITRA (recentiorum vocabula) und endlich in der fünften
Columne die Namen aus der neuen Pariser Ausgabe von 1882 (ex libro
subtilitatum etc.). Da die Namen der ersten Columne alphabetisch
geordnet sind, so ist ihre Durchsicht und Benutzung sehr erleichtert:
es kommen unter ihnen solche vor, die in der neuen Ausgabe fehlen
und teilweise sich nicht deuten lassen, teilweise aber eine wertvolle
Ergänzung zu den schon bekannten darbieten. Für die Deutungen (non
mediocris laboris fructus S. 496) ist die gleich zu erwähnende Arbeit
WILHELM GRIMMS benutzt, ausserdem aber natürlich auch, da die neue
Ausgabe der „Physica" in der Patrologie erwähnt wird, dasjenige, was
REUSS dieser Ausgabe hinzugefügt hat: im allgemeinen stimmen deshalb
diese Deutungen zu denen von REUSS.

Mit der „lingua ignota" der heiligen HILDEGARD hat sich schon
vor vielen Jahren WILHELM GRIMM beschäftigt: „Wiesbader Glossen"
in Moritz Haupt's Zeitschrift für deutsches Alterthum, Bd. 6, Leipzig
1848, S. 321—340. GRIMM behandelt nur 80 Pflanzennamen, No. 184
bis 263, S. 323, 324, und fügt den meisten eine eingehendere Erläuterung
hinzu. Über die „lingua ignota" urteilt er nicht sehr freundlich: er
hält sie für ein willkürliches Machwerk.

Für uns ist die „Physica" der heiligen HILDEGARD besonders
wichtig durch die zahlreichen darin vorkommenden deutschen Pflanzennamen. Diese finden sich namentlich in der Pariser Ausgabe und zwar
im ersten Buche „De plantis" und im dritten „De arboribus". In der
Strassburger Ausgabe war die Einteilung eine andere: daselbst wurden
(nach MEYER) die Kräuter abgehandelt in Buch 2, „De naturis et effectibus leguminum, fructuum et herbarum". die Bäume in Buch 3, „De
naturis et effectibus arborum arbustorum et fruticum, fructuumque eorundem." Diese Einteilung ist keineswegs strenge durchgeführt, es finden
sich sogar in jedem der beiden Bücher Dinge, die überhaupt nicht
hineingehören. Im Folgenden sind jedoch alle vorkommenden Namen
ohne Unterschied behandelt.

Um dem Leser die Übersicht möglichst zu erleichtern, ist die
alphabetische Reihenfolge gewählt: man reisst dadurch zwar vielfach
Verwandtes auseinander, aber das ist am Ende zu ertragen, um so mehr,
als in einer systematischen Anordnung viele Namen überhaupt nicht
unterzubringen gewesen wären. Im Folgenden bedeuten die nicht ein-

geklammerten Zahlen Buch und Kapitel der Pariser Ausgabe: kommt eine Pflanze in einem Kapitel vor, ohne in der Überschrift genannt zu sein, so ist die Nummer des betreffenden Kapitels in runde Klammern ( ) eingeschlossen: in eckigen Klammern [ ] stehen Buch und Kapitel der Strassburger Ausgabe. Die deutschen Namen, soweit ich sie erkennen konnte, sind *cursiv* gedruckt, die lateinischen g e s p e r r t.  An Abkürzungen sind ausser den schon bekannten noch die folgenden gebraucht:

Pitra ist den Pflanzennamen hinzugefügt, die in dem von Cardinal PITRA redigierten „S. Hildegardis Herbarium" vorkommen, und

Grimm denjenigen, die sich in den von W. GRIMM herausgegebenen „Wiesbader Glossen" finden.

Ein Verweisen von einem Namen auf den anderen liess sich nicht ganz vermeiden: in der Regel ist jedem Namen eine Deutung hinzugefügt, trotzdem aber auf die Stelle verwiesen, wo genauere Auskunft zu finden ist. Die ursprüngliche Einteilung in zwei Bücher, von denen eines die Pflanzen (Kräuter), das andere die Bäume behandelt, ist beibehalten worden, obgleich die heilige HILDEGARD selbst diese Einteilung sehr wenig strenge innegehalten hat. Dass eine und dieselbe Pflanze unter zwei verschiedenen Namen aufgeführt wird, ist eine Thatsache, die sich ausser bei der heiligen HILDEGARD bei fast allen Schriftstellern findet, die ihre Aufzeichnungen nicht durch ein Pflanzen-System kontrollieren konnten.

# Erstes Buch.
## Von den Kräutern (de plantis).

A b r o t a n u m (106, 126): [2, 117]: Artemisia Abrotanum L., Stabwurz; vergl. *Stagnwurtz.*

A b s i n t h i u m (109, 64); [2, 119]: Artemisia Absinthium L., Wermut; vergl. *Wermuda.*

A c e r Pitra: wahrscheinlich der lateinische Name von *Gunderebe*, das man vergleichen wolle.

A c e t u m 183: Essig, Weinessig (acetum vini est): weiterhin ist von einem *eszigkalp* die Rede, das im Essig liegt: hiermit sind wohl Algen- oder Pilzvegetationen in Essig gemeint.

*Ackelein* (210) und a c o l e i a 132, dasselbe wie

*Agleia* 132: [2. 140]: Aquilegia vulgaris L., Akelei.

A g r i m o n i a 114: (126; 3, 30): [2, 123]: Agrimonia Eupatorium L., Odermennig.

*Alant* 95: E n u l a [2, 67]: Inula Heleuium L., Alant.

A l e n t i d i u m 124: [2, 132]: ist dem Texte nach identisch mit *Gamandrea.* Teucrium Chamaedrys L., das auch heute noch Gamander heisst.

Allium 79: (63, 90): [2, 46]; Allium sativum L., Knoblauch.

Aloë 174 u. 224: (13); [3, 6]: Aloe vulgaris Lam., Aloe.

*Alslauch* 80; Aschalonia [2, 47]: ungewiss, vielleicht unsere Schalotte; vergl. S. 139.

*Amphora* 41: [2, 27]: Rumex Acetosa L., Sauerampfer: acidula *amphera* Sum. 60, 5 (11. Jahrh.): acitula *ampfro* Sum. 21, 15.

*Andorn* (174: 124), dasselbe wie

*Andron* 33: Marrubium [2, 82]; Marrubium vulgare L., Andorn; die Form *antron* kam schon oben S. 190 vor; auch findet sich marrubium *antron* unter den Glossen zum Macer (14. Jahrh.) bei Mone, Anzeiger zur Kunde der teutschen Vorzeit etc. Bd. 8, S. 97.

Anetum (67, 66): [2, 32]: Anethum graveolens L.; vergl. *Dille*.

Apiago (59); [2, 104]: Melissa officinalis L.; vergl. *Binsuga*.

Apium (69): [2, 34]: Apium graveolens L., Sellerie.

Aquileja Pitra: vergl. *Ackeleia*.

Aristologia longa (111) im Zusatz aus [2, 70]: (167): Aristolochia longa L.: im Text von 126 kommt aristologia allein vor.

Artemisia 107; [2, 71]: Artemisia vulgaris L., Beifuss: vergl. *Biboz*.

Arundo Pitra: Arundo Phragmites L., Schilfrohr.

Asarum 212: (66): [2, 167]: Asarum europaeum L., Haselwurz, die man vergleichen wolle: im Text von 114 steht aserum.

Aschalonia, *Alslauch* 80: [2, 47]: ungewiss, vielleicht unsere Schalotte; vergl. S 139.

*Astrencia* 167: [2, 161]: Imperatoria Ostruthium L., Meisterwurz; hiess im 16. Jahrhundert *Astrenz*, während Astrantia major L., die von den Vätern der Botanik Imperatoria nigra genannt wurde, *schwartz Astrenz* hiess: astricum *astrenza* Sum. 60, 32: ostricion *gerese* vel *ostriz* Sum. 66, 45.

*Attich* (120): Sambucus Ebulus L., Attich; vergl. *Hatich*.

Attriplex 104: [2, 115]: Atriplex hortensis L., Gartenmelde: vergl. *Melda*.

*Babela* 97: Malva [2, 107]; Malva silvestris L., Käsepappel; vor dem Genuss der rohen Pflanze wird gewarnt, „quia *slimecht* est“: gekocht dagegen als *mus* wird sie Leuten mit schwachem Magen empfohlen.

*Bachminza* (126: 67) und

*Bachmyntza* 75: [2, 41]: Mentha aquatica L., Bachminze: einmal *bacymntza*, einmal *bachmyntzta* und einmal *bachmyncza* geschrieben; Sisimbria bei Pitra kann zu dieser und der folgenden Pflanze als Synonym gezogen werden.

Balsamita 195: (3, 5): [2, 45]: Tanacetum Balsamita L., Frauenminze.

Balsamon 177: [3, 5]: echter Balsam, stammt vom Balsambaum, Balsamondendron gileadense Kunth.

Basilia (212): vielleicht Ocymum Basilicum L., Basilie. ebenso wie Basilica (126: 173; 3, 5).

Basilisca 230: wahrscheinlich eine Arumart. wie Arum italicum L.. das noch-heute im Elsass gebaut wird; vergl. S. 53.

*Bathenia* 128: Pandonia [2. 135]: Betonica officinalis L.. Betonie; diese sehr geschätzte Pflanze hat sehr vielfache Namensentstellungen erfahren: in 37 steht *bathenam,* in 3. 5 *bathemen* und *bachenia.*

Benedicta 163: [2. 162]: Geum urbanum L.. Benediktenkraut: bei ALBERTUS MAGNUS (6. 470) benedicta oder gariofilata.

*Beonia* 127: Dactylosa [2. 134]: Paeonia officinalis L.. Päonie; *bronia* paeonia ahd. Gl. 6. 33: in den Libris Dynamidiorum S. 456 (nach Meyer III. S. 496) wird Dactylus als Synonym von Paeonia genannt.

*Berewinka* Pitra: unbekannt. wenn es nicht pervinca. unser Immergrün sein kann.

*Bertram* 18: (144: 169): Piretrum [2, 21]: die Pflanzenglossare geben meist piretrum *bertram.* womit nichts anzufangen ist: der Name *Bertram* haftet an verschiedenen Pflanzen: Bertramswurzel. Radix Pyrethri. ist die Wurzel von Anacyclus officinarum Hayne; diese kann hier kaum gemeint sein. da Gesunden und Kranken empfohlen wird. *bertram* zu essen. doch kommt man zu keiner sicheren Entscheidung. weil die Bertramswurzel gebraucht wird. um Essig einen besseren Geschmack zu verleihen. Mit *Bertram* wird auch Chrysanthemum Parthenium Pers. bezeichnet. das auch *Mater* und *Metra* heisst: vergl. *Metra.*

*Berwurtz* 135; (3, 2): [2. 142]: Meum athamanticum Jacquin. Bärenwurz; Albertus Magnus (6. 272) nennt die Pflanze meu oder radix ursi: bei den Vätern der Botanik heisst sie *Bärwurtz.*

*Bibenella* 131: (3. 23); [2. 139]: Pimpinella Saxifraga L.. Pimpernell. Bibernell: im Text von 17 und 167 steht *bibinella* wie bei Pitra.

*Biboz* 107: Artemisia vulgaris L.. Beifuss.

*Binsuga* 59; Apiago [2. 104]; Melissa officinalis L.. Melisse.

*Bilsa* 110: [2. 120]: Hyoscyamus niger L.. Bilsenkraut: der lateinische Name dieser Pflanze war früher jusquiamus. eine Entstellung von ὑοσκύαμος. z. B. bei ALBERTUS MAGNUS (6. 362): jusquiamus. *bilisa* Sum. 62. 42: jusquiamus, *bilse* Sum. 57. 32.

*Birckwurtz* 166: [2, 167]: Tormentilla erecta L.. Blutkraut: im Texte steht: *birckwurtz* quae est *blutwurtz.*

Bisantia Pitra: unbekannt.

*Biwerwurtz* (146): Aristolochia Clematitis L.: vergl. *Bywerwurtz.*

Blandonia (123: 100); [2. 131]: Verbascum Thapsus L.: vergl. *Wullena.*

*Blutwurtz* (166): Tormentilla erecta L.; vergl. *Birckwurtz.*

*Boberella* 58: Physalis Alkekengi L.. Schlutte: der Name *Boberelle* findet sich in dieser Bedeutung noch bei HIERONYMUS BOCK, TABERNAE-MONTANUS etc.; lateinische Namen dieser Pflanze aus dem 16. Jahrhundert sind Halicacabum. Alkekengi und Solanum vesicarium.

Borith 201: [2.72]: eine saftreiche Pflanze, deren gequetschte Blätter gegen Augenleiden etc. empfohlen werden: ist nicht zu bestimmen: bei ALBERTUS MAGNUS (6. 396) wird eine Pflanze borith erwähnt, die zum Waschen von Leinen gebraucht werden kann: diese soll nach JESSEN Salsola fruticosa L. sein, die an den Küsten des Mittelmeeres wächst, bei der heiligen HILDEGARD also nicht gemeint sein kann.

Brachwurtz 54: (164: 166); Esula [2.100]: Euphorbia Esula L.; die Wurzel und deren Rinde war seit alten Zeiten officinell: „Radix et Cortex radicis Esulae s. Tithymali": unter demselben Namen gingen Wurzel und Rinde von Euphorbia Cyparissias L. — Eusole brachwrz Sum. 62. 7.

Bramber, wächst auf·

Brema 169: [2.177]: Rubus sp.. Brombeerbusch mit seinen Früchten.

Brionia (43); 204: [2, 87]; Bryonia sp., Zaunrübe: vergl. Stichwurtz.

Burnerasse 73: [2.39]: Nasturtium officinale R. Br., Brunnenkresse.

Burtel 74: Portulaca [2.40]: Portulaca sativa Haw., Portulak: portulaca burcella Sum 63. 42.

Butyrum 181: Butter: die Butter der Kühe wird als besser und gesunder bezeichnet als diejenige der Schafe und Ziegen.

Byverwurtz 146: Rustica [2.152]: Aristolochia Clematitis L.. Osterluzei (Entstellung aus Aristolochia): aristolocia biverwrz Sum. 21, 22: bei HIERONYMUS BOCK heisst sie Biberwurtz: der Name ist noch heute gebräuchlich. — Rustica ist eine ungewöhnliche Bezeichnung.

Calamentum (143): [2.149]: Nepeta Cataria L.. Katzenminze oder eine Art von Calamintha: vergl. Nebetta und S. 73 Anm. [1].

Camphora (112): Kampher: stammt von Cinnamomum Camphora Blume.

Cannabus (11.137): [2.16]: Cannabis sativa L.. Hanf: vergl. Hanf.

Cardo 228: [2.176]: unsicher: kann eine Distel oder distelähnliche Pflanze sein. auch die Weberkarde. Dipsacus fullonum L.. bei Pitra steht Kartdo.

Cardus. (99): [2.108]: tam lenis quam hirsutus: vergl. Distel.

Cardus niger (51); [2.98]: ein ungewöhnliches Synonym von Wulffesmilch, das man vergleichen wolle.

Carpobalsamum Pitra: Früchte des Balsambaums. Balsamondendron gileadense Kunth, die früher als Balsamkörner oder Carpobalsamum officinell waren.

Catzenzagel 216: Equisetum arvense L.. das noch im 16. Jahrhundert Katzenzagel hiess.

Caulis (84): [2.51]: Kohl: vergl. Kole.

Centaurea 125: [2.135]: Erythraea Centaurium Persoon. Tausendgüldenkraut: ist hier im weiteren Sinne zu nehmen, so dass die kleineren Arten mit einbegriffen sind: centauria. ertgdll Sum. 22, 5;

centauria maior. *jibererut* Sum. 56. 46: centauria minor. *ertgalle*
Sum. 56, 47.

**Cepe (83):** [2. 49]: eine Art Zwiebel: vergl. *Unlauch.*

**Cerifolium (70: 90):** [2. 35]: Anthriscus Cerefolium Hoffm.. Kerbel:
vergl. *Kirbele.*

**Chelidonia (138):** [2. 145]: Chelidonium majus L.. Schöllkraut: vergl.
*Grintwurtz;* im Text von 114 steht **Chelidonia major.** bei Pitra
**Celidonia.**

**Chinus** Pitra: ob **Cinus** gemeint sein kann. der spätlateinische Name
für die Kriechenpflaume, Prunus insititia L. ?

**Cicula (161):** [2, 159]: ein ungewöhnlicher Name für Salvia Sclarea L..
Muskatellerkraut: vergl. *Scharleya.*

**Cicuta** Pitra: Conium maculatum L.; vergl. *Scherling.*

**Cinnamomum (15):** vergl. Cynamomum.

**Cithysus (108):** [2. 118]: Synonym für Klee. ungewöhnlich: vergl. *Cle.*

**Citocatia (15. 133. 167 u. 3, 5):** [2, 141]: Euphorbia Lathyris L., vergl.
*Springwurtz.*

*Cltterwurtz* **albus (130);** vergl. *Sichterwurtz* **alba.**

*Cle* **108: Cithysus** [2, 118]: Trifolium pratense L., Wiesenklee: „ad
pascua pecorum utile.“

*Cletta* **98: Lappa** [2, 109]: Arctium Lappa L., Klette, sämtliche Arten
einbegriffen; lappa, *chletta* Sum. 22. 58; lappa, *cletto* Sum. 62, 51: eine
*Cletta* **maior** wird 60 erwähnt: bei Pitra steht *cletdo.*

**Consolida 145:** [2, 151]: Symphytum officinale L., Beinwell: Symphytum majus und Consolida major der Kräuterbücher: die Apotheken
führten bis auf die Gegenwart: Radix, Herba et Flores Symphyti s.
Consolidae majoris. Im Text von 126 und 140 steht **Consolida
major.**

*Cranchsnabel* **144;** [2, 150]: Erodium moschatum l'Héritier, Reiherschnabel;
acus muscata, *cranichsnabil* Sum. 53, 25: die getrockneten Blätter
wurden in den Apotheken als „Herba Moschatae s. Acus muscatae“
geführt.

*Crasso* **72: Nasturtium** [2, 38]: Lepidium sativum L., Gartenkresse:
bei Pitra steht *cresso.*

**Cristiana 28:** [2, 25]: von REUSS als Helleborus niger L., schwarze
Nieswurz, gedeutet: wahrscheinlicher ist es Orobus tuberosus L.,
der im Elsass heute noch Christianswurz heisst.

**Cubebo 26;** [2, 23]: die Beeren von Piper Cubeba Lin. fil., Cubeben.

**Cucurbita (87);** [2, 55]: Cucurbita lagenaria L., Flaschenkürbis; vergl.
*Kurbesa.*

**Cyminum (17);** [2. 20]: Cuminum Cyminum L., Kreuzkümmel; vergl.
*Kamel.*

**Cynamomum 20: (133):** [3. 2]: die Rinde von Cinnamomum zeylanicum Blume. Zimmt.

**Dactylosa** (127): [2, 134]: Paeonia officinalis L.: vergl *Beonia*.

*Dauwurtz* in der Kapitelübersicht als Titel von 53: nach JESSEN. Die deutschen Volksnamen der Pflanzen, Galeopsis Tetrahit L.

*Dauwurtz* 53: [2, 99]: *donerz* GRIMM 216: war nicht zu ermitteln.

*Denemarcha* 142: [2, 148]: Valeriana officinalis L., Baldrian: das Wort *Denemarcha* oder *Denmmarck* (TABERNAEMONTANUS). *denmarcka* bei Pitra, wird im 16. Jahrhundert noch vielfach für Baldrian gebraucht.

**Dictama** Pitra, **Dictamnus** (66: 115), dasselbe wie **Dictampnus** 115: (117): [2, 124]: Dictamnus albus L., Diptam.

*Dille* 67: (33, 90): **Anetum** [2. 32]: Anethum graveolens L., Dill.

*Distel*, tam laevis tam *stechelechter* 99: **Cardus** tam lenis quam hirsutus [2, 108]: diejenige Distel, welche laevis, „id est *ane stechel*," genannt wird, schadet und nützt gesunden Menschen nichts, wenn sie gekocht genossen wird: schwachen Menschen schadet sie sowohl roh wie gekocht. Hier darf man vielleicht an die Artischocke, Cynara Scolymus L., denken, von der es fast stachellose Rassen giebt. Nach dem Schlusse des Kapitels scheint der *stechelechter Distel* identisch zu sein mit *vehedistel*, unserer Mariendistel, Carduus Marianus L.

*Dolo* 52: **stignus** [2, 97]: nach JESSEN, Die deutschen Volksnamen der Pflanzen, Atropa Belladonna L., die Tollkirsche: **stignus** ist eine Entstellung von **strychnus**: wenn *dolo* nicht gebraucht wäre, so hätte man an Solanum nigrum L., den Nachtschatten, denken können; nach dem Text ist die als *dolo* bezeichnete Pflanze sehr giftig: die Deutung von JESSEN wird wohl richtig sein.

*Dornella* 160: (112); [2. 158]: Tormentilla erecta L.: vergl. S. 189, wo dieselbe Pflanze *turnella* genannt wird.

*Dorth* 227: [2, 176]: wahrscheinlich Lolium temulentum L., der Taumellolch, der bei TABERNAEMONTANUS *Dort* und *Durt* heisst: lolium, tord Sum. 49. 64.

*Dost* 112: (164): **Origanum** [2, 121]: Origanum vulgare L., Dosten.

*Dudelkolbe* 221: Typha sp., Rohrkolben.

*Dumi* Pitra: MEYER erwähnt (111, S. 531) ein *porrum concavum*, das im Text *dunıe* **porrum** genannt wird, daher vermutlich eine Art Zwiebel.

*Ebich* 140: [2. 146]: Hedera Helix L., Epheu.

**Ebulus** (120): 229; [2, 128]: Sambucus Ebulus L.: vergl. *Hatich*.

*Entiana* Pitra: vergl. **Gentiana**.

**Enula** (95): [2. 67]: Inula Helenium L.: vergl. *Alant*.

**Esula** (54: 222): [2, 100]: Euphorbia Esula L.: vergl. *Brachwurtz*.

*Erpere* 170: Fragaria vesca L., Erdbeere: *ertbere*-fragum ahd. Gl. 6. 19: fraga-*ertbere* Sum. 56. 76.

*Ertpeffer* 168: (3, 11): [2. 168]: Sedum acre L., Steinpfeffer: wird als Fiebermittel empfohlen: als solches hat er lange gedient.

**Euforbium** und **Euphorbium** (3, 5): vielleicht Euphorbia Esula L., vergl. *Brachwurtz*.

*Eyter nes:eln* (180): Urtica urens L., Brennnessel: heisst im 16. Jahrhundert noch *Eiternessel* und *Heiternessel* (TABERNAEMONTANUS).

Faba 7: [2,7]: Vicia Faba L., Grosse Bohne, Bufbohne.

*Farn* 47: Filix [2.92]: Polystichum Filix mas Roth, Wurmfarn. Wird als Mittel zur Bannung böser Geister und des Teufels gerühmt.

Febrifuga (111: 116): [2.125]: Chrysanthemum Parthenium Pers.; vergl. *Metra*.

Feniculum 66, ausserdem häufig: [3, 31]: Anethum Foeniculum L., Fenchel.

Fenugraecum 36: [2.84]: Trigonella Foenum graecum L., Griechisch Heu.

Ficaria 207: [2,164]: vielleicht Ranunculus Ficaria L., Feigwurz: ficaria, *ficwr:* Sum. 22, 34: der gewöhnliche Name der Feigwurz ist Chelidonia minor.

Filix (47): [2,92]: Polystichum Filix mas Roth: vergl. *Farn*.

Foenugraecum (13): vergl. Fenugraecum.

Frasica (44): [2,89]: unsicher: vergl. *Wuntwurtz*.

*Frideles auga* 134: nach GRIMM etwa die Pflanze, die man „Liebäugel" nennt. Myosotis sp., Vergissmeinnicht: wird als *unkrut* bezeichnet, „nec ad medicinam valet": bei Pitra steht *jrideles ocha*.

*Funfblat* 55: Quinquefolium [2.101]: Potentilla reptans L., Fingerkraut.

Fungi 172: Schwämme, Pilze; es werden verschiedene namhaft gemacht, aber die Arten zu bestimmen ist nicht möglich: die Pilze, welche auf der Erde wachsen (qui super terram nascuntur), sind dem Menschen nicht zuträglich, wohl aber solche, die auf stehenden oder liegenden Bäumen wachsen, denn diese sind etwas zur Speise tauglich (ad cibum hominis aliquantum boni sunt) und wirken zuweilen auch als Medicin. Der Pilz, der auf dem Walnussbaum wächst, dient als Wurmmittel; Pilze, die auf der Buche, dem Holunder, der Weide, dem Birnbaum und der Espe wachsen, dienen verschiedenen Zwecken.

Galanga (13: 126), oder

*Galgan* 13, ausserdem häufig: Galanga [2, 17]: Galgant, die Wurzel von Alpinia Galanga Sw.

*Gamandrea* 124: Alentidium [2,132]: Teucrium Chamaedrys L., Gamander: das Synonym Alentidium scheint sonst nicht vorzukommen.

Ganphora 40: [3,9]: Kampher, stammt von Dryobalanops Camphora Colebr.

Gariofiles 27: [2,24] oder

Gariofyli (126: 111), die getrockneten Blumenknospen, Gewürznelken, von Caryophyllus aromaticus L.: vergl. *Nelchin*.

*Garwa* 113: Millefolium [2,122]: Achillea Millefolium L., Schafgarbe.

G e l i s i a (152): [2, 153]; führt den deutschen Namen *nyesewurtz* und wird als Mittel gegen *gicht* und *gelsucht* empfohlen; vergl. *Nyrsewurtz*.

*Gensekrut* 149; nach dem noch heute gebrauchten Namen Potentilla anserina L.; wird als *unkrut* bezeichnet; die Apotheken führten davon Radix et Herba Anserinae s. Argentinae.

G e n t i a n a 31: [2, 80 bis]; irgend eine Enzianart, vielleicht Gentiana cruciata L.

*Gerla* 199; [2, 62]; da *gerla* anklingt an Gierlein, Görlin, Gerlin. Namen der Zuckerwurzel, Sium Sisarum L., so hat man es als diese deuten wollen, vielleicht mit Recht; wahrscheinlich gehört hierher *girol* bei Pitra.

*Gingebern* Pitra; Ingwer; vergl. *Ingeber*.

G l a d i o l a (118); [2, 127]; g l a d i o l u s Pitra; der lateinische Name für die gebrauchten Irisarten; vergl. *Swertula*.

*Grensing* 147; *grensich* Pitra; *grensinc*-potentilla ahd. Gl. 21, 19, und potentilla, *grensine* Sum. 23, 25; da die Apotheken das Kraut von Potentilla argentea L., als Herba Argentinae s. Potentillae führten, so kann Potentilla argentea L. recht wohl gemeint sein; Potentilla anserina L. wird übrigens heute auch noch Grensing genannt.

Es giebt noch eine Pflanze, die *grensinc* genannt wurde, nämlich die Seerose, Nymphaea alba L.; *grensinc*-Nymphaea cet. ahd. Gl. 6, 31; nimphea, *grensinc* Sum. 23, 11; nimphea. *grensing* Sum. 63, 18; jedoch scheint diese nach den Worten der heiligen HILDEGARD ausgeschlossen zu sein.

*Grintwurtz* 138; U h e l i d o n i a [2, 145]; Chelidonium majus L., Schöllkraut; der Name *Grintwurtz* ist für diese Pflanze nicht mehr gebräuchlich (heute versteht man darunter die Wurzel von Rumex obtusifolius L.), kommt aber in alten Zeiten auch sonst vor: *scellinwrz* vel *grintwrtz*-Chelidonia major, ahd. Gl. 6, 32.

*Gunderebe* 105; (139); Glechoma hederacea L., Gundermann, Gundelrebe; der alte lateinische Name dieser Pflanze war a c e r: *gundereba*-Acero vel acer ahd. Gl. 6, 34; acer, *gundereba* Sum. 60, 7; acro, *gunderebe* Sum. 21, 14; acer, *gundram* Sum. 53, 33 und sonst.

*Hanff* 11; *hanif* Pitra; C a n n a b u s [2, 16]; Cannabis sativus L., Hanf.

*Hartenauwe* 222; Hypericum perforatum L., Hartheu; *harthov*-Hypericum ahd. Gl. 7, 2; *hardenhouue*-Hypericum ahd. Gl. 21, 23; ipiricum, *hardenhowe* Sum. 62, 36; ipericon, *haternowe* Sum. 57, 29.

*Hartz* 187; stammt von verschiedenen Nadelhölzern.

*Haselwurtz* 48; [2, 95]; *hazelwrz* Pitra; Asarum europaeum L., Haselwurz.

*Hatich* 120; E b u l u s [2, 128]; Sambucus Ebulus L., Zwergholunder; der gewöhnliche Name ist Attich; im Text selbst kommt *atich* vor: *here atich*.

H e r b a A a r o n 49; [2, 96]; Arum maculatum L., Aronsstab, Aron.

Herba *Gicht* 153: [2. 154]: die Strassburger Ausgabe hatte hier *githerut*, wie noch in der neuesten am Ende von Cap. 13 steht; es giebt so viele Kräuter, die als Heilmittel der Gicht angesehen wurden, dass man auf eine bestimmte Wahl verzichten muss.

Hermodactylus (46): [2, 91]: Colchicum autumnale L., Zeitlose; vergl. *Heylheubt.*

*Heydelbere* (171), unsere Heidelbeere, Vaccinium Myrtillus L.: vergl. *Waltbere.*

*Heylheubt* 46: Hermodactylus [2, 91]: Colchicum autumnale L., Zeitlose: *heilhoebito*-Hirmendactila ahd. Gl. 7, 5; *heilhoibedo*- Hermodactilus. i. e. allium agreste, also wilder Lauch: dieselbe Bezeichnung kommt im CGL. III vor, z. B. ermodactulus alius agrestis 589, 66; hirmendactilica, *heilhoebeto* Sum. 62, 26; ermodactili, *huntlocch* Sum. 62, 8; ermodactoli, *citelose* Sum. 56, 64; ermodactilus, *citlose* Sum. 22, 14.

*Hirceswurtz* 213: Peucedanum Cervaria Cuss., deren Wurzel noch heute Hirschwurz heisst.

*Hirces kunga* Pitra: ob *hirces zunga?* vergl. *Hirtzunge.*

*Hirs* 9: Panicum miliaceum L., Hirse: kommt noch einmal, 193, unter dem Namen Milium vor.

*Hirtzswam* 34: Elaphomyces granulatus Fries, Hirschbrunst, Hirschbrunstkugelschwamm; Boletus cervinus der Apotheken.

*Hirtzunge* 30: Scolopendria [2, 81]: Scolopendrium vulgare Sm., Hirschzunge: Scolopendrium und Lingua cervina der Apotheken.

*Honigwurtz* (60) und sonst häufig, *hunigwurtz* (40), *huneckwurtz* (37), der deutsche Name von Liquiricium, das man vergleichen wolle.

*Hoppho* 61: Humulus [2, 74]; Humulus Lupulus L., Hopfen; schützt durch seine Bitterkeit die Getränke, denen er zugesetzt wird, vorm Verderben: 3, 27 wird angegeben, wie man Bier aus Hafer, *hoppen* und Eschenblättern brauen müsse.

Hordeum 4: [2. 4]: Hordeum vulgare L., Gerste.

*Huflatta* major 210: [2. 169]: Petasites officinalis Mönch, Pestilenzwurtz; im Text vom Cap. 195 heisst die Pflanze *huflatich* major; bei Pitra steht *huflatdecha.*

*Huflatta* minor 211: [2. 170]: Tussilago Farfara L., Huflattich.

Humela 50: (212): [2. 94]: scheint nicht mit Humulus identisch zu sein und ist unsicher: Sum 9. 58 steht Humula. *alant*, aber es ist sehr zweifelhaft, ob hier überhaupt eine Pflanze gemeint ist.

Humulus (61): [2. 74]: Humulus Lupulus L., Hopfen: vergl. *Hoppho.*

*Hunsdarm* 151: [2. 173]: darf man wohl ohne Bedenken als unser Hühnerdarm, Alsine media L., nehmen.

*Husmosz* und *husmnosz* (115): irgend ein auf Dächern wachsendes Moos, oder eine daselbst wachsende Flechte.

*Huszwurtz* 42: Sempervivum tectorum L., Hauslauch: der Schluss des Kapitels stimmt überein mit Cap. 203, das die Überschrift Semperviva trägt.

*Hymelsloszel* 209; [2. 166]: Primula officinalis Jacq. od. P. elatior Jacq., Himmelsschlüssel. Schlüsselblume.

**Hyssopus** 65; (15. 115. 169); [2, 30]: Hyssopus officinalis L., Ysop; im Text wird der Name **Ysophus** und **Yssopus** geschrieben: im Text von 104 steht **ysopa**.

*Ingeber* 15: **Zinziber** [2. 19]: Amomum Zingiber L.. Ingwer.

**Irs Illyrica** (67): wahrscheinlich Iris florentina L.. deren Wurzel als Veilchenwurzel bezeichnet wird; hier ist auch nur von der Wurzel, **Radix irs Illyricae**, die Rede.

**Juncus** 158: vielleicht Butomus umbellatus L.. Wasserveilchen, oder Scirpus lacustris L., Seebinse: von der ersteren führten die Apotheken Radix et Semina Junci floridi, von der letzteren Radix Junci maximi.

*Kappus* (84), Bezeichnung für unseren „Kopfkohl".

*Kicher* 190; [2, 10]: *Kichera* Pitra: Cicer Arietinum L., Kichererbse.

*Kirbele* 70: *Kirvela* Pitra: **Cerifolium** [2, 35]: Anthriscus Cerefolium Hoffm., Kerbel.

*Kole* 84: **Caulis**, et *Wendelkoel*, et **rubeae caules** [2, 51]: Brassica oleracea L.: es werden ausser *kappus* noch mehr Rassen genannt: *kochkole* und *weydenkole*: was *weydenkole* und das *wendelkoel* der Strassburger Ausgabe bedeuten sollen, ist unklar, um so mehr, als hier falsche Lesarten oder Schreibarten vorzuliegen scheinen: die Erwähnung des Rotkohls, **rubeae caules**, ist immerhin zu beachten.

*Kranchsnabel* (144: 155), vergl. *Cranchsnabel*.

*Kumel* 17: **Cyminum** [2, 20]: Cuminum Cyminum L.. Kreuzkümmel.

*Kurbesa* 87: **Cucurbita** [2, 55]: Cucurbita lagenaria L., Flaschenkürbis.

**Lac** 180: Milch von Kühen, Ziegen und Schafen.

**Lactucae** (90): [2, 60]: Lactuca sativa L., Salat: vergl. *Latich*.

**Lactucae agrestes** 91: 198: [2, 61]: da der Genuss dieses Krautes den Menschen *unsinnig* machen soll, so kann hier der in den Rheingegenden vorkommende Giftlattich, Lactuca virosa L., recht wohl gemeint sein.

**Lactucae silvestres** (92); [2, 63]: Lactuca Scariola L.: vergl. *wilde Latich*.

**Lanaria** (68), Synonym von **Blandonia** und *wullena*. die man vergleichen wolle.

**Lapacium** Pitra: wahrscheinlich Rumex obtusifolius L., dessen Wurzel ebenso wie die einiger anderer Rumexarten als Radix Lapathi acuti officinell war.

**Lappa** (98): [2, 109]: Arctium Lappa L., Klette: vergl. *Cletta*.

*Latich* 90: **Lactucae** [2, 60]: Lactuca sativa L.. Salat, Kopfsalat; hier wird von *Latich* **domesticae** geredet und empfohlen, dem Salat Dill, Essig und Knoblauch hinzuzufügen.

*Latich, wilde* 92: **Silvestres lactucae** [2, 63]: Lactuca Scariola L., wilder Lattich.

*Lauch* (81): Porrum [2, 48]: Allium Porrum L., Porree. Dieselben Namen wiederholen sich in 82, nur bildet Lauch hier die Überschrift:

*Lauch* 82: Porrum [2, 50]: omnis *lauch* qui cavus est [a]ut *hol*, ut *surige* et *prieslauch* et *planza* et similes: hier sind Laucharten gemeint, die sich durch röhrige oder hohle Blätter auszeichnen: eine solche ist schon als *Ablauch* namhaft gemacht, Cap. 80, eine andere folgt in Cap. 83 unter dem Namen *Unlauch* oder Cepe: man kann also an dieser Stelle seiner Phantasie etwas freien Lauf lassen. Zunächst ist jedoch zu bemerken, dass über *surige* gar nichts bekannt ist. *Prieslauch*. das auch in Cap. 104 vorkommt, bedeutet den Schnittlauch, Allium Schoenoprasum L., der noch heute an vielen Orten Brisslauch oder Brieslauch heisst. *Planza* ist unbestimmt, kann sowohl Zwiebel wie Schnittlauch bedeuten: cepae, *phlanze* vel *snitelovch* Vlt. S. 370: cepa. *lovch*; cepe, *phlanza* Prag. Gl. S. 470: cepe, *phlanze* vel *snitlovch* Sum. 4, 6.

Lavendula 35: [2, 83]; *lavendela* Pitra: Lavandula Spica L.. Lavendel.

Lens 8: (13): [2. 8]: lenis Pitra; Ervum Lens L., Linse.

Levisticum (139: 66): [2. 36]: Levisticum officinale Koch, Liebstöckel; vergl. *Lubestuckel*; im Text von 100 steht libisticum.

*Lilun* 62: [2. 106]: könnte die weisse Lilie sein, die im Cap. 23 als lilium vorkommt: das Wort *lilun* scheint sonst nicht vorzukommen: dagegen findet sich *liela: liela*-Vitisalba ahd. Gl. 22, 39: vitis alba. *liela* Sum. 64, 12: vitis alba ist aber die Zaunrübe, Bryonia.

Lilium 23: [2, 77]: Lilium candidum L., weisse Lilie.

*Linsamo* 150: [2, 15]: Leinsamen. kommt noch einmal in Cap. 194 als Semen Lini vor: Samen von Linum usitatissimum L.

Liquiricium 19 und sonst häufig: [2, 22]: die Wurzel von Glycyrrhiza glabra L., Süssholzwurzel, Radix Liquiritiae: kommt vielfach unter dem deutschen Namen *Honigwurz* vor: bei Pitra steht Liquaricia.

*Lubestuckel* 139: Levisticum [2, 36]: Levisticum officinale Koch. Liebstöckel: Pitra hat Lubisticum.

*Lungwurtz* (126), *Laucherz* Pitra, dasselbe wie

*Lunckwurcz* 29: [2. 80]: Pulmonaria officinalis L., Lungenkraut.

Malva (97): [2. 107]; Malva silvestris L.: vergl. *Babela*.

Mandragora 56: [2, 102]: Mandragora vernalis Bert. und verwandte Arten. Alraun, Alraunwurzel: vergl. Verhandlungen d. Berliner anthropol. Gesellschaft für 1891, S. 726—746.

Marrubium (33: 63): [2, 82]: Marrubium vulgare L.; vergl. *Andron*. *Matru* Pitra; dasselbe wie *Metra*, das man vergleichen wolle.

Mel 178: Honig.

*Melda* 104: Attriplex [2. 115]: Atriplex hortensis L., Gartenmelde. *Menewa* Pitra: vergl. *Menua*.

Menna 102: [2. 113]; wahrscheinlich verschrieben für *menua*, das man vergleichen wolle.

Mentha magna et minor. (76 u. 77): [2. 42 u. 43]: vergl. *Myntze* major und minor.

*Menua* 102, (130): [2. 113]: möglicherweise ist *Menua* oder *Menva* identisch mit der Menwel- oder Mengelwurtz bei HIERONYMUS BOCK. TABERNAEMONTANUS etc.: dann wäre es Rumex obtusifolius L., stumpfblättriger Ampfer.

*Meranda* 184: eine Wein- oder Bierkaltschale.

*Merlinsen* 220. (15): unsere Wasserlinsen oder Entenflott. Lemna sp.

*Merrech, Merrich, Merredich* 119: Raphanum [2. 59]: Cochlearia Armoracia L., Meerrettich.

*Metra* 116: Febrifuga [2. 125]; Chrysanthemum Parthenium Pers., Mater. Bertram.

*Meygelana* oder *Meygilana* 159: [2. 157]: ist nicht zu ermitteln gewesen: derselbe Name kommt 6. 71 unter den Vögeln (fliegenden Thieren) vor.

Milium 193: [2. 13]: Panicum miliaceum L., Hirse.

Millefolium 113, (66. 111. 126): [2. 122]; Achillea Millefolium L., Schafgarbe: vergl. *Garwa*.

*Mimewrz* Grimm und Pitra: vielleicht dasselbe wie *Menua*.

Mirrha oder Myrrha 176: [3. 7]: Myrrhe. Harz von Balsamodendron Kataf Kunth.

*Mistel* (3. 2): *birbaumes mistel;* Viscum album L., Mistel: viscum piri [3. 20].

*Morkrut* 148: Pastinaca 200: [2. 66]: Pastinaca sativa L., Pastinak.

*Mose* 3, 57: Flechten und Moos auf Baumstämmen.

Musetha 165: nicht zu ermitteln.

*Musore* 117: Pilosella [2. 126]; Hieracium Pilosella L., Habichtskraut: die Apotheken führten Herba et Flores Pilosellae s. Auriculae muris.

*Myntza* major 76: Mentha; quae magna [2. 42]: wahrscheinlich eine kultivierte Form. Krauseminze.

*Myntza* minor 77: Mentha minor [2. 43]; wahrscheinlich Mentha arvensis L., Ackerminze.

Myrrha, Myrrhe. vergl. Mirrha.

*Nachtschade* 121: *Natzeado* Pitra: Solatrum [2. 129]: Solanum nigrum L., Nachtschatten.

Nasturtium (72): [2. 38]: Lepidium sativum L., Gartenkresse; vergl. *Crasso*.

*Nebetta* 143. (142); Calamentum [2, 149]; Nepeta Cataria L., Katzenminze, oder eine Art von Calamintha.

*Nelchin* 27. (21), (3. 53); Gariofiles [2, 24]; Gewürznelken. die getrockneten Blumenknospen von Caryophyllus aromaticus L.

*Nessewrz* Pitra: vergl. *Nyesewurtz*.

*Nimmolum* (15): [2.19]: soll einer Medicin zugesetzt werden. wenn es an weissem Pfeffer fehlt: unbekannt.

Nimphia oder Nimphya 215: die nymphaea der Alten ist unsere weisse Seerose, Nymphaea alba L.: das Wort nymphaea änderte aber später seine Bedeutung und diente zur Bezeichnung von im Wasser liegenden Pflanzen: nimfea erba longa flos ejus purpureus est CGL III 593, 7: ähnlich 614, 55 und 626, 65; die rote Blume lässt sich als diejenige von Polygonum amphibium L. deuten. — Die weisse Seerose hiess im Mittelalter nenuphar.

Nux muscata 21, (13, 212): [3, 2]: Nuzmuscata Pitra: Muskatnuss. Samen von Myristica moschata L.

*Nyesewurtz* 152: Gelisia [2, 153]: den deutschen Namen würde man ohne Bedenken als weisse Nieswurz oder Germer, Veratrum album L., nehmen können: einige Bedenken verursacht aber der lateinische Gelisia: *nessiwrz*-Gelisia ahd. Gl. 7, 3: gelisia, *nessewrz* Sum. 62, 21: *nessiwrz* - Sprintilla ahd. Gl. 23, 17: sprintilla vel celia, *niesewurz* Sum. 40, 27: sprintilla, *nieswrz* Sum. 23, 49: es liegt also die Möglichkeit vor, dass Gelisia Nieswurz bedeutet, und dass *nessiwrz* und *nessewrz* einem Schreibfehler ihre Entstehung verdanken.

Origanum (112, 13, 63): [2, 121]: Origanum vulgare L., Dosten: vergl. *Dost.*

Ova 185: Eier verschiedener Art.

Pandonia (128: 195): [2, 135]: Betonica officinalis L.: vergl. *Bathenia.*

Papaver 96: Papaver somniferum L.. Mohn.

Pastinaca 200: [2, 66]: Pastinaca sativa L.. Pastinak: vergl. *Morkrut.*

*Pefferkrut* 38, (3, 2 u. 3, 3): [2, 26]: Lepidium latifolium L.. Pfefferkraut; scheint gleichbedeutend zu sein mit *Pfeffertruch* (13).

Pepo [2, 56]; Cucumis Melo L.. Melone; fehlt in der neuen Ausgabe.

Petroselinum 68: [2, 38]; Petroselinum sativum Hoffmann. Petersilie.

*Pfeffertruch* (13) und

*Pheffererut* Pitra: vergl. *Pefferkrut.*

Pilosella (117, 66): [2, 126]: Hieracium Pilosella L.: vergl. *Musort.*

Piper 16, (3, 5) [3, 4]; die Beeren von Piper nigrum L., schwarzer Pfeffer.

Piper album (13, 15, 111), weisser Pfeffer, heissen die vom Fruchtfleische befreiten Beeren des schwarzen Pfeffers.

Piretrum (18: 13): [2, 21]: mehrdeutig. vergl. *Bertram.*

Pisa 6. (13): [2, 6]: Pisum arvense L.. Erbse.

Plantago (101), (3, 5): [2, 112]: Plantago major L.: vergl. *Wegerich.*

*Planza* (82): eine Art Lauch; vergl. unter *Lauch.*

Plionia 225; [2, 171]; wahrscheinlich verschrieben für Peonia. was auch aus der beschriebenen Anwendung zu folgen scheint; vergl. *Beonia.*

Poleya 126, (161): [2, 68]: Mentha Pulegium L., Poleiminze.

Polypodium 205. (13, 113, 114, 126); Polypodium vulgare L.: die Wurzel, Radix Polipodii der Apotheken, wird Engelsüss genannt; vergl. *Steinfarn.*

Porrum 81. [2.48] und (82). [2,50]: Porree und Lauch: vergl. *Lauch.*

Portulaca (74); [2.40]: Portulaca sativa Haw., Portulak; vergl. *Burtel.*

*Prieslauch. Prieselauch* (82), (104): *Priseloch* Pitra: unser Schnittlauch; vergl. unter *Lauch.*

*Psaffo* 208: ganz unbekannt.

Psillium 24; [2.78]: Plantago Psyllium L. oder P. arenaria W. K.; die Samen dieser Pflanzen kamen als Flohsamen, Semen Psyllii, in den Handel.

*Quenula* 32. (129, 130): Serpillum [2.81 bis]: Thymus Serpyllum L., Feldthymian, Quendel.

Quinquefolium (55): [2.101]: Potentilla reptans L., Fingerkraut: vergl. *Funffblatt.*

Radix (89); [2.58]: Raphanus sativus L., Rettich; vergl. *Retich.*

Rapa (88): [2.57]: Brassica Rapa L., weisse Rübe: vergl. *Ruba.*

Raphanum (119), (195): [2.59]: Cochlearia Armoracia L., Meerrettich: vergl. *Merrech.*

*Rasela* 226; [2.174]: im Text steht einmal *Razela;* im westlichen Deutschland wird Rhinanthus Crista galli L., unser Klapper oder Klappertopf, Rassel genannt: man darf daher wohl diese Pflanze als die gemeinte annehmen.

*Ratde* 12: Zizania [2.64]: die angeführte Pflanze ist giftig, aber dem Vieh nicht weiter schädlich: als Fliegengift wird sie schliesslich genannt: der deutsche Name bedeutet nach GRIMMS Wörterbuch Unkraut überhaupt, der lateinische (oder griechische, ζιζάνιον) wird vorzugsweise auf Lolium temulentum L., den Taumellolch, angewendet; dieser dürfte daher gemeint sein: *ratin-*Zizania vel lolium ahd. Gl. 7, 34: lolium, *raten* Sum. 11. 13; lolium *rade* Sum. 66. 23.

*Retich* 89; *Rahdich* Pitra: Radix [2.58]; Raphanus sativus L., Rettich.

Reumatica Pitra: wird Sum. 23, 36 und 63, 51 mit *chranchesnabel* und *cranechesnabel* übersetzt: vergl. *Cranchsnabel.*

*Reynfan* 111: Tanacetum [2.70]; Tanacetum vulgare L., Rainfarn.

*Rifelbere* 219. (111): ist nicht sicher zu bestimmen; wenn es eine Beere ist, die mit einem besonderen Instrument „Rifel" (vielleicht Rechen oder Kamm) gepflückt wird, so kann es die Heidelbeere sein.

*Ringella* (122), [2.130] und

*Ringula* 122; Calendula officinalis L., Ringelblume; im Text kommt *ringeln* als Genitiv Pluralis vor.

*Risza* und *Riza* 164: Rubea [2.163]; entweder eine Art von Galium, wie Galium Aparine L., das zuweilen als Rubea minor bezeichnet wird (Königsb. und Colm. Glossar), oder auch die Färberröte (S. 82); die Bezeichnung *risza* ist sonst nicht bekannt.

*Ritgras* Pitra; eine Carexart. Riedgras.

*Roemesgrasz* (85): [2, 52]; nicht zu ermitteln: vergl. *Wiszgrasz*.

*Roemische* Mentha (78); |2. 44|; und *Romische Myntza* (78). *Romisch-myntza* (175). *Romesseminza* Pitra, dasselbe wie *Rossemyntza*, das man vergleichen wolle.

Rosa 22: [2. 76]: Gartenrose überhaupt, Rosa gallica L. etc.

*Rossemyntza* 78: Mentha silvestris L., wilde Minze: *Wildeminsa* Pitra; sie kommt in vielfachen Abänderungen vor, von denen einige als Herba Menthae equinae und Herba Menthae romanae officinell waren; den Namen Mentha equina allein führte früher auch die Ackerminze. Mentha arvensis L., den Namen Mentha romana auch die Frauenminze, Tanacetum Balsamita L.

*Ruba* 88; Rapa [2. 57]: Brassica Rapa L., weisse Rübe.

Rubea (164); [2, 163]; vielleicht Galium Aparine L., das Lab- oder Klebkraut; vergl. *Risza*.

Rustica (146); |2, 152|: Aristolochia Clematitis L., Osterluzei; vergl. *Bywerwurtz*.

Ruta 64. (15, 111, 195); [2, 29]; Ruta graveolens L., Raute, Weinraute.

Sal 182; [1, 3|; Kochsalz.

*Salbeia* Pitra, dasselbe wie

Salvia (63) und sonst mehrfach: [2, 28]; Salvia officinalis L., Salbei; vergl. *Selba*.

Sarco Pitra, unbekannt.

Sanicula 45: [2, 90]; Sanicula europaea L., Sanikel.

*Sanikela* Pitra; der deutsche Name von Sanicula europaea L.

Satereia 155, [2, 156]; Saturea Pitra: Satureja hortensis L., Saturei, Bohnenkraut.

Saxifrica (136), (13, 68); [2, 143]; Saxifraga granulata L., Steinbrech; vergl. *Steinbrecha*.

Scamphonia (214); [2, 172|; dasselbe wie

Scampina 214: wahrscheinlich die Wurzel der weissen Nieswurz, Veratrum album L., die von HIERONYMUS BOCK Scampanierwurzel genannt wird, im Kräuterbuch von MATTIOLI Scampanienwurzel. bei TABERNAEMONTANUS (nach C. BAUHIN) Schampanienwurzel, und die noch heute Schampanierwurz heisst; elleborum, *scamponie* Sum. 66, 14; elleborum nigrum. *snart scamponie* Sum. 66, 15.

Scavina Pitra; unbestimmt; ob zum Vorhergehenden?

*Scharleya* 161; Cicula [2, 159|; Salvia Sclarea L., Muskatellerkraut, Scharlachsalbei.

*Scherling* 34; |2, 85|; Conium maculatum L., gefleckter Schierling; κώνειον der Griechen, cicuta der Römer; die Blätter gingen früher als Herba Cicutae.

*Selba* 63; |2, 28|; Salvia officinalis L., Salbei.

Semen lini 194; [2, 15]; der Same vom Flachs, Linum usitatissimum
L.; vergl. *Linsamo*.

Semperviva 203: [2, 86]: Sempervivum tectorum L.: vergl. *Huszwurtz*.

*Senff* herba 93; Sinapis [2, 64]: Sinapis alba L., weisser Senf, dessen
Blätter früher gegessen wurden; vielleicht auch Sinapis arvensis L..
Ackersenf.

Serpillum (32): [2. 81 bis]: Thymus Serpyllum L., vergl. *Quenula*.

*Sewwurtz* (63); ganz unsicher: bei TABERNAEMONTANUS heisst Scrophu-
laria nodosa L.. Sewwurtz; es giebt aber noch mehr Pflanzen, die
auch so heissen: die Wurzel der weissen Nieswurz heisst heute noch
Sauwurz.

*Sichterwurtz* 129 und 130, hiess in der Strassburger Ausgabe *cittervurtz*
und wurde als eine Art von Rumex gedeutet; Rumex heisst auch bei
TABERNAEMONTANUS Zitterwurtz. Die neue Lesart *sichterwurtz*
und die Lesart *sitderwrz* bei Grimm und Pitra macht diese Deutung
unwahrscheinlich. Vielleicht haben wir es hier mit einem vergessenen
Wort zu thun. In den Glossaren des CGL III finden wir eleborus
niger *siterus* 589, 73. fast ebenso 611, 33 und 623, 35; siterus ist
aber kein lateinisches Wort; ferner: *sitirwrz*-Elleborum nigrum ahd.
Gl. 6, 27; *sittiiwurz* elleborum, Graff Spr. 6, 168, worauf Grimm
schweigend verweist; elleborum nigrum, *suterwrz* Sum. 22, 26. Nimmt
man einen Zusammenhang zwischen den angeführten Worten an, der
keineswegs ausgeschlossen ist, so würde *Sichterwurtz* Nieswurz bedeuten, und wir hätten dann

*Sichterwurtz* nigra 129; [2, 136]; Helleborus niger L., schwarze Nieswurz.

*Sichterwurtz* alba 130; [2, 137]; Veratrum album L., weisse Nieswurz.

Siligo 2; [2, 2]; Secale cereale L., Roggen.

Sinape 94, (15); [2, 65]; Senfkörner, die Samen von Sinapis nigra L.,
Semen Sinapis der Apotheken.

Sinapis (93); [2, 64]; Sinapis alba L.; vergl. *Senff* herba.

Sinza Pitra; unbekannt.

Sisimbria Pitra; vergl. *Bachmyntza*.

*Sitderwrz* Grimm und Pitra; vergl. *Sichterwurtz*.

*Smergela* Grimm und Pitra; nach Grimm heisst Ranunculus Ficaria L.
noch heute in einigen Gegenden „Smergel".

*Snideloch* Pitra; Allium Schoenoprasum L., Schnittlauch; vergl. *Fries-
lauch*.

Solatrum (121); [2, 129]; Solanum nigrum L., vergl. *Nachtschade*.

Solsequium (60); [2, 105]; Cichorium Intybus L.; vergl. *Sunnewirbel*.

Spelta 5; [2, 5]; Triticum Spelta L., Spelt oder Spelz.

*Spelza* Pitra; der deutsche Name der vorhergehenden Pflanze Spelta.

Spica 25, 202, (13); [2, 79]; wahrscheinlich der untere Teil des Stengels
von Nardostachys Jatamansi DC., der als Spica Nardi s. Nardus

14*

indica früher ein berühmtes Heilmittel war. jetzt aber kaum noch vorkommt; er gleicht etwas einem borstigen Schweif; spica. *nardispic* Sum. 58. 52; spica nardi. *kattenstert* Sum. 66. 18; diese Deutung wird bestätigt durch Spica nardus bei Pitra.

*Springwurtz* 133, (37), (3.5); Citocatia [2. 141]; Euphorbia Lathyris L., kreuzblättrige Wolfsmilch.

*Stagwurtz* 106; Abrotanum [2. 117]; Artemisia Abrotanum L.. Eber-raute, Stabwurtz.

*Steinbrecha* 136, (68). (162); Saxifrica [2. 143]; Saxifraga granulata L.. körniger Steinbrech; die Zwiebelchen, früher Samen genannt, waren ein gepriesenes Mittel gegen den Blasenstein. — Die Lesart *Stembrecha* der neuen Ausgabe. die einem Schreib- oder Lesefehler ihre Entstehung verdankt, ist zu verwerfen, um so mehr. als im Cap. 162 *Steynbrecha* und *Steinbrecka* gelesen wird, im Cap. 68 *Stein-brechen*, wo die Strassburger Ausgabe Saxifrica hat.

*Steinjarn* 3. 12; *Steiwarn* Pitra; Polypodium [3. 13]; Polypodium vul-gare L.. Engelsüss; polipodium, *steinware* Sum. 58, 56; ähnlich 23. 30.

*Stichwurtz* 43; Brionia [2. 87]; Bryonia alba L. und B. dioica Jacq.. Zaunrübe.

Stignus (52); [2, 97]; Atropa Belladonna L.. Tollkirsche; vergl. *Dolo*.

Storax (114); Harz vom Storaxbaum. Styrax officinalis L.

*Storcksnabel* 162. (126); [2. 160]; wegen seiner Anwendung gegen Blasen-stein oder Harnbeschwerden wahrscheinlich Geranium Robertianum L., Ruprechtskraut. das auch bei HIERONYMUS BOCK, ebenso wie im Text von 114 *Storckenschnabel* heisst.

Stramonia (161), Datura Stramonium L., Stechapfel.

*Stur* 197. (126); [2. 54]; Amarantus Blitum L.; blitus, *stur* Sum. 21. 37; blicus. *stur*; (beta. *beizrol)* Sum. 54, 49.

*Stutgras* 86, 196; [2, 53]; ist nicht zu ermitteln gewesen.

Sulfur oder Sulphur 188; Schwefel.

*Sunnewirbel* 60; [2. 105]; Cichorium Intybus L.. Cichorie.

*Suregrasz* (85); [2. 52]; unbestimmt; vergl. *Wiszgras*.

*Swertula* 118; Gladiola [2. 127]; eine Irisart. deren Blätter und Wurzeln als Heilmittel benutzt werden; welche Art aber. lässt sich nicht ganz sicher feststellen.

*Sysemera* 37; 3, 59. Die zweite der angeführten Stellen (3. 59) ist der Schluss des über die Luft handelnden Kapitels [1. 7] der Strassburger Ausgabe und beginnt mit den Worten „de eo quod dicitur *sysemera*". Dann heisst es ferner: „Im Frühling und Herbst ist die Luft *seyger* (d. h. langsam tröpfelnd. zähflüssig. matt) wie der Wein und sondert eine gewisse „albugo" ab (quandam albuginem dimittit); das ist die „*sysemera*". Es handelt sich also um die Bedeutung des Wortes „albugo". Nun spricht die heilige HILDEGARD am Schlusse des Kapitels. das über den *biboz* (1. 107) handelt. von der „albugo ovi", dem Eiweiss. Wir werden also richtig gehen, wenn wir unter der „albugo" der Luft eine Substanz verstehen, die mit dem Eiweiss eine gewisse Ähnlichkeit hat, also eine schleimige, weissliche Masse. Derartige Massen, die der Volksmund in Norddeutschland auch wohl Sternschnuppen nennt, werden von den aufgequollenen Eileitern des Frosches gebildet. Raubvögel, welche ein Froschweibchen gefressen haben, brechen nachher die Eileiter unverdaut wieder aus, die dann durch Wasseraufnahme sehr stark aufquellen.

*Symes* 157; [2.170]; nicht zu ermitteln; ob Simse?

Tanacetum (111,15); [2,70]; Tenacetum Pitra; Tanacetum vulgare L.; vergl. *Reynfan.*

Thus 175; [3,8]; Weihrauch, stammt von Boswellia serrata Roxb.

Thymus 222; [2.181]; Thymus vulgaris L., Thymian.

Tormentilla (15); Tormentilla erecta L.; vergl. *Birckwurtz* und *Dornella.*

Triticum 1; [2,1]; Triticum vulgare L., Weizen.

*Cersbotde* Grimm und Pitra; wird von Grimm identificiert mit *beresbote,* das nach Graff Spr. 3,81 identisch ist mit zizania; kann also ein Getreideunkraut sein.

Ugera 137; [2,144]; ganz unbekannt.

*Unlauch* 83; Cepe [2,49]; eine Art Zwiebel, vielleicht Allium Cepa L., die Sommerzwiebel. Ist *unlauch* gleich unio?

Urtica 100,(66); [2,111]; Urtica dioica L., Nessel, Brennnessel; wird gekocht als Speise empfohlen; es ist auch die Rede von einer ardens urtica und am Schlusse des Kapitels von einer urens urtica, ebenso wie in Cap. 115 und 139, also von einer brennenden Nessel, was genau dem *eyter neszel* (180) entspricht und wahrscheinlich unsere Urtica urens L. bedeutet.

*Vehedistel* 206, (99); [2,110]; Carduus Marianus L., Mariendistel; heisst noch bei HIERONYMUS BOCK u. a. Vehedistel.

*Venich* 10; [2,14]; Panicum italicum L., Kolbenhirse.

*Venechil* Pitra; Fenchel; vergl. Feniculum.

Vepres (164); Dornsträucher überhaupt, insbesondere Brombeerbüsche; vepres, *brame* Sum. 19.45; vepres *bramen* Sum. 59,10; an der angeführten Stelle wird herba veprium erwähnt.

Verbena (154); [2.155]; Verbena officinalis L., Eisenkraut; vergl. *Ysena.*

*Vichbona* [2,9] und

*Vigbona* 189; eine Art Lupine; lupinum, *jicbone* Sum. 22,53; lupini amari, *vicbon* Sum. 57,41.

Viola 103; [2,113]; Viola odorata L., Veilchen.

Viscum piri (212); Viscum album L., Mistel.

*Waltbere* 171; [2,179]; *waltbere,* quae etiam *heydelbere* vocantur, scilicet quae nigrae sunt, also unsere Heidelbeere, Vaccinium Myrtillus L.

*Wegerich* 101; **Plantago** [2,112|; Plantago major L., Wegerich; ausser diesem, der vorzugsweise gebraucht wurde, hat man auch Plantago lanceolata L. benutzt.

*Weggrasz* (85); [2, 52]; vergl. *Wiszgras.*

*Wermuda* 109; **Absinthium** [2,119]; Artemisia Absinthium L., Wermut.

*Weydenkole* (84), wird mit *kochkole* zusammengestellt; was es bedeutet, weiss man nicht.

*Weyt* 208; |2,165|; Isatis tinctoria L.. Waid.

*Wichin* 192; [1,12]; Vicia sativa L.. Wicke.

*Wichwurtz* 173; ganz unbekannt.

*Wilde latich* 92; **Silvestres lactucae** |2,63]; Lactuca Scariola L.. wilder Salat; wahrscheinlich die Stammform des Gartensalats; die Apotheken führten seine Blätter als Herba Lactucae silvestris s. Scariolae.

*Wildeminsa* Pitra; entspricht dem lateinischen Mentastrum; Mentha silvestris L.; vergl. *Rossemyntza.*

*Winda* 57; [2,103]; wahrscheinlich Convolvulus arvensis L. oder C. sepium L., Ackerwinde oder Zaunwinde.

*Wisela* 191; [2,11|; *Uiselun* Grimm und Pitra; scheint eine Hülsenfrucht zu sein; möglicherweise eine Entstellung aus Fasiolus. Phaseolus. wie Grimm annimmt.

*Wiszgras* 85; [2,52]; der gleichlautende Text der Strassburger Ausgabe hatte als Überschrift *Weggrasz* et *Suregralz* et *Roemesgrasz;* diese drei Namen scheinen hier in *Wiszgras* zusammengefasst zu sein; gemeint sind Kräuter, die sich von Gesunden und Kranken essen lassen ebenso wie *melda* und *latichen;* sichere Deutungen sind hier nicht möglich; *Weggrasz* wird für Polygonum aviculare L.. den Vogelknöterich, gebraucht, der sonst *wegetrede, spuregras,* sanguinaria etc. Sum. 23, 45 u. 57) genannt wird; aber dies Kraut dient nur als Heilmittel und ist wohl niemals gegessen worden.

*Wolfesgelegena* 156; wird meist als Arnica montana L.. Wolverlei. gedeutet; Grimm schweigt aber; die Deutung ist mindestens unsicher, da die Pflanze als giftig geschildert wird: wahrscheinlich ist Aconitum Lycoctonum L. gemeint, das im 16. Jahrhundert Wolfswurtz hiess und zum Töten von Wölfen und Hunden benutzt wurde.

*Wulffesmilch* 51; **Cardus niger** [2,98|; nicht zu ermitteln; *Wulffesmilch* würden wir geneigt sein als Euphorbia zu nehmen, aber dazu passt **Cardus niger** durchaus nicht: in der Kapitelübersicht steht *woolffswurtz,* indes wird dadurch die Sache nicht klarer.

*Wullena* 123; **Blandonia** [2,131]; Verbascum Thapsus L.. Königskerze. Wollkraut; im Text von 111 steht *vullena.*

*Wuntwurtz* 44; **Frasica** [2,89]; möglicherweise Euphrasia officinalis L.. Augentrost: *selheila*-Frasia ahd. Gl. 24.4; Euphrasia-*selbheila* Sum. 62, 5.

*Ybischa* 141; [2,147]; Althaea officinalis L.. Eibisch.

*Ysena* 154; Verbena [2, 155]; Verbena officinalis L., Eisenkraut.

Zinziber (15) und sonst mehrfach; [2, 19]; Amomum Zingiber L.. Ingwer; vergl. *Ingeber;* in 3. 33 steht zengeber.

*Zituar* 19 und sonst vielfach; |2. 18|; die Wurzel von Curcuma Zedoaria Rosc.. Zittwerwurzel; in 117 steht *zitwar*.

Zizania (12); [2. 64|; Lolium temulentum L.: vergl. *Ratde*.

*Zucker* 179: Zucker; es kommt auch zucharum (15) und zuccarum (140) vor.

*Zugelnich* 217, unbekannt.

--- ---

# Drittes Buch.

## Von den Bäumen (de arboribus).

In der folgenden Aufzählung sind die Kapitel 56—60 ausgelassen: 57. de *mose*, das von Moos und Flechten handelt, und 59. de *Sysemera*, sind im vorhergehenden Buch mit genannt: 56. de fumo, handelt von Holzrauch. 58. de unguento Hilarii. von einer Salbe: 60 enthält ein Recept gegen Skropheln (contra *orjimas*).

Abies 23; [3. 32]; Abies pectinata DC., Edeltanne.

Acer Pitra. kann statt für *Gundereba* auch der lateinische Name für den Massholder oder Feldahorn sein; *mazaltra*-Acer ahd. Gl. 6. 2; *mazzolter*-Acer ahd. Gl. 38. 33.

*Affaldra* 1; (2 u. 57) Malus [3, 19]; Pirus Malus L.. Apfelbaum.

*Agenbaum* 51; in der Kapitelübersicht steht *Hagenbaum;* vielleicht die Hagebuche. Carpinus Betulus L.

*Ahorn* 30; Platanus [3, 40]: Acer Pseudoplatanus L.. Ahorn: bei Grimm und Pitra steht *ahornenbovm*.

Alnus (29); [3. 39]; Alnus glutinosa Gaertn.; vergl. *Arla*.

Amydalus 10; [3. 28]; Amygdalus communis L.. Mandelbaum.

*Arla* 29; Alnus [3, 39|, Alnus glutinosa Gaertn.. Eller, Erle.

*Asch* 27; Fraxinus [3. 37]; Fraxinus excelsior L., Esche.

*Aspa* 28; Tremulus |3, 38]; Populus tremula L., Espe. Zitterpappel.

*Baumwolle* (24); [3, 34]; das unverständliche *bovvel* der Strassburger Ausgabe ist in der neuen durch Baumwolle ersetzt.

*Birbaum* 2; Pirus |3. 20]; Pirus communis L.. Birnbaum.

*Bircka* 32: Vibex [3, 42]; Betula alba L.. Birke.

*Bontziderbaum* 18; [3, 18]; in qua magna *Bonezider* crescit; MEYER III. S. 526. hält *Bonezider* für eine Verstümmelung von Poma Citri.

gewiss mit Recht: dann ist der Baum Citrus medica L.. Citronen-
baum.

Buxus 22. (15) [3. 31]; Buxus sempervirens L.. Buchsbaum.

Carpinus Pitra: Carpinus Betulus L.; vergl. *Hagenbucha.*

Castanea (12): [3. 13]; Castanea vesca Gaertuer; vergl. *Kestenbaum.*

Cedrus 19; [3. 10]; da Zweige und Früchte frisch benutzt werden sollen,
wohl kaum etwas anderes als Juniperus communis L., Wachholder.

Cerasus 6; [3. 24]: Prunus Cerasus L. und P. avium L.. Kirschbaum.

Cornus (40); [3. 85]; Cornus mas L.; vergl. *Erlizbaum.*

Corylus (11); [3. 29]; Corylus Avellana L.; vergl. *Haselbaum.*

*Cutinbavm* Grimm und Pitra; vergl. *Quittenbaum.*

Cypressus 20; [3, 11]; Cupressus sempervirens L., Cypresse.

*Datilbaum* 17; Phoenix dactylifera L., Dattelpalme.

*Elren;* 1, 118 wird cinis *elren,* Asche der Eller erwähnt; vergl. *Arla.*

*Erlizbaum* 40: Cornus [3, 85]; Cornus mas L., Kornelkirsche; heisst in
Württemberg noch heute Erlitze; *arlezbvrm*-Cornus ahd. Gl. 6. 5.

Esculus (8); [3, 26]; Sorbus domestica L.; vergl. *Spirbaum.*

Fagus 26; [3, 36]; Fagus silvatica L., Buche.

*Felbaum* 39; unsicher; es wird angegeben. dass es schädlich sei, die
Frucht dieses Baumes zu essen, sonst könnte man an irgend eine
. Pappel denken, deren Knospen noch heute volkstümlich Felbaum-
knospen genannt werden: Felber ist ein alter Name für Weide;
vergl. *Melbaum.*

*Fickbaum* 14; [3, 15]; Ficus carica L.. Feigenbaum; als Frucht des
Feigenbaums (fructus ficus) wird 1, 95 *vigin* genannt.

Ficus (1, 95), Pitra; der lateinische Name von *Fickbaum.*

*Follbaum* 38; in der zu Anfang des Buches gegebenen Übersicht über
die Kapitel steht *Snlbaum;* beide Namen harren noch der Deutung.

*Fornhaff* 33; war nicht zu ermitteln.

Fraxinus (27); [3. 37]; Fraxinus excelsior L.; vergl. *Asch.*

Fusarius Pitra; der lateinische Name des Spindelbaumes; vergl. *Spinelbaum.*

*Garten stehen* (7); [3, 25]; eine Rasse von Prunus insititia L.; vergl.
*Prunibaum.*

*Gelbaum* 45; Gelbholz geht noch als Name der Berberize, Berberis vulgaris L.; vergl. *Meltzbaum.*

*Gichtbaum* 55; unsicher; ob Ribes nigrum L., Gichtbeere?

*Hagenbucha* 35; [3, 44]; Carpinus Betulus L., Hagebuche.

*Hanelpeffe* (52); die Frucht der Heckenrose, Rosa canina L.

*Horbaum* 48; [3, 51]; in der Kapitelübersicht steht *Haubaum;* bei NEMNICH
finden sich Harholz und Haubeere als Synonym von der Trauben-
kirsche. Prunus Padus L.; vielleicht ist dieser Baum gemeint.

*Hartbrogelbaum* 46; vielleicht der Hartriegel, Cornus sanguinea L.

*Haselbaum* 11; Corylus [3. 29]; Corylus Avellana L.. Haselstrauch.

*Holderbaum* 44; [3.48]; Sambucus nigra L., Holunder; nach MEYER,
III. S. 527. wird die Blüte des Holunders in [3,48] *cirlim* genannt;
in der neuen Ausgabe steht *zechen:* 1.172 wird *holder* erwähnt.

*Hyffa* 52; Rosa canina L., Heckenrose; die Frucht wird *hanelpejje* genannt; der ältere lateinische Name der Heckenrose ist *tribulus;* tribulus, *hiejjoldra* Sum. 18.35; tribulus, *hiephalter* Sum. 39.49; *hiejeltra*-
Tribulus ahd. Gl. 6,6.

*Iffa* 47; [3,50]; Ulmus campestris L., Ulme. Rüster. Bei HIERONYMUS
BOCK heisst die Ulme „Rüstholz. Vlmerbaum, Yffenholtz", bei TABER-
NAEMONTANUS „Rustbaum, Lindtbast. Vlmenbaum. Effenbaum".
Dem deutschen Worte *lije* oder *Ejje* entspricht das lateinische (?)
i p i e s : ipies . ulmus CGL III. 546, 70.

J u l e x Pitra; unbekannt; von Pitra als Betula alba L.. Birke. gedeutet;
ob verlesen für Vibex?

J u n i p e r u s Pitra; Juniperus communis L.; vergl. *Wacholderbaum.*

*Kestenbaum* 12; Castanea [3,13]; Castanea vesca Gaertner, Kastanie.

*Kriechen* (7); eine Rasse der Gartenpflaume, Prunus insititia L.; vergl.
*Prunibaum.*

L a u r u s 15; [3.16]; Laurus nobilis L.. Lorbeerbaum; die Beeren heissen
*Lorber* (1.174); als deutscher Name steht bei Grimm und Pitra
*Lorbere.*

L e n t i s c u s Pitra; wahrscheinlich der Mastixbaum. Pistacia Lentiscus L.,
der das Mastix genannte Harz lieferte; bei den Griechen hiess er
σχῖνος. bei den Römern L e n t i s c u s. Merkwürdigerweise übersetzen
die Pflanzenglossare. wenigstens bis zum 12. Jahrhundert, lentiscus
mit *melbaum*: *melebovm*-Prinus gr. lat. lentiscus ahd. Gl. 5.36; ferner
lentiscus, *melbovm* Sum. 39.40; lentiscus *melb.* Sum. 45.82. Wenn
Prinus nicht verschrieben ist für σχῖνος. so steht es hier in einer
ungewöhnlichen Bedeutung. denn das griechische πρῖνος bedeutet eine
Eichenart (Quercus coccifera L. und verwandte). und das spätlateinische p r i n u s steht vielfach statt p r u n u s. Pflaumenbaum (prinus.
*phrumboom* Sum. 39.23; prinus. *prumbovm* Sum. 45.66).

*Lorbere* Grimm und Pitra; Laurus nobilis L.. Lorbeer.

M a l u s (1); [3.19]; Pirus Malus L.; vergl. *Affaldra.*

*Mascel* 41; da in der Kapitelübersicht *Mazeldra* steht. so darf man *Mascel*
wohl als verschrieben betrachten; dann haben wir es zu thun mit
Acer campestre L.. Feldahorn oder Massholder; *mazaltra*-Acer ahd.
Gl. 6,2; acer, *mazolter* Sum. 45.54.

*Melbaum* 39; die Kapitelübersicht hat *Melbaum*, während das 39. Kapitel
von *Felbaum* handelt; wahrscheinlich ist *Felbaum* verschrieben. denn
von einer Frucht (fructus) der Pappel wird man im 12. Jahrhundert
kaum gesprochen haben. In den Sumerlaten. 39.40 und 45.82, findet
sich die Glosse „lentiscus. *melbovm*"; hier wird man doch wohl an
den Lentiscus der Römer. den Mastixbaum (Pistacia Lentiscus L.).

denken müssen, denn Lentiscus war ein bekannter Name. Bei den Schriftstellern des 16. Jahrhunderts finden wir einen kleinen und einen grossen Melbaum oder Mälbaum. Der kleine ist Viburnum Lantana L.. der grosse Sorbus Aucuparia L.. unser Vogelbeerbaum. *Meltzbaum* 45; [3, 49]; auch *Gelbaum* genannt, das man vergleichen wolle. Mirica (50); [3.52]; Sarothamnus scoparius Koch; vergl. *Pryne.* *Mirtelbaum* 42; [3, 46]; Myrica Gale L., Gagel, wird zum Bierbrauen benutzt, und kann deshalb die Myrte nicht sein. Die Glossare übersetzen mirtus mit *porse* oder ähnlich (mirtus, borse Sum. 57, 54; mirtus porsze Colm. Gloss. 482); Pors oder Porst ist der niederdeutsche Name des Gagels. Die Sitte. Bier mit Gagel zu brauen, war über West- und Nordwestdeutschland. Mecklenburg. Dänemark und Norwegen verbreitet. Die Blätter der Pflanze wurden in den Apotheken als Folia Myrti brabanticae geführt; im 16. Jahrhundert hiess der Gagel auch „deutsche Myrte". Teutona myrtus (Nathan Chytraeus. Botanoscopium. v. 67; herausgegeben von E. H. L. Krause. Archiv d. Ver. d. Freunde d. Ntg. in Mecklenburg. 33. Jahr, Neubrandenburg 1880. S. 318 ff.)

Morus Pitra, der lateinische Name von *Mulbaum* 9; *Mulberboum* [3.27]; Morus nigra L.. schwarzer Maulbeerbaum.

Murica Pitra, wahrscheinlich dasselbe wie Mirica oder *Pryne*, das man vergleichen wolle.

*Nespelbaum* 13; [3.14]; Mespilus germanica L.. Mispel.

*Nuszbaum* 3; *Nuszbovm* Pitra; Nux [3.21]. (1.100); Juglans regia L., Walnuss.

*Oleybaum* 16; [3.17]; Olea europaea L.. Ölbaum.

Ornus Pitra; zieht man die Pflanzenglossare zu Rate, so findet man ornus niemals durch Esche übersetzt; dagegen findet man Hinweise auf den Ahorn, z. B. *linbovm*-Ornus ahd. Gl. 6, 3; ebenso Sum. 12, 22; ornus, *limbovm* Sum. 12, 32; 39, 44; 45, 59; ornus. *aornboim* Sum. 58, 13. Es könnte also ornus recht wohl ein latinisiertes Ahorn sein. *Linbovm* oder *linbovm* ist vielleicht identisch mit Leinbaum bei HIERONYMUS BOCK, der fol. 400 bei Besprechung des Ahorns sagt, dass „das wild geschlecht Leinbaum" genannt werde; dann würde man es wohl als Acer Pseudoplatanus L. deuten müssen; der Spitzahorn. Acer platanoides L.. führt auch die Namen Lenne und Lönne. die nach Grimms Wörterbuch gleichen Ursprung mit *lin* oder *lim* in *linbovm* haben.

Paliurus Pitra; vielleicht Rhamnus Paliurus L., der schon seit alten Zeiten als heilkräftig berühmt war und im Orient und in Südeuropa zu Hause ist; möglicherweise auch nur Bezeichnung eines Dornstrauchs überhaupt; palvirus. *hagen* vel *ageleia* vel *hagenbinta* vel *wechalter* Sum. 12, 52 u. 53 (*ageleia* gehört nicht hierher; *wechalter* ist juniperus, *wachhalder*); paliurus, *felwar* Sum. 39, 55; palivrus, *hagen* Sum. 45, 45.

**Palma** 61; nach dem Text nichts anderes als der in Cap. 17 genannte *Datilbaum*, Phoenix dactylifera L., Dattelpalme.

*Persichbaum* 5. (1,13); **Persicus** [3. 23]; Amygdalus persica L.. Pfirsich.

**Picea** 62; Picea excelsa Link, Rottanne oder Fichte; im Text von Cap. 15 werden Tannzapfen, *pinapele*, erwähnt.

**Pinus** Pitra; Pinus silvestris L.. Kiefer, Föhre.

**Pirus** (2); [3, 20]; Pirus communis L.; vergl. *Birbaum*.

**Platanus** (30); [3, 40]; Acer Pseudoplatanus L.; vergl. *Ahorn*.

**Prinus** Pitra; dasselbe wie Prunus; vergl. *Prunibaum*. und Lentiscus am Ende.

*Prunibaum* 7; **Prunus** [3. 25]; Prunus domestica L. und P. insititia L.. Zwetsche und Pflaume; erwähnt werden: *roszprumen*, *garten slehen* und *kriechen*; im 16. Jahrhundert hiessen besonders grosse, dunkelblaue oder schwarze Pflaumen „Rofzpflaumen" (BOCK, MATT., TAB.); die beiden anderen Namen werden als Rassen der Gartenpflaume zu deuten sein.

*Pryme* 50; **Mirica** [3. 52]; Sarothamnus scoparius Koch. Besen- oder Pfriemenginster. Im Text kommt einmal *Prymen* vor. während Kapitel-überschrift und das Anfangswort des Kapitels *Pruma* lauten; hier liegt jedenfalls ein Schreib- oder Lesefehler vor; mirice. *phrimmen* Sum. 39. 59. Mirica oder Myrica bedeutet sonst auch Heide; jedoch scheint diese Bedeutung nach der Anwendung. die von der Pflanze gemacht werden soll, hier ausgeschlossen zu sein.

**Quercus** 25, (1. 40); [3. 35]; Quercus Robur L.. Eiche.

*Quittenbaum* 4; **Quotanus** [3. 22]; Cydonia vulgaris Pers.. Quitte.

**Riscus** Pitra; wahrscheinlich der lateinische Name des Holunders. Sambucus nigra L.; *holdir*-Sambucus vel riscus ahd. Gl. 6. 5; riscus, *holer* Sum. 39, 53; riscus *holenter* Sum. 15, 23.

*Roszprumen* (7). eine Pflaumenrasse; vergl. *Prunibaum*.

*Salewida* 37; Salix Caprea L.. Sahlweide.

**Salix** (30); vielleicht Salix Caprea L.. Sahlweide.

**Sanguinarius** Pitra; der spätlateinische Name des Hartriegels. Cornus sanguinea L.; *hartrugil*-Sanguinarius ahd. Gl. 6. 1; sanguinarius, *hartrugelin holz* Sum. 15. 75; sanguinarius, *haritugil* Sum. 45. 57.

**Savina** (21); [3. 30]; Juniperus Sabina L.. vergl. *Sybenbaum*.

*Schulbaum* 49; ist *unkrut* und taugt nicht als Arzneimittel; Frucht und Samen gelten für giftig; bei NEMNICH ist Schulweide ein Synonym von Ligustrum vulgare L.. Liguster; vielleicht ist dieser Strauch gemeint.

*Slehen* (53). die Frucht von

**Spinae** 53; [3. 54]; Prunus spinosa L.. Schlehe. Schwarzdorn.

*Spinelbaum* oder *Spynelbaum* 34; [3.43]; Evonymus europaeus L.. Spindel-
oder Spillbaum; der ältere lateinische Name war **Fusarius**; fusarius. *spindelborm* Sum. 39. 23; fusarius, *spinlborm* Sum. 45. 41.

*Spirbaum* 8; **Esculus** |3. 26|; Sorbus domestica L., Speierling.

*Studa* Pitra; ausser Staude kann dies Wort nach Graff Spr. 6. 651 auch
noch sentis und rubus. also Dornstrauch überhaupt bedeuten; vielleicht
ist es als der deutsche Name für **Spinae** zu nehmen.

*Sybenbaum* 21, *Sibenbaum* (15); **Savina** |3, 30|; Juniperus Sabina L.,
Sadebaum.

**Taxus** (31); [3. 41]; Taxus baccata L.. vergl. *Ybenbaum.*

**Tilia** 24; [3, 34]; Tilia europaea L.. Linde.

**Tremulus** (28); [3, 38]; Populus tremula L.; vergl. *Aspa.*

**Tribulus** 63, (52); Rosa canina L.; vergl. *Hyffa.*

**Vibex** (32); |3. 42]; Betula alba L.; vergl. *Bircka.*

**Vimina** Pitra: eine Weidenart; *wida,* vimen ahd. Gl. 6, 5.

**Vitis** 54; [3, 55]; Vitis vinifera L., Weinstock. Im Text der Strassburger Ausgabe wird **Vinum Franconicum** und **Hunonicum**
erwähnt; der erste ist Frankenwein. der zweite Rhein- oder Mosel-
wein; der **Pagus Hunonicus**, von dem der Name Hunsrück
kommt. lag zwischen Rhein, Mosel und Nahe (nach Meyer, III.
S. 534, 535).

*Wacholderbaum* 43; [3. 48]; Juniperus communis L., Wachholder.

*Wida* 36; irgend eine Weidenart; Frucht und Saft der Pflanze werden
bitter genannt; die Erwähnung der Frucht macht die Deutung unsicher; vergl. jedoch **Vimina**; als Frucht könnten auch Insekten-
gallen genommen sein.

*Ybenbaum* 31; **Taxus** [3, 41]; Taxus baccata L., Eibe, Taxus.

# Nachtrag zu Seite 95.

## Über citrulus.

Das Wort *citrulus*[1]) ist ein Diminutivum von *citreum* oder *citrium*, die Citrone, und bedeutet deshalb wörtlich eine kleine Citrone[2]); es fehlt in allen älteren Glossaren und kommt zuerst bei ALBERTUS MAGNUS, also im 13. Jahrhundert, vor. Welche Pflanze ALBERTUS MAGNUS mit *citrulus* meint, ist nicht leicht zu entscheiden, denn die Angaben, die er darüber macht, sind meist eingestreut in die Bemerkungen, die er über die Gurke, *cucumer*, mitteilt (6, 314). Hier sagt er, dass die Gurke in ihrem gegliederten Stengel (crura multis nodis conjuncta) nicht nur mit dem Kürbis, sondern auch mit der Melone und dem *citrulus* übereinstimme; dass die Samen der Gurke kleiner seien als diejenigen des Kürbis, von Gestalt (in figura) wie die Kerne von Äpfeln und Birnen, aber grösser, und dass sie so seien wie diejenigen von *citrulus*[3]) und Melone; dass der Samen der Gurke besser sei als der Samen von *citrulus*. Der folgende Paragraph (6, 315) beginnt dann: „Der *citrulus* aber ist ein grüner *pepo* (Melone) von ebener Rinde; aber der *pepo* ist gewöhn-

---

[1]) *Citrulus* ist nicht ins Deutsche übergegangen, in Italien heisst die Gurke aber noch heutigen Tages *citriolo*, *citriuolo*, *cetriolo*, *cetriuolo*, während dort das Wort *cocomero* ganz ausser Gebrauch gekommen ist.

[2]) *Citrium* bedeutet die Citronatcitrone, die Frucht von *Citrus medica* L., und nicht unsere gewöhnliche Citrone, die richtiger Limone genannt werden müsste (vergl. HEHN, S. 357 ff.). Die Citronatcitrone erreicht eine sehr ansehnliche Grösse, denn sie kann 15 cm lang werden und noch länger. Bei APICIUS (De re coquinaria, ed. SCHUCH, 2. Aufl., Heidelberg 1874) wird eine einzige Citrone, *citrium*, in einem verschlossenen Topfe aufbewahrt (1, 21); die Gerichte, die er daraus herstellt (3, 75: 4, 175), würden unserm Gaumen nicht munden (uns würde schon das *liquamen*, Fischfett, anwidern, das diesen und so vielen anderen Gerichten zugesetzt wird), aber daraus dürfen wir doch nicht schliessen, dass an den genannten Stellen keine Citrone, sondern eine Gurke gemeint sei. Überdies wird in den Glossaren des CGL m *citrium* als Citronatcitrone gedeutet (citrium poma cedri 588, 31). Die Citronatcitrone war teuer: im Edictum Diocletiani, 6, 75, kostet eine sehr grosse, *citrium maximum*, 24 Denare, eine kleinere, *sequens*, 16 Denare, während 2 grössere Melonen *(melopepones maiores*; 6, 80) 4 Denare kosten. Eine Citrone kostete also 8 und 12 Mal so viel als eine Melone: das war allein schon ein Grund sie zu essen. Würde bei uns jemand indische Vogelnester in den Mund nehmen, wenn sie billig wären?

[3]) Diese Bemerkung verbietet es, den *citrulus* als Wassermelone zu deuten.

lich gelb und von unebener Oberfläche, gleichsam als wäre er aus
scheibenförmigen Halbkreisen zusammengesetzt." Dann folgt eine Angabe der medicinischen Wirkungen des *citrulus*: der Genuss von *citrulus*,
Melone etc. erzeugt chronische Fieber; der *citrulus* aber hat das Gute,
dass solche. die von plötzlicher Entkräftung (Ohnmacht) befallen werden.
(habentes syncopim). wieder zu sich kommen, wenn sie ihn riechen; er
stillt den Durst, und seine Blätter helfen gegen den Biss toller Hunde.

Mit diesen Angaben ist nicht viel zu machen, nur geht daraus mit
Sicherheit hervor. dass der *citrulus* zu den Cucurbitaceen gehört; ob er
aber eine Gurken- oder eine Melonenrasse ist. bleibt zweifelhaft. Man
würde am ehesten geneigt sein sich für eine Melonenrasse zu entscheiden,
aber bei der Schwierigkeit, welche die Zucht der Melone damals bieten
musste, will uns das auch nicht übermässig wahrscheinlich vorkommen.
Wir wollen deshalb zunächst untersuchen, was man im 16. Jahrhundert
unter *citrulus* verstand.

MATTIOLI (Comm. S. 395, 398) gebraucht *citrulus* als lateinische
Übersetzung von *cedruolo*, das in Toscana zur Bezeichnung einer kurz-
früchtigen Gurkenrasse gebraucht wurde; lange Gurken hiessen daselbst
*cedruolo longo*, im übrigen Italien *cocomero serpentino*. Im Kräuterbuch
(fol. 156 B) sagt er unter der Überschrift „Gurcken *Cucumeres*": „Der
Cucumern seind zwey Geschlecht: Das Erste ist allhie im Behmerland,
sehr wohl bekannt. etliche nennens *Citrulum*, darumb, dasz es der Gestalt nach den kleinen Citronen gleich sihet. sind die gemeine kleine
Gurken. Die Nürnberger heissens Kümmerlinge."[1]

„Das ander nennet man *Anguinam*, sind lange. krumme. holkeelichte
Gurcken. an der Rinde weifser und rauher. Beyde Geschlecht vergleichen
sich am Geschmack und Samen. In Blettern haben sie ein vnterscheidt,
dann der langen Gurcken Bletter sind scharpff und rauhe, wie in den
Melaunen."

CAESALPINUS (De plantis libri 16, Florentiae 1583; nach C. BAU-
HIN, Pinax, S. 310) sagt. dass die gewöhnliche Gurke, *cucumis*, allgemein
(vulgo) *citreolus* genannt werde; die lange Gurke *cucumis longus*, nennt
er *citreolus alter forma anguis*, also etwa Schlangengurke.

OTTO BRUNFELS bespricht in einem Anhange zu seinen Herbarum
vivae eicones. Strassburg 1532 (de vera herbarum cognitione appendix)
die Pflanzennamen im zweiten Buche des DIOSKORIDES. Hier bemerkt
er (S. 17), dass *cucumis* nur in Italien bekannt (notus) sei. in Deutschland gar nicht. Etwas weiterhin fügt er hinzu, dass die Citronengurke,

---

[1] Dieses Wort hat mit „verkümmern" nichts zu thun; es hängt vielmehr zusammen mit *cucumer* und bedeutet wörtlich „kleine Gurke" (KLUGE, Etymol. Wörterb.
unter Gurke); Kümmerling wird auch von WEINMANN für Gurke gebraucht (Phytanthozaiconographia, Bd. 2, Regensburg 1789, S. 282); im südlichen und südwestlichen
Deutschland (Oberbayern, Schwaben, südlichen Teil vom Grossherzogtum Hessen)
wird vielfach Kukumer, Kummer, Gummer statt Gurke gesagt.

die einige *citriolus*, andere *citrullus* nennen, die allgemein *citrion* heisse
und in Salaten und Suppen gebraucht werde, bei DIOSKORIDES nicht
erwähnt werde.[1]) BRUNFELS scheint also unter *cucumis* eine langfrüchtige Gurke zu verstehen.

Aus dem Gesagten geht hervor, dass im 16. Jahrhundert eine kurzfrüchtige Gurkenrasse die gewöhnlichere und am meisten verbreitete war.
Dasselbe ergiebt sich aus den Abbildungen der Kräuterbücher; denn
eine kurzfrüchtige Gurke wird jedesmal zuerst abgebildet, daneben eine
langfrüchtige, bei welcher der allgemeine Name für Gurke mit einem
Zusatz, *anguinus* etc., versehen ist. Es fragt sich daher, welche Gestalt
die Gurke bei ALBERTUS MAGNUS hat.

Bei Besprechung des Citronenbaumes (6, 51), *Citrus medica* L., den
er *cedrus* nennt, sagt er: „dieser bringt gelbe, längliche, grosse Früchte
hervor, die fast die Gestalt[2]) einer Gurke annehmen" (quae facit poma
crocea oblonga magna, quae fere figuram cucumeris praetendunt).
Merkwürdigerweise vergleicht er die Citronatcitrone mit der Gurke,
während sonst das Umgekehrte zu geschehen pflegt; ihm scheint also
der Zusammenhang zwischen *citrullus* und der Citrone entgangen zu sein.
Wir hätten daher Grund seinen *citrullus* als eine Melonenrasse zu nehmen,
denn die Gurke, die er beschreibt, muss nach dem Gesagten kurzfrüchtig
gewesen sein. Es wäre freilich auch denkbar, dass die Gurke, die
ALBERTUS MAGNUS in Italien gesehen hatte, ihm so verschieden von
der in Deutschland gebauten vorgekommen wäre, dass er eine besondere
und von der Gurke verschiedene Frucht daraus machen zu müssen glaubte.
Wir wollen die Sache aber lieber unentschieden lassen.

KONRAD VON MEGENBERG sagt von seinem *citrullus* (5, 22), dass
er nahezu wie die Melone gestaltet sei. Er modificiert also das, was
ALBERTUS MAGNUS berichtet, in dieser Beziehung ziemlich bedeutend,
und da er sonst nichts von der Gurke sagt, diese aber im 14. Jahrhundert gewiss ebenso häufig war wie die Melone, so tragen wir kein
Bedenken, seinen *citrullus* oder *erdapfel* als Gurke zu deuten. Das Wort
Erdapfel findet sich mehrfach als deutscher Name von *cucumis*; als solcher
von *citrullus* erscheint er zum ersten Male bei KONRAD.

---

[1]) „De Citrino Cucumere, quem alii Citriolum, alii Citrullum, uulgo Citrion,
quo in acetariis et Monestris utuntur, non fit mentio apud Dioscor." — *Monestris*
muss verdruckt sein für *minestris; minestra* bedeutet Suppe.

[2]) ALBERTUS MAGNUS nennt die Gestalt der Citronatcitrone und der Gurke
cylindrisch oder säulenförmig (3, 82): „id autem, quod vocatur pomum cedrinum et
cucumer et quaedam alia, columnalia sunt: quae figura crescit ex circulo, regulariter
super lineam perpendicularem in centro stantem moto." An einer anderen Stelle (3,22)
sagt er: „Columna autem generatur ex circulo sursum super lineam rectam moto."
Es hat etwas Überraschendes, wenn man sieht, dass schon im 13. Jahrhundert ein
Cylinder durch Bewegung eines Kreises längs einer in seinem Mittelpunkte errichteten
Senkrechten erzeugt wird; diese Auffassung des Cylinders findet heute nur mühsam
Eingang in unsere Schulen.

Das Wort *citrullus* kommt auch in einem lateinischen Gedichte Saxonia vor, das einem Tidericus Langen zugeschrieben wird, aber nach K. E. H. KRAUSE (Allgemeine Deutsche Biographie, Bd. 29, S. 239) vielmehr Heinrich Rosla zuzuschreiben ist; dadurch wird die Abfassung dieses Gedichtes in das Ende des 13., oder in den Anfang des 14. Jahrhunderts zurückgeschoben. Der betreffende Vers lautet:

> „Sunt ibi nonnullis fabae, melonesque citrulli." [1]

Hier muss man *citrulli* als Apposition zu *melones* ziehen und etwa übersetzen:

> „Dort (in Niedersachsen) sind an manchen Orten Bufbohnen und Gurken,"

denn dass man zu der genannten Zeit im heutigen Westfalen eine Melonenrasse im Freien sollte gebaut haben, ist aus verschiedenen Gründen nicht glaublich. Wäre etwas Derartiges geschehen, so wäre es sicherlich etwas Seltenes gewesen; dagegen spricht aber einmal die Zusammenstellung mit der Bufbohne, und zweitens bedeutet das für die Häufigkeit des Vorkommens gebrauchte Wort *nonnulli* keineswegs selten, sondern entspricht vielmehr unserem „manche". Ausserdem ist die Melone keine Frucht für einen Bauernmagen, und bei der Arbeit, die dem Bauern aus der Bestellung von Feld und Garten erwuchs, blieb ihm schwerlich die Zeit, der empfindlichen Melone die ihr notwendige Pflege zu teil werden zu lassen.

Bedenken könnte das Wort *melones* erregen, das in der That Melone bedeutet. Es ist aber sehr wohl möglich, dass Heinrich Rosla die Schrift „de Vegetabilibus" von ALBERTUS MAGNUS gekannt hat; dann wäre die Zusammenstellung von *melones* und *citrulli* nicht so merkwürdig, namentlich nicht, wenn man sich den Zwang des Versmasses wirkend denkt.

Während also der Name *citrulus* bei ALBERTUS MAGNUS sich nicht sicher deuten lässt, scheint er in den folgenden Jahrhunderten für die Gurke gebraucht worden zu sein, ebenso wie im 16. Jahrhundert, wo er zugleich bei einigen Schriftstellern die Wassermelone bezeichnet (in der Form *citrullus*). Aber neben diesen beiden Bedeutungen läuft etwa vom 15. Jahrhundert an noch eine andere: man nahm *citrulus* als Diminutivum von *cicer*, das auch *citer* geschrieben wurde (vergl. DIEFENBACHS Glossarium); deshalb findet man in lateinisch-deutschen Pflanzenglossaren aus späterer Zeit *citrulus* durch *kicher* übersetzt, sogar durch *wicken*. Der Sprung von der Kichererbse zur Wicke ist am Ende nicht so gross, wenn man erst den von der Gurke zur Kicher gemacht hat.

---

[1] H. Meibomius junior, Rerum Germanicarum Tom. III., Bd. 1, S. 808.

# 1. Register[1]

## der deutschen Pflanzennamen.

Bemerkuug: Namen aus der Zeit vor dem 16. Jahrhundert sind mit kleinem Anfangsbuchstaben gedruckt. — Gleichklingende Buchstaben, wie c und k, f und v, i und y etc. wolle man an der Stelle suchen, die ihnen im Alphabete zukommt; das althochdeutsche uu oder vu ist wie w behandelt. — Übersetzungen lateinischer und griechischer Pflanzennamen sind nur in seltenen Fällen aufgenommen worden.

[1] In diesem und in den beiden folgenden Registern bedeutet a[1], a[2] etc. Anmerkung 1, Anmerkung 2 etc.; ein einfaches a verweist auf die Schlusszeilen der letzten Anmerkung der vorhergehenden Seite, oder auf die einzige Anmerkung der angeführten Seite. — Die Adjective sind im allgemeinen hinter die zugehörigen Substantive gestellt.

# 2. Register

## der lateinischen Pflanzennamen.

Bemerkung: Die Namen des Capitulare sind **fett**, die heute gebräuchlichen wissenschaftlichen Pflanzennamen mit grossem Anfangsbuchstaben gedruckt; Synonymen, die nur in sehr geringer Anzahl vorkommen, sind nicht besonders kenntlich gemacht. — Die Namen der Pharmakopöe sind durch einen Stern * ausgezeichnet; bei herba, radix etc. gilt dieses Zeichen für alle damit verbundenen Namen.

abies h. H. 215.
Abies pectinata DC. 215.
**abrotanum** 2, 74, 137a, 182, 183, 188, 196, 212.
abrotonum Colum. 74.
absinthium 75, 181, 188, 189, 196, 214.
acer 196, 203, 215.
Acer campestre L. 217.
platanoides L. 218.
Pseudoplatanus L. 215, 218, 219.
acero 189.
acetaria 180.
Achillea millefolium L. 190, 202, 207.
acoleia h. H. 196.
Aconitum Lycoctonum L. 214.
acoron Plin. 46, 49.
acorus Gloss. 46.
acorus Matt. 50.
Acorus Calamus L. 49.
**acrimonia** 5, 76, 182.
adoreum 163, 169.
adripia 3.
**adriplas** 127, 183.
Aegilops ovata L. 162.
aegoceras Plin. 82.
aesculus 147.
Aesculus Hippocastanum L. 159.

affrissa Gloss. 52.
agre Gloss. 88.
agriocardamon Bock 103.
agrius Gloss. 88.
agrimonia 77, 188, 189, 196.
Agrimonia Eupatoria L. 76, 190, 196.
Agrostemma coronaria L. 43.
Githago L. 85, 132.
aitiotidus 189.
Ajuga Chamaepitys Schreb. 189.
Iva Schreb. 189.
aizoum Plin. 79.
alcea K. 64.
alentidium h. H. 196, 202.
alleluia 189.
**alia** 142, 181, 182, 183.
alius 143, 185.
ortulanus 143.
alkekengi 198.
alleus 143.
allium 138, 142, 143, 176, 177, 180, 197.
punicum 142.
Allium Ampeloprasum L. 142.
ascalonicum L. 138.
Cepa L. 139, 213.
fistulosum L. 140.
Porrum L. 141, 206.

Allium sativum L. 142, 197.
a) vulgare Don 142.
b) Ophioscorodon Don 142.
Schoenoprasum 141, 206, 211.
Victorialis L. 47.
alnus 188, 215.
Alnus glutinosa Gärtn. 215.
aloe h. H. 197.
Aloe vulgaris L. 197.
Alpinia Galanga Sw. 190, 202.
Alsine media L. 204.
altea 64, 182, 183.
althaea Plin. 63.
Althaea officinalis L. 63, 214.
rosea Cav. 128.
**amandalarios** 158, 183.
amandola 159.
amaracum Plin. 135.
amaracus Colum. 135.
amarantus 174.
amarantus Diosk. 175a.
immortalis Colum. 175a.
Amarantus Blitum L. 129, 212.
amarellus 152.
amarena Alb. M. 152.
ambrosia Walafr. 74, 188.
amendelarius 186.

ameuui 66, 183.
amigdalus 159.
amilia 122a[1].
Ammi copticum L. 66.
majus L. 66.
ammium alexandrinum
Tab. 66.
Amomum Zingiber L. 205,
215.
amygdala 158.
amygdalae amarae 158.
dulces 158.
amygdalus 159, 215.
Amygdalus communis L.
158, 215.
persica L. 154, 219.
Anacyclus officinarum
Hayne 198.
Anagallis arvensis L. 79.
anemone coronaria Plin. 87.
Anemone coronaria L. 87.
anethum 2, 132, 176, 179,
181.
Anethum Foeniculum L.
132, 202.
graveolens L. 132, 197,
201.
segetum v. Heldr. 133.
anetum 132, 183, 185, 189,
197, 201.
anesum 133, 183.
anguina Matt. 222.
anguria Matt. 95.
anisum 133.
Aegyptiacum Colum. 133.
annona 169.
*anthos 136a[c].
Anthriscus Cerefolium
Hoffm. 126, 200, 205.
aphrodisia Diosk. 46.
aphros Plin. 86a[a].
apiacon Cato 109, 120.
apiago h. H. 197, 198.
apiastrum Colum. 137.
apium 119, 120, 176, 178,
181, 182, 183, 185, 188,
189, 197.
agrest 119a.
crispum 120.
hortense 120.
palustre 120.
risus 119a.
rusticum 119a.

Apium graveolens L. 119,
197.
Petroselinum L. 120.
appium 180.
apsinthium Plin. 75.
Aquilegia vulgaris L. 196.
aquileja h. H. 197.
arbor armeniaca Colum.
155.
malvae Alb. M. 128.
mirabilis Alb. M. 59.
nucarius Gloss. 160.
persica Plin. 154.
arcion Plin. 59.
Arctium Lappa L. 59, 200.
205.
arctillum 141, 176, 179, 181.
argemone Plin. 87.
arinca Plin. 163, 168.
aristolochia Plin. 57.
Aristolochia Clematitis L.
57, 198, 199, 210.
longa L. 57, 197.
aristologia 57, 197.
longa h. H. 57, 197.
armon Plin. 116.
*armoracia 114, 115, 116.
armoratia 114, 115, 176.
armoratio 115.
armoriaca 115.
Arnica montana L. 214.
artemisia 62, 76, 189, 197.
artemisia tagantis 74.
Artemisia Abrotanum L.
69, 74, 196, 212.
Absinthium L. 75, 196,
214.
arborescens L. 75.
Dracunculus L. 51.
vulgaris L. 76, 197.
Arum Dracunculus L. 51,
52.
italicum L. 52, 198.
maculatum L. 52, 203.
arundo h. H. 197.
Arundo Phragmites L. 197.
asara baccara 57.
asaron Plin. 56.
asarum 57, 197.
Asarum europaeum L. 56,
157, 203.
ascalonicas 138, 139, 140,
183.

aschalonia h. H. 138, 197.
asclepias Gloss. 52.
asclonium 138.
ascolinum 138.
ascolonias 185.
asia Plin. 165.
asolinum 138.
asparagi 125.
asparagus 124, 125, 175,
177, 180.
sativus Colum. 125.
Asparagus acutifolius L.
124.
aphyllus L. 124.
horridus L. 124.
officinalis L. 124, 125.
astonium 138.
Astrantia major L. 197.
Athamanta cretensis L.
117a.
atiron 80.
atriplex 3, 127, 176. 178,
180.
sylvestris baccifera Clus.
130.
sylvestris mori fructu C.
Bauh. 131.
Atriplex hortensis L. 127,
197, 206.
Atropa Belladonna L. 114a,
201, 212.
attriplex h. H. 197, 206.
avelauarios 160, 182.
avellana 161.
uvellauarios 160, 183.
avelleuarius 186.
avena 65.
sterilis 166.
vana 166.
avena 165, 167a, 170.
Avena fatua L. 166.
sativa L. 165, 170.
auesperina 161.
auvesperma 161.
auricula asinina Gloss. 52.
leporis Gloss. 68.

bacas giniperi 81.
*baccae juniperi 81.
baccar Plin. 56.
baccara Gloss. 56.
baccaris Vergil. 56a.
bagas giniperi 81.

# 3. Register

## der griechischen Pflanzennamen.

Bemerkung: Die neugriechischen Pflanzennamen sind nicht besonders kenntlich gemacht, da manche von ihnen mit den altgriechischen ganz übereinstimmen. — Der Artikel ist durchweg fortgelassen.

ἀβρότονον Theophr. 74.
 ἄρρεν Diosk. 74.
 θῆλυ Diosk. 75.
ἀγγούρια 92.
ἀγκυνάρα 121.
ἀγριόβρομος 166.
ἀγριογέννημα 166.
ἀγριολάχανον 179.
ἀγριοσέλινον 120, 177a[4].
ἀείζωον 15, 79.
 μέγα Diosk. 79.
ἀζουμάτα 107.
αἰγίλωψ 166, 167a.
αἰγόκερως Diosk. 82.
αἶρα 166, 167a.
ἀκαλήφη 88.
ἀκαλύφη 88.
ἄκορον Diosk. 46.
ἀκρεμόνες 178.
ἀκρόδρυον 178a[4], 179.
ἀλθαία 63.
ἀλιφασκηά 133.
ἀμάρακον Diosk. 135.
ἀμάρακος Theophr. 135.
ἀμάραντος 174.
ἀμάρανθον 174a.
ἄμμι Diosk. 66.
ἀμπελόπρασον 141, 142, 176a[1], 179, 181.
ἄμπελος 147.
 λευκή 55.
 μέλαινα 55.
ἀμύγδαλα 158.
ἀμυγδαλέα Diosk. 158.

ἀμυγδάλη Theophr. 158.
ἀμυγδαλῆ Theophr. 158.
ἀμυγδαληά 158.
ἀμύγδαλον Diosk. 158.
ἀνδράφαξις 127, 176, 178, 180.
ἀνδράχλα 108.
ἀνδράχνη 108, 178, 181.
ἄνηθον 132, 176, 179, 181.
 ἐσθιόμενον Diosk. 132.
ἄνισον 133.
ἀντίδια 105.
ἀπαρίνη 10, 60, 175.
ἀπιδηά 145.
ἀπίδια 145.
ἄπιον 145.
ἄπιος 145.
ἀργεμώνη Diosk. 64.
ἀρίγανος 178a[2].
ἀριστολοχία 57.
ἄρκειον Diosk. 59.
ἄρκευθος 81a[1], 181.
ἀρτεμισία Diosk. 76.
ἀρτύματα 178, 181.
ἄσαρον Diosk. 56.
ἀσπάραγος 124, 180.
 ἕλειος 124, 180.
 ὄρειος Athen. 124.
 πετραῖος Diosk. 124.
ἀσπράγκαθα 121a.
ἀσπρόκχι 62.
ἀτράφαξις Diosk. 127.
ἀφιδίνι 64.
ἀφροσκόροδον 142, 177.

ἀχλαδηά 145.
ἀχλάδια 145.
ἄχρας 145.
ἀψίνθιον 75, 181.
βαϊηά 47.
βάκχαρ Diosk. 56.
βάκχαρις Diosk. 56.
βάλανος 148a, 159.
 Διός 159.
 σαρδιανή Diosk. 159.
βαλαύστιον 35a[2].
βαλλώτη Diosk. 78.
βασιλικόν 180a[2].
βασιλικός 134.
βάτα ἥμερα 156.
βατράχιον 119a.
βελάνιδια 148a.
βερίκοκα 155.
βερίκοκκα 155.
βερικοκκηά 155.
βερίκουκα 155.
βήχιον Diosk. 60.
βιολέττα 40, 41.
βίσενα 152.
βλῆτον Diosk. 129.
βλίτα 129.
βλίτον 129, 180.
βόλβος ἐδώδιμος Diosk. 38.
βοτάνη, ἱερά 78.
βούκερας Theophr. 82.
βούκερως Diosk. 82.
βουνιάς 112, 113, 176, 179.
βούφθαλμον Diosk. 42.